CLAUS WEHRMANN

ELEKTRONISCHE ANTRIEBSTECHNIK

Praxis der Automatisierungstechnik

Sensoren in der Automatisierungstechnik
von G. Schnell (Hrsg.)

Bussysteme in der Automatisierungstechnik
von G. Schnell (Hrsg.)

Explosionsschutz durch Eigensicherheit
von W.-D. Dose, hrsg. von G. Schnell

Elektronische Antriebstechnik
von C. Wehrmann

Claus Wehrmann

ELEKTRONISCHE ANTRIEBSTECHNIK

Dimensionierung von Antrieben mit Mathcad

Die Deutsche Bibliothek – CIP-Einheitsaufnahme

Wehrmann, Claus:
Elektronische Antriebstechnik: Dimensionierung von Antrieben mit Mathcad / Claus Wehrmann. – (Praxis der Automatisierungstechnik)
ISBN 978-3-663-09916-1 ISBN 978-3-663-09915-4 (eBook)
DOI 10.1007/978-3-663-09915-4

Ursprünglich erschienen bei Friedr. Vieweg & Sohn Verlagsgesellschaft mbH, Braunschweig/Wiesbaden, 1995

ISBN 978-3-663-09916-1

Vorwort

Das vorliegende Buch ist für Praktiker geschrieben, die elektronische Antriebe mit Computerunterstützung dimensionieren wollen.

Es wird gezeigt, wie mit modernen Mitteln, nämlich PC, Mathematik und Software, elektronische Antriebe ausgelegt werden können.

Es werden physikalische Zusammenhänge erläutert und geeignete Lösungsverfahren dargestellt.

Beim Schalten und Kommutieren von Leistungshalbleitern entstehen diskontinuierliche Potential- und Stromverläufe. Es wird eine mathematische Methode entwickelt, mit deren Hilfe sich diese Verläufe wie auf einem Oszilloskop darstellen lassen.

Die wesentlichen mathematischen Teile sind mit MATHCAD geschrieben. Sofern MATHCAD vorhanden ist, kann der Leser den Stoff interaktiv mit dem Computer erarbeiten und Simulationen durchführen.

Die Eingangsparameter können auf Wunsch variiert werden. Die Ergebnisse werden numerisch oder graphisch angezeigt.

Praxisnahe Übungen runden den Stoff ab.

Düsseldorf, im März 1995 *Claus Wehrmann*

Inhalt

Definition der Begriffe

Alle mathematisch orientierten Programme sind in der amerikanischen Version von MATHCAD geschrieben. MATHCAD bietet den Vorteil, jede eingegebene Einheit zu akzeptieren und in eine gewünschte Einheit umzurechnen. Die in diesem Kapitel „Definitionen" genannten physikalischen Größen sind daher ohne Einheiten angegeben.

Abweichend vom SI-System werden einige Einheiten im amerikanischen MATHCAD anders benannt. Damit soll die Gleichheit zu diversen mathematischen Operatoren vermieden werden. Die Programme sind mit MKS-Einheiten geschrieben.

	Dezimalzahlen werden nicht mit einem Komma, sondern mit einem Dezimalpunkt geschrieben
a	Beschleunigung
α	Steuerwinkel bei Zündung eines Thyristors
α	Temperaturkoeffizient
amp	Einheit im MATHCAD für Ampere
b	Materialbreite
BO	Betragsoptimum
C	Kapazität
C_i	Stromrichterkonstante
cspline	kubischer Spline
d	Durchmesser
d_a	Durchmesser der Treibscheibe
di/dt	Stromanstiegsgeschwindigkeit
d_{max}	Wickeldurchmesser
d_{min}	Hülsendurchmesser
du/dt	Spannungsanstiegsgeschwindigkeit
f	Frequenz
Φ	Magnetischer Fluß
F	Zugkraft
F(s)	Übertragungsfunktion

$\Phi(x)$	Heaviside Step Funktion: $\Phi(x) = 0$, wenn $x < 0$; $\Phi(x) = 1$, wenn $x \geq 0$
f_{eck}	Eckfrequenz
F_F	Formfaktor
Find(x)	Ein MATHCAD - Befehl, der die Nullstellen ermittelt.
F_{max}	Maximale Zugkraft
f_{min}	Minimale Schrittfrequenz
F_{min}	Minimale Zugkraft
f_N	Netzfrequenz
FU	Frequenzumrichter
f_z	Schrittfrequenz
g	Erdbeschleunigung: $g = 9{,}80665$ m/sec^2
G	Masse in kg
G(s)	Übertragungsfunktion des geschlossenen Kreises
Given	Ein MATHCAD - Befehl, der bei der Lösung von Nullstellen der Nullfunktion vorangestellt wird.
gm	Amplitudenrand
GR	Gleichrichter
h	Spindelsteigung
η	Wirkungsgrad: $\eta = P_{ab} / P_{zu}$
henry	Einheit im MATHCAD für Henry
η_{ges}	Gesamtwirkungsgrad
η_{getr}	Wirkungsgrad Getriebe
$\eta_{schacht}$	Wirkungsgrad Schacht
η_{umlenk}	Wirkungsgrad Umlenkung
i	Getriebeübersetzung: $i = n_1 / n_2$
I	Strom
I_2	Rotorstrom
I_a	Ankerstrom
I_d	Gleichstrommittelwert
I_{eff}	Effektivwert des Stromes
I_G	Gate Steuerstrom
I_m	Magnetisierungsstrom
I_m	oberer Spitzenwert des Stromes
I_0	Sperrstrom
I_0	unterer Spitzenwert des Stromes

I_{RRM}	Rückstromspitze
I_s	Effektivwert des Trafostroms
φ	Phasenverschiebung: $\varphi = \text{atan}(X/R)$
J	Trägheitsmoment
J_{diff}	Differenz-Trägheitsmoment
J_g	Gesamtträgheitsmoment
J_{hrad}	Trägheitsmoment des Handrades
J_r	Rotorträgheitsmoment
J_{rot}	Rotatorisches Trägheitsmoment
J_{trans}	Translatorisches Trägheitsmoment
J_w	Trägheitsmoment der Walze
k	Boltzmann Konstante: $k = 1{,}380622 \cdot 10^{-23}$ joule/K
K	Kabinengewicht
L	Gesamtlänge
L	Induktivität
L	Materiallänge
L_a	Ankerinduktivität
L_d	Drosselinduktivität
length(x)	Länge des Vektors x
Lm	größtmögliche Wickellänge
lspline	linearer Spline
M	Drehmoment
μ	Reibungskoeffizient
M_1	Motorseitiges Drehmoment
M_2	Abtriebsmoment des Getriebes
M_a	Beschleunigungsmoment
M_B	Bremsmoment
M_l	Lastdrehmoment
M_n	Nenndrehmoment
mod(x,y)	Module Funktion: Rest des Quotienten x/y
M_p	Resonanzspitze
M_r	Reibmoment
M_{VLH}	Vollast-Hubmoment
n	Drehzahl

n_1	Motordrehzahl
n_2	Getriebeabtriebsdrehzahl
N_a	Schrittzahl im Hochlauf
newton	Einheit im MATHCAD für Newton
N_g	Gesamtschrittzahl
n_0	Synchrondrehzahl
N_v	Vorstoppunkt
ohm	Einheit in MATHCAD für Ohm
π	Kreiskonstante: $\pi = 3{,}14159265359$
P	Leistung
p	Polpaarzahl
p	Pulszahl: $p = s \cdot q$
P_b	Blindleistung
P_d	Drehfeldleistung
P_m	mechanische Leistung
pm	Phasenrand
P_n	Nennleistung
ps	Phasengang
P_s	Scheinleistung
pspline	parabolischer Spline
P_v	Verlustleistung
P_w	Wirkleistung
q	Elementarladung: $q = 1{,}6021917 \cdot 10^{-19}$ coul
q	Kommutierungszahl
Q	Nutzlast
q	Wickelverhältnis: $q = d_{max} / d_{min}$
Q_s	Nachlaufladung
ρ	Spezifisches Gewicht
R	Widerstand
R_e	Emitterwiderstand
root (f(x),x)	MATHCAD-Befehl zur Auffindung von Nullstellen
s	Kummutierungsgruppe
S	Materialstärke
s	Schlupf
S	Seilgewicht

s	Weg
s_a	Hochlaufweg
s_b	Bremsweg
sec	Einheit im MATHCAD für Sekunde
s_n	Nennschlupf
SO	Symmetrisches Optimum
s_0	Weginkrement
SR	Stromrichter
τ	elektrische Zeitkonstante
t	Zeit
t_a	Ausschaltdauer
t_a	Hochlaufzeit
t_{an}	Anregelzeit
t_b	Ablaufzeit
t_e	Einschaltdauer
t_g	Gesamtzeit, Vorschubzeit
T_i	Integrationszeit
T_n	Nachstellzeit
T_p	parasitäre Zeitkonstante
t_q	Freiwerdezeit
t_{rr}	Sperrverzugszeit
t_s	Spannungsnachlaufzeit
T_v	Tastverhältnis: $T_V = t_e / (t_e + t_a)$
T_v	Vorhaltezeit
U	Spannung
ü	Überschwingen
U_a	Ankerspannung
U_{AK}	Ventilsperrspannung
U_b	Anzahl der Umdrehungen für das Bremsen
U_{be}	Basis-Emitter-Spannung
U_d	Durchlaßspannung
U_d	Mittelwert der Gleichspannung
U_{di}	ideelle Gleichspannung

ÜF	Übertragungsfunktion
U_s	Effektivwert der Anschlußspannung
U_T	Temperaturspannung
U_z	Zenerspannung
v	Geschwindigkeit
v_{max}	Maximale Geschwindigkeit
v_{min}	Minimale Geschwindigkeit
volt	Einheit im MATHCAD für Volt
V_r	Proportional Verstärkung
V_s	Streckenverstärkung
w	Anzahl der Wickellagen
ω	Winkelgeschwindigkeit, Kreisfrequenz
w(s)	Sprungantwort
w_c	Durchtrittsfrequenz
w_i	Stromwelligkeit
ω_r	Resonanzfrequenz
WR	Wechselrichter
w_u	Welligkeit der Gleichspannung
X	Reaktanz
Z	Impedanz
z	Schrittzahl pro Umdrehung

Einige Rechenvorschriften von MATHCAD

$x := 3$	Zuweisung eines Wertes
$y := 2 + x^2$	Zuweisung einer Gleichung
$y = 11$	Ergebnis einer Gleichung
$r^2 = x^2 + y^2$	Relation ohne Auswirkung auf das Rechenergebnis
$ms \equiv 10^{-3} \cdot sec$	globale Definiton
$t := 0, 5..50$	Bereichsdefinition: Anfang = 0, Inkrement = 5, Endwert = 50

1 Leistungshalbleiter

1.1 Dioden und Zenerdioden

1.1.1 Dioden

In diesem Kapitel werden die Kennlinien und Eigenschaften von Dioden betrachtet.

Globale Definitionen: $mV \equiv \frac{volt}{1000} \qquad K \equiv 1$

$$k := 1.380622 \cdot 10^{-23} \cdot \frac{joule}{K}$$

$$q := 1.6021917 \cdot 10^{-19} \cdot coul$$

Wir betrachten die Diode bei einer Temperatur von 37° C.

Das entspricht in Grad Kelvin: $T := 310 \cdot K$

Die Temperaturspannung ist definiert als: $U_T := k \cdot \frac{T}{q} \qquad U_T = 26.71 \cdot mV$

Wir betrachten die Kennlinie im Bereich: $U := 100 \cdot mV, 105 \cdot mV \,..\, 700 \cdot mV$

Sperrstrom für Germanium: $I_{oGe} := 10^{-6} \cdot amp$

Sperrstrom für Silizium: $I_{oSi} := 10^{-9} \cdot amp$

Nach W. Shockley ist die folgende Gleichung benannt:

$$I_{Ge}(U) := I_{oGE} \cdot \left(\exp\left(\frac{U}{U_T} \right) - 1 \right) \qquad I_{Si}(U) := I_{oSi} \cdot \left(\exp\left(\frac{U}{U_T} \right) - 1 \right)$$

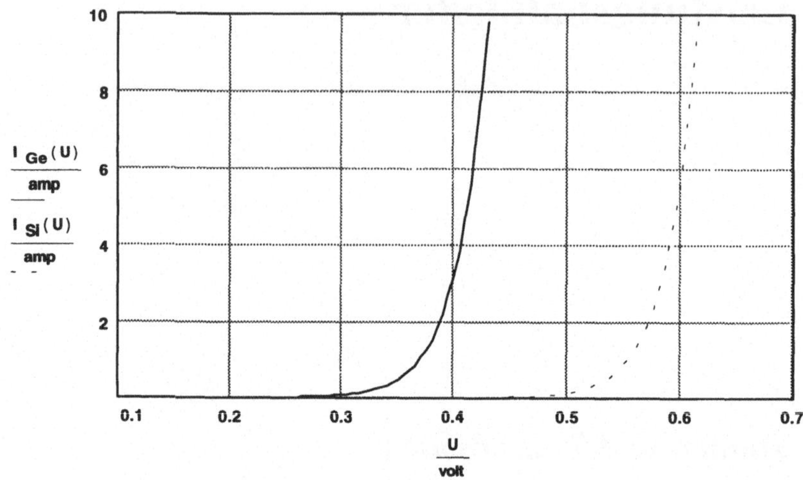

Als Durchlaßspannung oder Schleusenspannung U_d wird die Spannung in Durchlaßrichtung über der Diode definiert, die bei 20% des Nennstromes gemessen wird. Eine andere Definition legt eine Sekante durch die Punkte 1,5 I_n und 0,5 I_n. Im Schnittpunkt mit der Abszisse finden wir die Durchlaßspannung U_d.

Als Nachteil erweist sich, daß der 1,5fache Nennstrom in Kurvenform nicht immer vorliegt.

In der Praxis rechnen wir mit:

Si-Leistungsdioden: $U_d := 0.7 \cdot \text{volt}$

Ge-Signaldioden: $U_d := 0.35 \cdot \text{volt}$

Die Durchlaßspannung ist in erster Linie temperaturabhängig, sie zeigt aber auch eine Abhängigkeit vom Durchlaßstrom I.

Als Näherungslösung kann man allgemein ansetzen:

$$\frac{d}{dT} U_d = -2 \cdot \text{mV} \cdot \frac{T}{K} + 0.3 \cdot \text{mV} \cdot \frac{T}{K} \cdot \log\left(10^4 \cdot \frac{I}{\text{amp}}\right) = U_{dT}(T)$$

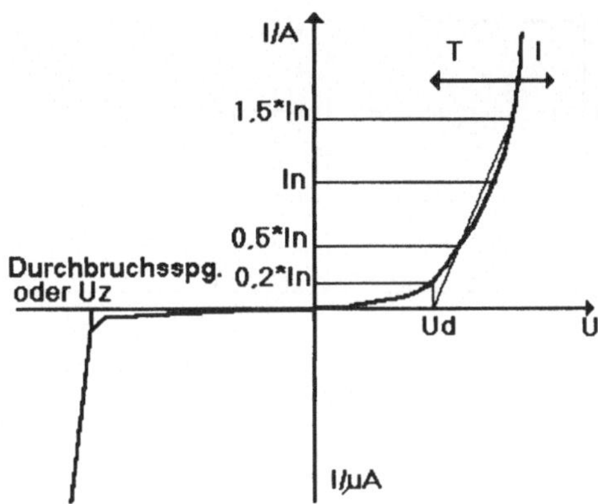

Bei I = 1 amp soll die Abhängigkeit von der Temperatur T festgestellt werden:

$$I := 1 \cdot \text{amp} \qquad T := 1 \cdot K .. 100 \cdot K$$

$$U_{dT}(T) := -2 \cdot mV \cdot \frac{T}{K} + 0.3 \cdot mV \cdot \frac{T}{K} \cdot \log\left(10^4 \cdot \frac{I}{\text{amp}}\right)$$

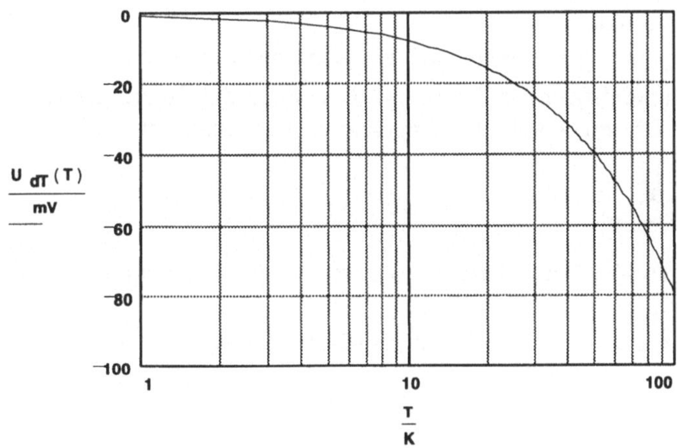

Bei 100 A soll der Temperaturgang festgestellt werden:

$$I := 1 \cdot \text{amp} \qquad T := 1 \cdot K .. 100 \cdot K$$

$$U_{dT}(T) := -2 \cdot mV \cdot \frac{T}{K} + 0.3 \cdot mV \cdot \frac{T}{K} \cdot \log\left(10^4 \cdot \frac{I}{\text{amp}}\right)$$

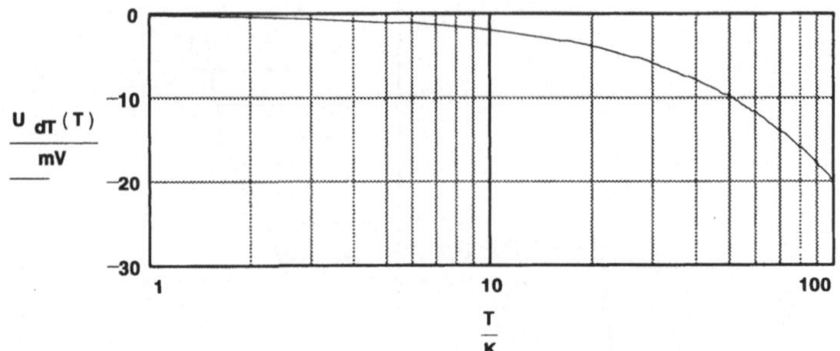

Der Sperrstrom steigt exponentiell mit der Temperatur. Er verdoppelt sich bei 10 K Temperaturerhöhung. Er ist 1000 x größer bei 100 K Temperaturerhöhung.

1.1.2 Zenerdioden

Bei Zenerdioden nutzt man die kontrollierte Durchbruchsspannung in Sperrichtung aus, um sie als Referenzdioden einzusetzen. Wegen ihrer steilen Kennlinie im Sperrbereich der Diode eignen sie sich hierfür besonders.

Temperaturkoeffizient

Die Referenzspannung U_Z ändert sich etwas mit der Temperatur der Sperrschicht.

Der Temperaturkoeffizient ist der Bruchteil, um den die Referenzspannung bei konstantem Sperrstrom, bezogen auf 1 K Temperaturanstieg, zunimmt.

$$\alpha = \frac{1}{U_Z} \cdot \frac{d}{dK} \cdot U_Z$$

Aus den technischen Datenblättern lesen wir für den Temperaturkoeffizienten folgende Werte ab:

Zenerspannung U_Z Temperaturkoeffizient in 1/K

$$vx := \begin{bmatrix} 4.8 \\ 5.6 \\ 8 \\ 10 \\ 20 \end{bmatrix} \qquad vy := \begin{bmatrix} -4 \cdot 10^{-4} \\ 0 \\ 5 \cdot 10^{-4} \\ 6 \cdot 10^{-4} \\ 7.8 \cdot 10^{-4} \end{bmatrix}$$

Aus diesen Stützstellen bilden wir mittels der Spline Methode einen geglätteten Kurvenzug.

$vs := lspline(vx, vy)$ $\qquad U_Z := 4, 4.1 .. 20$ $\quad \alpha(U_Z) := interp(vs, vx, vy, U_Z)$

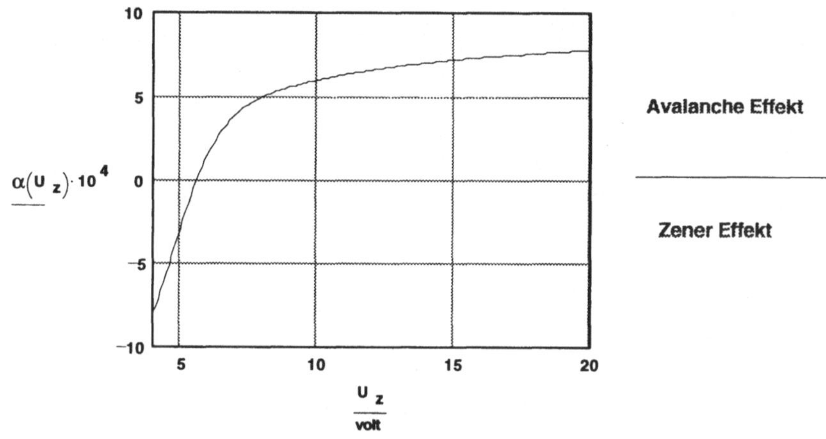

Man erkennt deutlich, daß bei Zenerspannungen kleiner als 6 V, der Temperaturkoeffizient negativ (Zener Effekt) , und bei Spannungen über 6 V positiv (Avalanche Effekt) ist.

Zenerdioden werden in Sperrichtung betrieben. Am folgenden Beispiel soll eine einfache Stabilisierungsschaltung durchgerechnet werden.

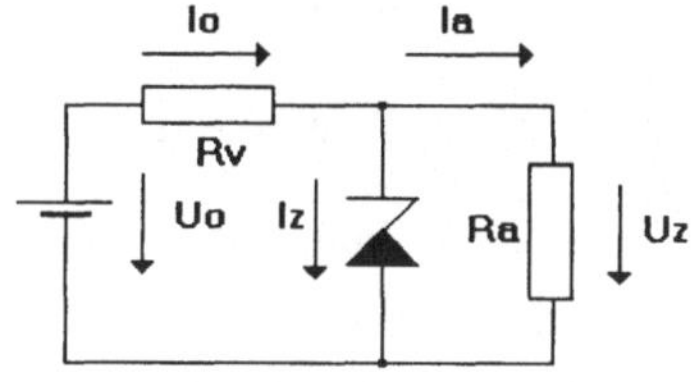

Definition: $\qquad mA \equiv 10^{-3} \cdot amp$

Technische Daten der verwendeten Schaltung:

$U_0 := 10 \cdot volt \qquad U_Z := 5.6 \cdot volt \qquad R_a := 500 \cdot ohm \qquad I_Z := 5 \cdot mA$

$$R_v := \frac{U_0 - U_Z}{\frac{U_Z}{R_a} + I_Z} \qquad R_v = 271.6 \cdot ohm$$

$$I_a := \frac{U_Z}{R_a} \qquad I_a = 11.2 \cdot mA$$

Bestimmung der minimalen Batteriespannung U_0:

Bedingung: $I_0 := I_a$

$$\frac{U_{0min} - U_Z}{R_v} = \frac{U_Z}{R_a} \qquad U_{0min} := U_Z \cdot \frac{(R_a + R_v)}{R_a}$$

$$U_{0min} = 8.64 \cdot \text{volt}$$

1.2 Einweggleichrichtung

Eine Wechselspannung wird über eine Diode gleichgerichtet. Wie sieht der Potentialverlauf aus, wenn ein Pufferkondensator C die wellige Gleichspannung siebt? Die Last wird durch den Widerstand R dargestellt.

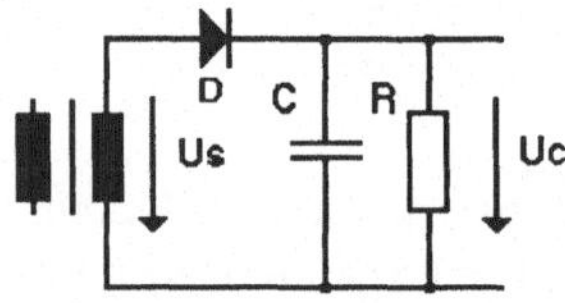

Daten:

$U_S := 220 \cdot \text{volt} \quad U_0 := \sqrt{2} \cdot U_S \quad f := 50 \cdot \text{sec}^{-1} \quad ms \equiv 10^{-3} \cdot \text{sec}$

$R := 1000 \cdot \text{ohm} \quad C := 4.7 \cdot 10^{-6} \cdot \text{farad}$

$\tau := R \cdot C \quad \tau = 4.7 \cdot ms \quad \omega := 2 \cdot \pi \cdot f \quad U_a(t) := U_0 \cdot \sin(\omega \cdot t)$

Um den Einweggleichrichter darzustellen, benutzen wird die Heaviside Step Funktion:

Definition: $\Phi(x) = 0$ wenn $x < 0$ $\quad \Phi(x) = 1$ wenn $x \geq 0$

Wir betrachten den Zeitraum $t := 0 \cdot ms, 0.1 \cdot ms .. 40 \cdot ms$

$$U_{c1}(t) := U_a(t) \cdot \Phi(U_a(t))$$

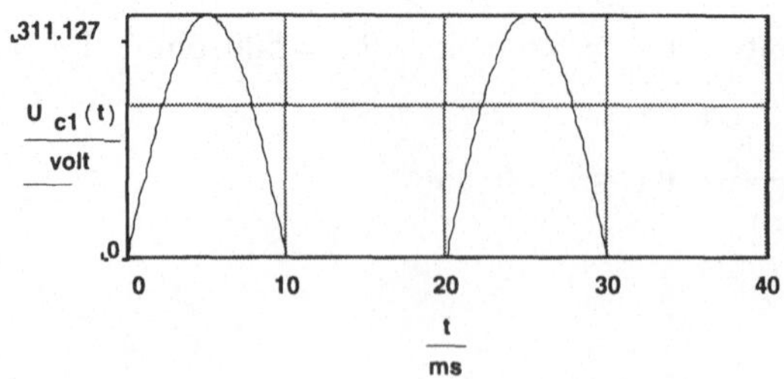

Gesucht wird nun der Potentialverlauf der Kondensatorspannung U_c zwischen den Halbwellen. Die Diode D ist solange leitend, wie $U_a(t) > U_c$. Bei kleinen Zeitkonstanten τ sperrt die Diode D erst nach einer gewissen Zeit nach Überschreiten des Spitzenwertes. Diesen Zeitpunkt nennen wir t_1. Er ergibt sich an der Stelle, wo die Steigung der Sinushalbwelle genauso groß ist wie die Anfangs-Steigung der Kondensatorentladung. Es empfielt sich, die Netzschwingung als cos-Funktion darzustellen.

$$U(t) := U_0 \cdot \cos(\omega \cdot t)$$

Ableitung:

$$\frac{d}{dt} U(t) = -U_0 \cdot \sin(\omega \cdot t) \cdot \omega$$

Die Ablösung der Kondensatorspannung findet dort statt, wo die Steigung der beiden Funktionen gleich ist.

$$\frac{-U_0 \cdot \cos(\omega \cdot t)}{\tau} = -U_0 \cdot \sin(\omega \cdot t) \cdot \omega$$

Betrachtung für den Bereich:

$$\tau := 0.1 \cdot ms, 0.2 \cdot ms .. 20 \cdot ms$$

$$t_1(\tau) := \frac{a\tan\left(\frac{1}{\omega \cdot \tau}\right)}{\omega} + \frac{\pi}{2 \cdot \omega}$$

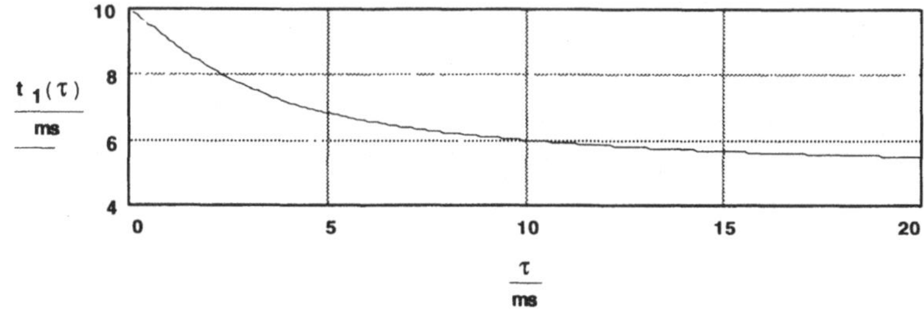

Wir erinnern uns:

$$\tau := R \cdot C, \quad \tau = 4.7 \cdot ms$$

$$t_1 := \frac{a\tan\left(\frac{1}{\omega \cdot \tau}\right)}{\omega} + \frac{\pi}{2 \cdot \omega}, \qquad t_1 = 6.89 \cdot ms$$

$$U_a(t_1) = 257.61 \cdot volt$$

$$U_{c2}(t) := U_a(t_1) \cdot \exp\left[\frac{-(t - t_1)}{\tau}\right] \cdot \Phi(t - t_1)$$

Im Zeitpunkt t_2 schneidet die Kondensatorspannung U_c die Sinushalbwelle.
Lösungsvorschlag:

$$t := 20 \cdot ms$$

$$\text{Given } U_a(t) = U_{c2}(t)$$

$$t_2 := \text{Find}(t) \qquad t_2 = 20.16 \cdot ms \qquad U_a(t_2) = 15.33 \cdot volt$$

$$U_{c3}(t) := \text{if}\left(t < t_2, U_{c2}(t), U_a(t)\right)$$

$$t := 0 \cdot ms, 0.1 \cdot ms .. 30 \cdot ms$$

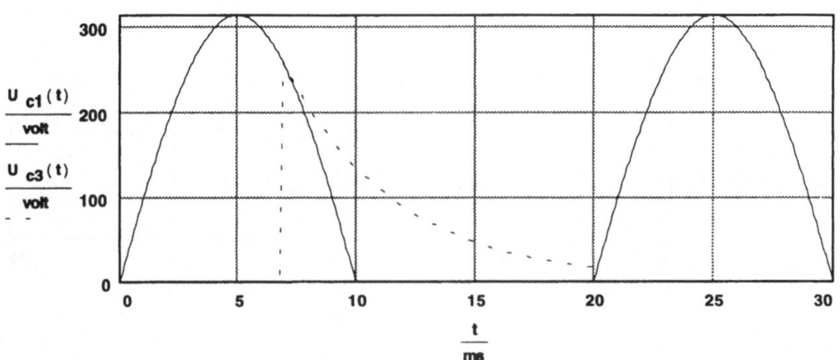

1.3 Thyristoren

Aufbau und Ersatzschaltbild des Thyristors

Die Schaltungsanordnung zeigt einen Lastkreis bestehend aus der Stromversorgung, dem Thyristor und der Last R. Ergänzt wird die Schaltung durch den Steuerkreis zur Zündung durch das Gate G.

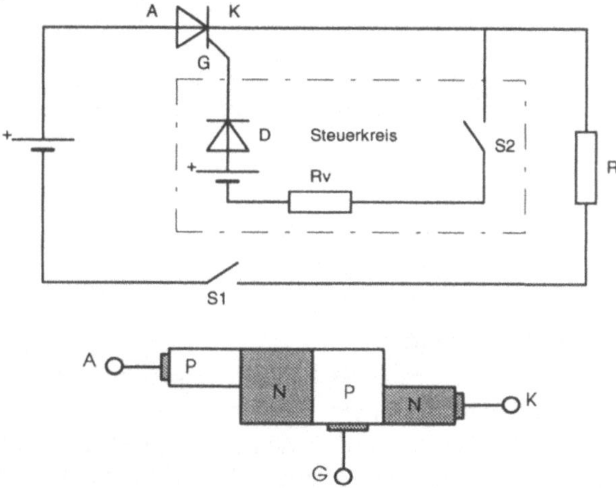

Es soll nun die Funktion des Thyristors näher untersucht werden. Wie der obigen Figur zu entnehmen ist, besteht der Thyristor aus einer Anordnung von pnpn dotierten Siliziumschichten, also drei pn-Übergängen. Schneidet man diese geschickt auf, kann daraus jeweils ein npn- und ein pnp-Transistor erzeugt werden. Die nachstehende Figur zeigt das Resultat.

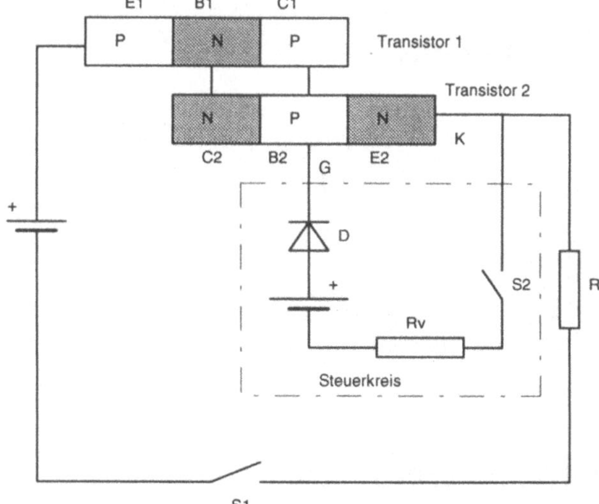

Im nächsten Schritt wird daraus eine Schaltung mit den entsprechenden Transistorsymbolen abgeleitet.

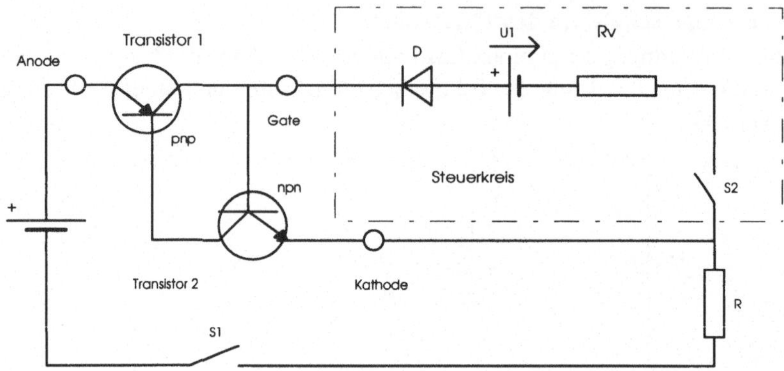

Erläuterung der Schaltungsfunktion:
In der Ausgangssituation sind die Schalter S1 und S2 geöffnet. Beide Transistoren sind nicht leitend. Daran ändert sich auch nichts, wenn der Schalter S1 geschlossen wird. Dies ändert sich jedoch, wenn Schalter S2 geschlossen wird. Die Basis von Transistor 2 erhält einen Steuerstrom, der diesen Transistor durchschaltet. Dadurch erhält die Basis von Transistor 1 ebenfalls einen Strom, der diesen Transistor von Emitter nach Kollektor leitend macht. Hierdurch ist nun ein Strompfad von der Spannungsquelle U1 hergestellt, über den die Basis des Transistors 2 mit Strom versorgt wird. Beide Transistoren sind jetzt leitend und stellen die Stromverbindung zum Lastwiderstand R her. Der Schalter des Steuerkreises S2 kann nun geöffnet werden. Die Schaltungsanordnung der beiden Transistoren ist durch die Rückkopplung selbsthaltend.

Statische Kennlinie des Thyristors

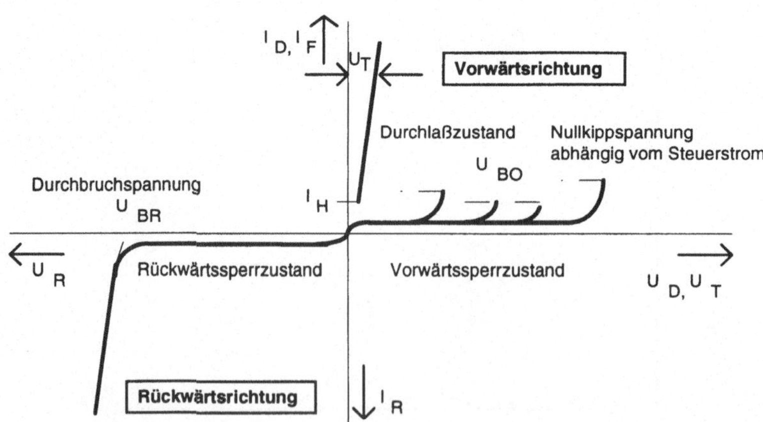

Schematische Strom- Spannungskennlinien eines rückwärts sperrenden Thyristors

Ohne Anlegen eines Zündimpulses ist der Thyristor in Vorwärtsrichtung zunächst sperrend. Ein Durchzünden des Thyristors kann stattfinden, wenn eine gewisse Kombination aus Gate-Steuerstrom und Anoden-Kathodenspannung U_T anliegt, siehe Zündkennlinie des Thyristors. Ist der Thyristor erst einmal durchgezündet und der Haltestrom I_H überschritten, dann stellt sich die typische Diodenkennlinie des Thyristors ein. Die Höhe des fließenden Stromes bestimmt die Flußspannung U_T.

Kehrt man die Anoden-Kathodenspannung um (Rückwärtsrichtung), dann zeigt der Thyristor das gleiche Verhalten wie eine Diode in Sperrichtung. Es fließt ein kleiner Sperrstrom, der temperaturabhängig ist. Überschreitet die angelegte Spannung die Durchbruchsspannung U_{BR}, dann wird der Thyristor in Rückwärtsrichtung leitend. Dieser Zustand ist im praktischen Betrieb auf jeden Fall zu vermeiden.

Typische Zündkennlinie eines Thyristors

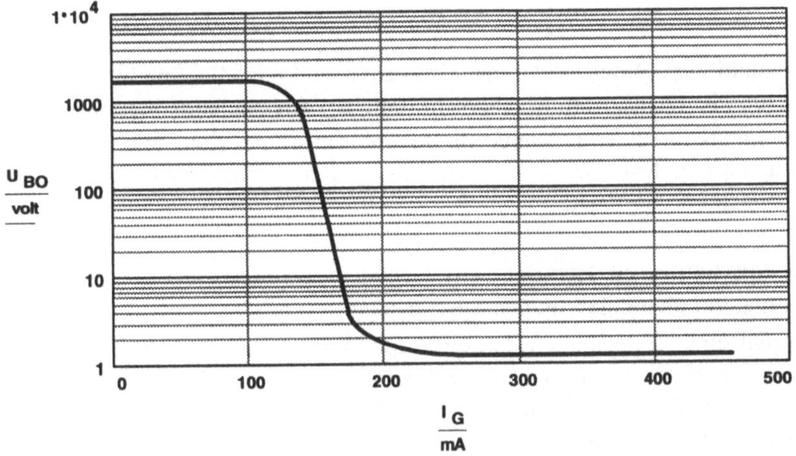

Diese Zündkennlinie macht deutlich:

- Selbst wenn kein oder nur ein kleiner Zündstrom am Gate anliegt, ist die Zündbedingung ab einer bestimmten Höhe der Nullkippspannung U_{B0} für den Thyristor erfüllt. Dieses Verfahren nennt man Vertikalsteuerung. In Stromrichtern wird diese Methode zum Zünden nicht eingesetzt.
- Um einen hohen Verstellbereich des Zündwinkels zu erreichen, wählt man den Gate - Strom I_G so hoch, daß ein sicheres Zünden auch bei kleinen Anoden-Kathodenspannungen möglich ist.

Zündimpulsdauer in Abhängigkeit von der Last

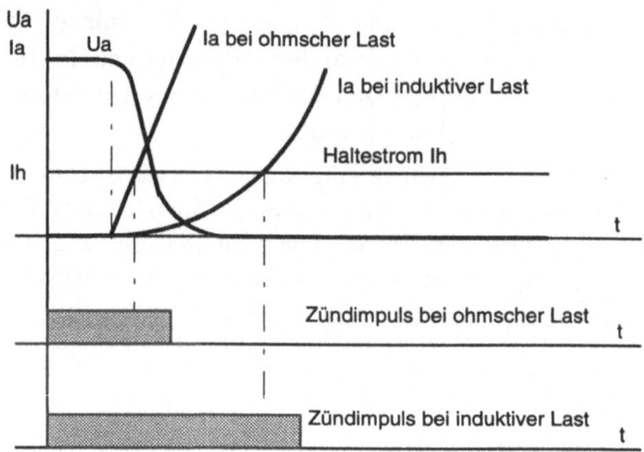

Zum einwandfreien Durchzünden des Thyristors muß ein Zündimpuls solange am Gate anliegen, bis der Haltestrom I_h überschritten ist. Aus Sicherheitsgründen macht man dann den Impuls noch etwas länger als theoretisch erforderlich. Wie man unschwer an der schematischen Darstellung ersehen kann, ist der Zündimpuls bei induktiver Last länger als bei ohmscher Last.

Sperrverzugszeit des Thyristors

Umschaltung vom Durchlaß- in den Sperrzustand:

Am Beispiel einer sogenannten Zwangskommutierung soll die Umschaltung des Thyristors vom Durchlaß in den negativen Sperrzustand beobachtet werden. Die folgende Figur zeigt ein Ersatzschaltbild und die Potentialverläufe des Anodenstromkreises während dieser Umschaltung.

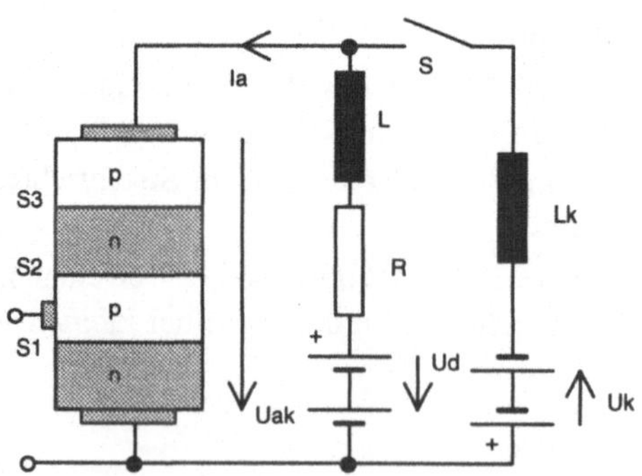

Ersatzschaltbild des Laststromkreises
für die Umschaltung des Thyristor vom Durchlaß- in den Sperrzustand.

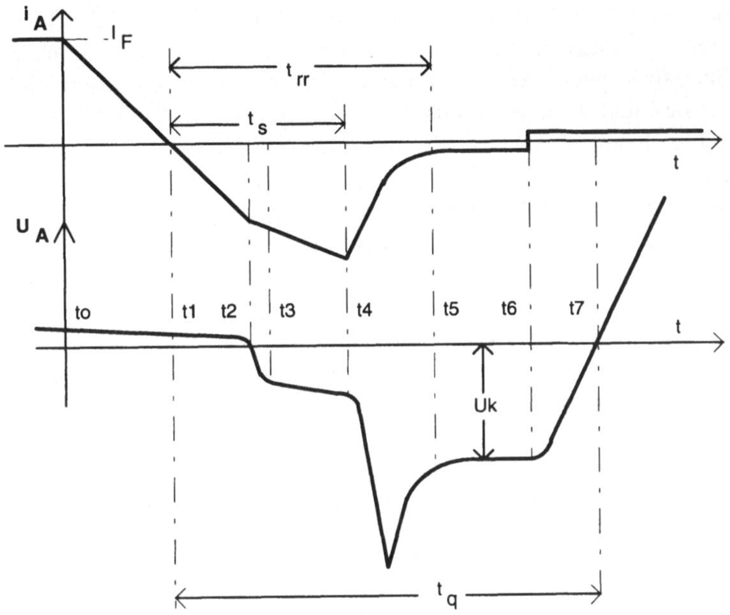

Zeitlicher Verlauf vom Anodenstrom i_A und Anodenspannung u_A beim Umschalten des Thyristors vom Durchlaß- in den Sperrzustand.

Bis zum Zeitpunkt t_0, in dem der Schalter S geschlossen wird, fließt über den Thyristor ein von der Betriebsspannung U_d und dem Lastwiderstand R abhängiger stationärer Durchlaßstrom $i_{A0} = I_d$. Vom Zeitpunkt t_0 an fällt der Anodenstrom mit der durch die Spannung U_k und die Induktivität L_k des Kommutierungsstromkreises gegebenen Steilheit $di / dt = U_k / L_k$ ab. Mit dem abnehmenden Anodenstrom verringert sich auch die Injektion von Ladungsträgern über die beiden äußeren pn-Übergänge S1 und S3. Die Ladungsträgerdichte in den beiden Basiszonen kann sich jedoch dem abnehmenden Anodenstrom nur verzögert anpassen. Daher sind im Zeitpunkt t_1, wenn der Anodenstrom durch Null geht, noch soviel Ladungsträger gespeichert, daß der Thyristor noch voll leitfähig ist und auch in Sperrichtung noch Strom führen kann, ohne daß sich die Stromsteilheit ändert.

Erst zum Zeitpunkt t_2 ist die Ladungsträgerkonzentration in der Nähe der kathodenseitigen Sperrschicht S1 soweit abgebaut, daß der pn-Übergang S1 Sperrspannung übernehmen kann. Damit geht auch die Anodenspannung des Thyristors durch Null. Allerdings wird sie bereits zum Zeitpunkt t_3 vorläufig auf den Wert der Abbruchspannung U_{BR} der Sperrschicht S1 begrenzt, die im allgemeinen die Größenordnung von etwa 50 V hat. Entsprechend dieser Sperrspannung wird die Stromsteilheit verringert.

Zum Zeitpunkt t_4 ist die Ladungsträgerkonzentration schließlich auch in der Nähe der anodenseitigen Sperrschicht S3 genügend weit abgebaut, so daß auch dieser pn-Übergang Sperrspannung übernehmen kann. Nun erst klingt der überhöhte Sperrstrom zunächst sehr steil und dann langsamer auf seinen stationären Endwert ab. Die Zeitdauer t_{rr} vom Nulldurchgang des Anodenstromes bis zum Abklingen des überhöhten Sperrstromes auf 10% seines Scheitelwertes – zum Zeitpunkt t_5 – wird wie bei der Diode mit Sperrverzugszeit bezeichnet. Sie hängt vom vorausgegangenen Durchlaßstrom und von der Steilheit des Anodenstrom-Nulldurchgangs ab.

Der Steilabfall des überhöhten Sperrstroms nach t_4 ruft an den Induktivitäten im Anodenkreis eine Spannungsspitze hervor, die den Thyristor über die Spannung U_k hinaus in Sperrichtung beansprucht. Damit der Thyristor durch diese Überspannung nicht gefährdet wird, ist im allgemeinen eine Beschaltung durch ein parallelgeschaltetes RC-Glied erforderlich. Für die Bemessung dieses RC-Gliedes ist die sogenannte Nachlaufladung Q_s maßgebend. Das ist die Ladungsmenge, die während der Sperrverzugszeit über die Anschlüsse des Thyristors abfließt. Eine typische Kennlinie der Nachlaufladung Q_s in Abhängigkeit von Steilheit des Anodenstromes im Nulldurchgang wird in der nächsten Figur gezeigt.

Nachlaufladung Q_s

Dies ist die Ladungsträgermenge, die während eines Abkommutierungsvorgangs vom Zeitpunkt des Stromnulldurchgangs bis zu dem Zeitpunkt, in dem der Sperrverzögerungsstrom seinen Höchstwert erreicht, in Rückwärtsrichtung über den Thyristor fließt. Sie nimmt zu mit steigender Sperrschichttemperatur, steigendem Durchlaßstrom und steigender Abkommutierungssteilheit. In einigen Anwendungsfällen ist außer der Nachlaufladung Q_s bei Thyristoren auch noch die Spannungsnachlaufzeit t_s gefragt.

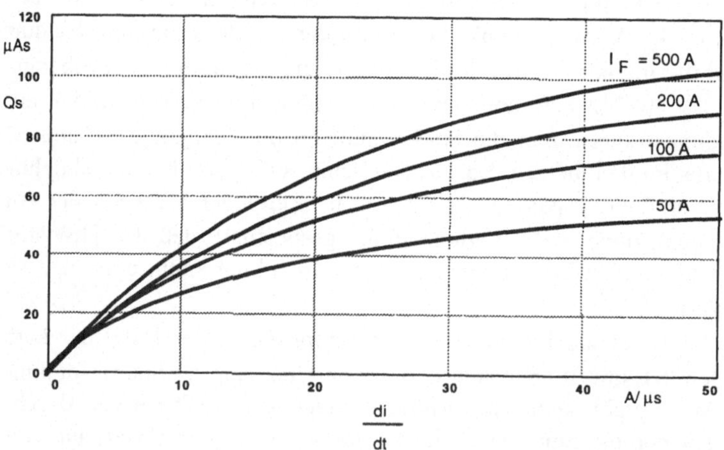

Nachlaufladung Qs beim BBC Thyristor CS239 in Abhängigkeit von der Stromsteilheit di/dt beim Ausschalten.
Parameter: Vorstrom IF
Sperrschichttemperatur 125 C

Spannungsnachlaufzeit t_s

Sie ist definitionsgemäß während des Abkommutierungsvorgangs die Zeitdifferenz zwischen dem Stromnulldurchgang und dem Zeitpunkt der Rückstromspitze i_{RRM}. Der oben gezeigte Stromverlauf läßt sich wie folgt schematisch vereinfachen:

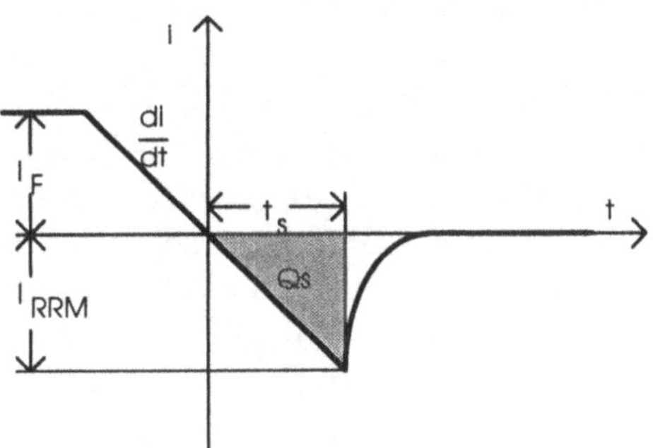

Die Spannungsnachlaufzeit t_s errechnet sich aus der Formel

$$t_s = \sqrt{\left| \frac{2 \cdot Q_s}{-\frac{d}{dt} i} \right|}$$

Die Rückstromspitze I_{RRM} beträgt dann:

$$I_{RRM} = \left| -\frac{d}{dt} i \right| \cdot t_s = \sqrt{\left| -\frac{d}{dt} i \right| \cdot 2 \cdot Q_s} \; .$$

Freiwerdezeit t_q

Ist die Mindestwartezeit zwischen dem Nulldurchgang des Stromes von der Vorwärtsrichtung zur Rückwärtsrichtung und der frühest zulässigen Wiederkehr einer Vorwärtssperrspannung. Kehrt die positive Sperrspannung wieder, bevor die Freiwerdezeit vergangen ist, dann schaltet der Thyristor wieder durch. Damit ist der Frequenz, mit der Thyristoren betrieben werden können, nach oben eine Grenze gesetzt.

Die Freiwerdezeit ist stark von der Sperrschichttemperatur abhängig und nimmt mit dieser proportional zu.

1.4 IGBT

Der IGBT ist ein relativ neues Bauelement der Leistungselektronik, das aufgrund seiner hervorragenden technischen Eigenschaften schnell einen Platz bei den Stromrichtern kleinerer Leistung gefunden hat. Der Name IGBT steht für die Begriffe: „Insulated Gate Bipolar Transistor“. Im Prinzip besteht der IGBT aus einem bipolaren Leistungstransistor, dem ein MOSFET am Eingang vorgeschaltet ist.

In Frequenzumrichtern kleiner Leistung haben bipolare Transistoren eine breite Anwendung gefunden. Ihre minimalen An- und Ausschaltzeiten bestimmen jedoch die maximale Taktfrequenz. Diese liegt in der Größenordnung von ca. 4 kHz. Um die störende Geräuschentwicklung zu reduzieren, hebt man die Taktfrequenz an.

Mit dem neuen Bauelement – IGBT – gelingt dies, weil die An- und Ausschaltzeit deutlich unter denen der bipolaren Transistoren liegen. 8 kHz und höher sind mit IGBTs machbar. Bei Schaltfrequenzen über 10 kHz treten jedoch zusätzlich zu den ohnehin vorhandenen EMV Problemen auch noch Funkentstöraufgaben auf. Gleichzeitig hat man den Vorteil – wie der Name bereits ausweist – eine leistungsarme Ansteuerung des Gates zu ermöglichen.

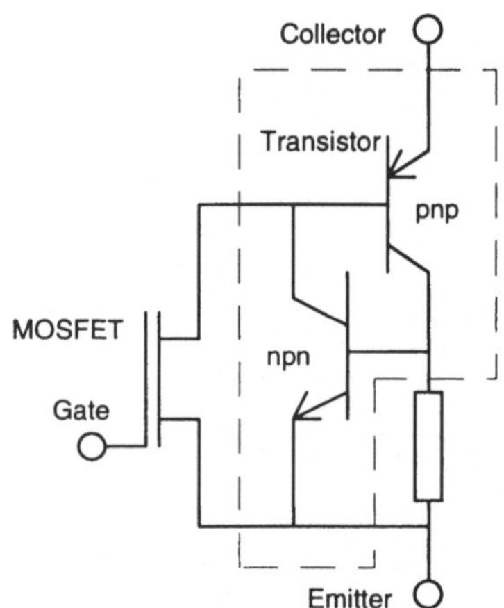

Ersatzschaltbild des IGBT

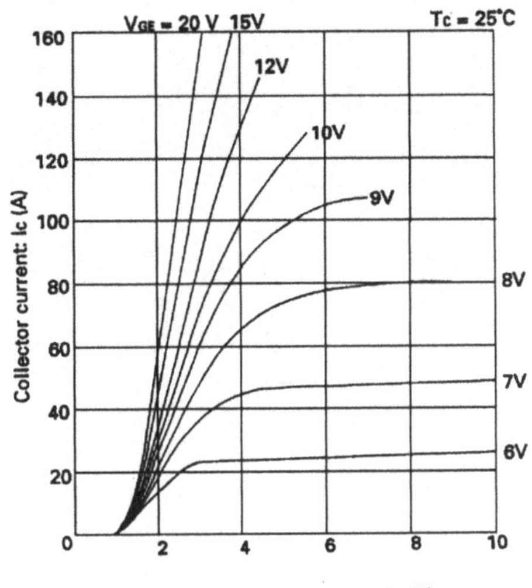

Ausgangscharakteristik des Fuji 2MBI100-060

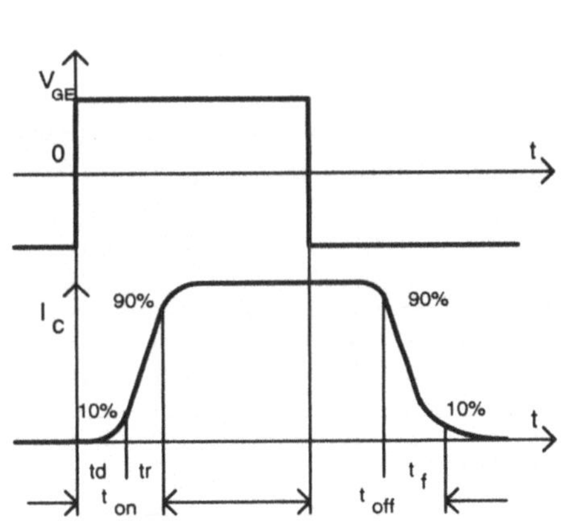

Schaltcharakteristik des IGBT

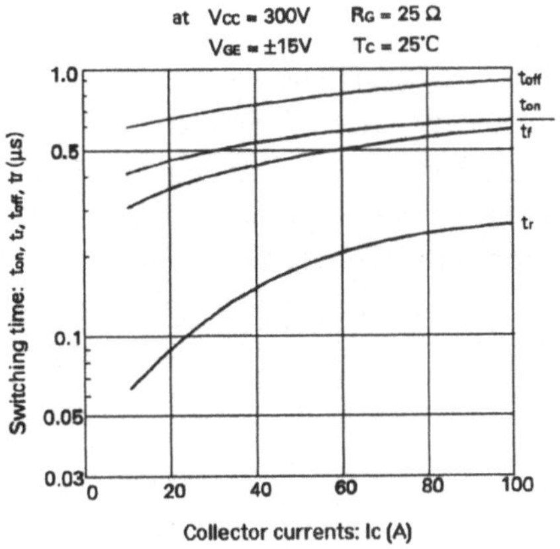

Schaltzeiten des Fuji 2MBI100-060

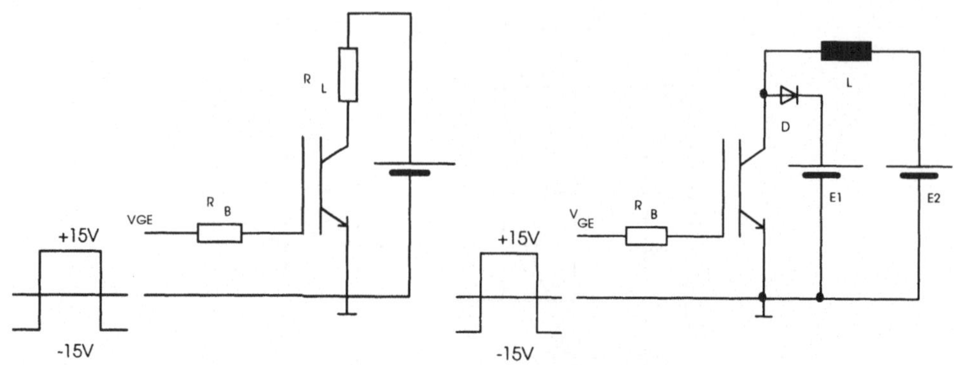

Schaltkreis zur Messung der Anschaltzeit   Schaltkreis zur Messung der Ausschaltzeit

Item	Bipolar	IGBT
t_{on}	1 µs	0,7 µs
t_{off}	12 µs	0,8 µs

Anhand des Vergleichs der Schaltzeiten zwischen bipolaren Transistoren und IGBTs erkennt man deutlich die Stärken der IGBTs:

Besonders bei der Ausschaltzeit t_{off} ist der IGBT erheblich schneller als bipolare Transistoren. Dies ist der Grund, warum IGBTs mit höheren Taktfrequenzen als Transistorendstufen betrieben werden können.

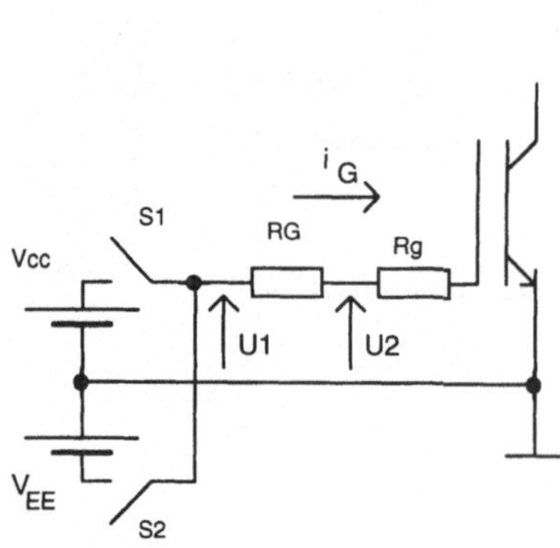

IGBT Ansteuerkreis

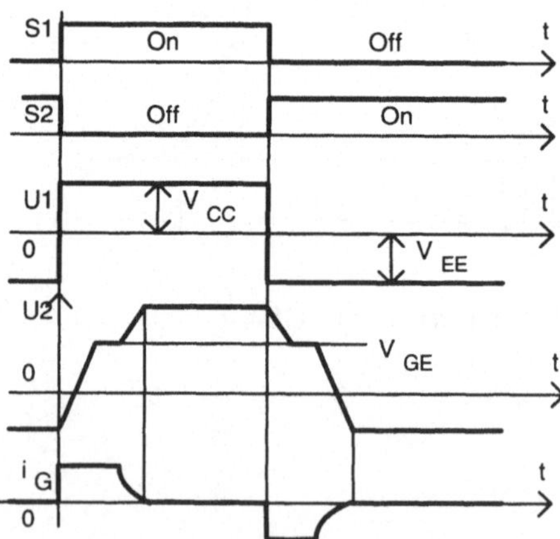

Potentialverläufe im Steuerkreis

2 Halb- und vollgesteuerte Stromrichterschaltungen

2.1 Stromrichter Definitionen

Die Klassifizierung nehmen wir nach der *Führung*, d.h. nach der Herkunft der Kommutierungsspannung vor.

Fremdgeführte Stromrichter
Netzgeführte Gleich- und Wechselrichter (WR)
Spannungssteller für Wechselstrom und Drehstrom
Netzgeführte Umrichter: Umkehrstromrichter, Direktumrichter
Lastgeführte WR: Parallelschwingkreis-, Reihenschwingkreis- und motorgeführte WR

Selbstgeführte Stromrichter
Gleichstromsteller, Chopper
Selbstgeführte Wechselrichter, Pulswechselrichter
Umrichter (Frequenzumrichter): Variable Spannung und Frequenz
Unterbrechungsfreie Stromversorgung (USV): Fixe Spannung und Frequenz

Begriffe
Kommutierungsgruppe s ist eine Gruppe von Stromrichterzweigen und ggf. Wicklungssträngen verschiedener Phasen, die unabhängig von anderen Gruppen im Zyklus kommutieren. Parallel geschaltete Kommutierungsgruppen kommen bei Saugdrosselschaltungen vor. In Reihe geschaltete Kommutierungsgruppen kommen bei Brückenschaltungen vor.
Mittelpunktschaltung, Sternschaltung: $s = 1$
Brückenschaltung: $s = 2$

Kommutierungszahl q ist eine Anzahl der Kommutierungen, die während einer Periode in einer Kommutierungsgruppe stattfinden.

Pulszahl p ist die Gesamtzahl der nicht gleichzeitigen Kommutierungen einer Stromrichterschaltung während einer Periode des Wechselstroms. Die Pulszahl p ist damit das Verhältnis der Grundfrequenz der der Gleichspannung überlagerten Wechselspannung (Pulsfrequenz) f_p zur Netzfrequenz f_N.

$$p = s \cdot q$$
$$f_p = p \cdot f_N$$

2.2 Einpulsige Stromrichterschaltung mit ohmscher Last

Es sollen die Potentialverläufe am ungesteuerten und gesteuerten Gleichrichter mit ohmscher und gemischter Last abgeleitet werden.

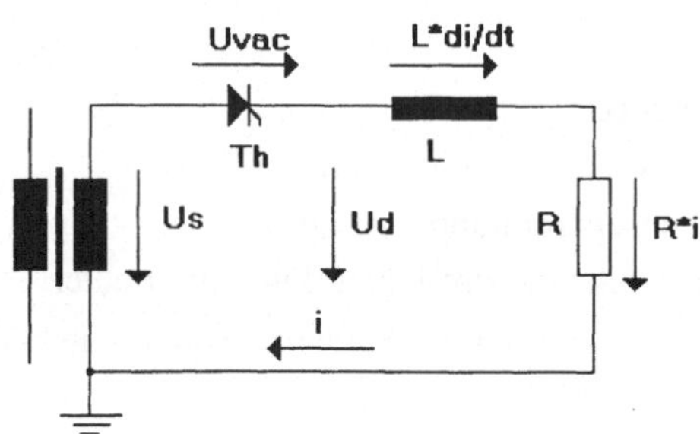

Allgemeine Schaltungsanordnung des einpulsigen Stromrichters

Daten: $U_s := 230 \cdot \text{volt}$ $f := 50 \cdot \text{sec}^{-1}$ $\omega := 2 \cdot \pi \cdot f$ $\text{ms} \equiv 10^{-3} \cdot \text{sec}$

Anschlußspannung: $U(t) := U_s \cdot \sqrt{2} \cdot \sin(\omega \cdot t)$

Die Ausgangsspannung soll als Funktion der Zeit dargestellt werden im Bereich:

$t := 0 \cdot \text{ms}, 0.2 \cdot \text{ms} .. 40 \cdot \text{ms}$

Die Heaviside Step $\Phi(x)$ wird in den folgenden Kapiteln mehrfach angewendet. Sie ist wie folgt definiert:

$$\Phi(x) = 1 \text{ für } x \geq 1 \text{ und } \Phi(x) = 0 \text{ für } x < 0$$

Hiermit läßt sich die Gleichrichtung sehr einfach darstellen.

Einweggleichrichtung

Zuerst betrachten wir den Fall, daß die Induktivität L = 0 ist. Weiterhin nehmen wir an, daß der Steuerwinkel Null ist ($\alpha := 0$). Die Gleichspannung beträgt

$$U_d(t) := U(t) \cdot \Phi(U(t))$$

und hat folgenden Verlauf:

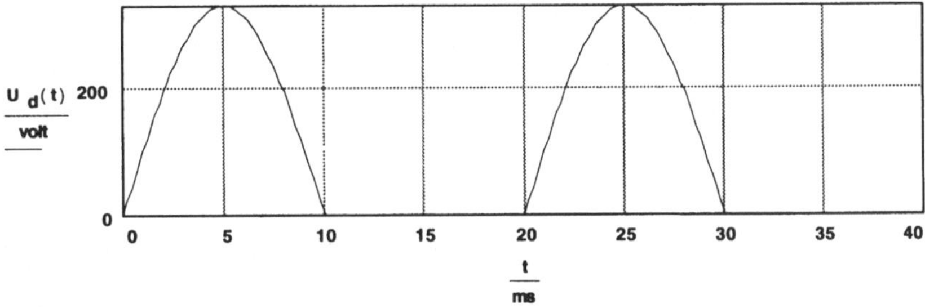

Nun wollen wir den Thyristor zünden, um einen gesteuerten Gleichrichterbetrieb zu erzeugen. Wir bilden das Integral und erhalten die allgemeine Formel für den Gleichspannungsmittelwert:

$$U_d = \frac{1}{2 \cdot \pi} \cdot \int_{\alpha}^{\pi} \sqrt{2} \cdot U_s \cdot \sin(\cdot t)\, d(\cdot t) \qquad U_d(\alpha) := \sqrt{2} \cdot U_s \cdot \frac{1 + \cos(\alpha)}{2 \cdot \pi}$$

Die ideelle Gleichspannung U_{di} erhält man, wenn der Zündwinkel $\alpha = 0$ ist:

$$U_{di} := \frac{\sqrt{2} \cdot U_s}{2 \cdot \pi} \cdot (1 + \cos(0))$$

$$U_{di} := \sqrt{2} \cdot \frac{U_s}{\pi} \qquad U_{di} := 0.45 \cdot U_s \qquad U_{di} = 103.5 \cdot \text{volt}$$

Nun betrachten wir den Fall für den Steuerwinkel $\alpha := \frac{\pi}{4}$

Dann ergibt sich für $U_d(\alpha) = 88.37 \cdot \text{volt}$.

Die Module Funktion mod(x, y) wird in den folgenden Kapiteln mehrfach angewendet. Sie ist wie folgt definiert:

$$\text{mod}(x, y) = \text{Rest des Quotienten } x / y$$

Graphisch läßt sich die Funktion durch einen einfachen Algorithmus darstellen:

$$U(t) := \sqrt{2} \cdot U_s \cdot \sin(\omega \cdot t) \qquad U(t) := \text{if}(\text{mod}(\omega \cdot t, \pi) > \alpha, U(t), 0 \cdot \text{volt})$$

Die if Funktion wird in den folgenden Kapiteln mehrfach angewendet. Sie läßt sich wie folgt erklären:

Wenn der Rest von $\omega \cdot t / \pi$ größer ist als α, dann gilt U(t), sonst ist der Wert 0 Volt.

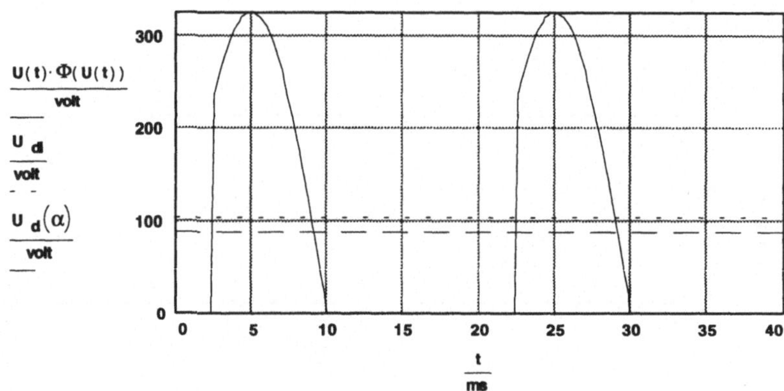

Die Steuerkennlinie ergibt sich aus $S = U_d / U_{di}$ im Bereich $\alpha := 0, 0.05..\pi$:

$$S(\alpha) := \frac{1 + \cos(\alpha)}{2}$$

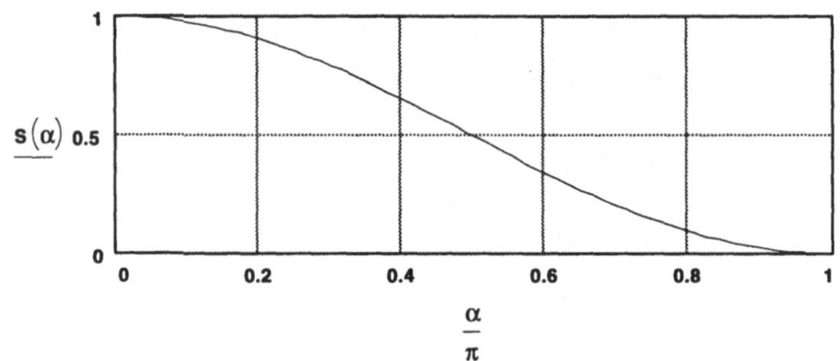

2.3 Einpulsige Stromrichterschaltung mit ohmscher und induktiver Last

Nun betrachten wir eine gemischte Last, bestehend aus der Induktivität L und dem Widerstand R.

Im folgenden soll der Stromverlauf exakt berechnet werden. Hierzu wählen wir der Übersicht halber den einfachen Fall des einpulsigen Stromrichters.

Technische Daten:

$U_s := 230 \cdot \text{volt}$ $\quad f := 50 \cdot \text{sec}^{-1}$ $\quad \omega := 2 \cdot \pi \cdot f$ $\quad \text{ms} \equiv 10^{-3} \cdot \text{sec}$

$L := 0.1 \cdot \text{henry}$ $\quad R := 20 \cdot \text{ohm}$ $\quad T := \frac{L}{R}$ $\quad T = 5 \cdot \text{ms}$

$X := \omega \cdot L$ $\quad X = 31.42 \cdot \text{ohm}$ $\quad Z := \sqrt{R^2 + X^2}$ $\quad Z = 37.24 \cdot \text{ohm}$

$\tan(\varphi) := \frac{X}{R}$ $\quad \varphi := \operatorname{atan}\left(\frac{X}{R}\right)$ $\quad \varphi = 1$

$\tan(\varphi) = \omega \cdot T = \frac{X}{R}$ $\quad \cos(\varphi) = \frac{R}{Z}$ $\quad \sin(\varphi) = \frac{X}{Z}$

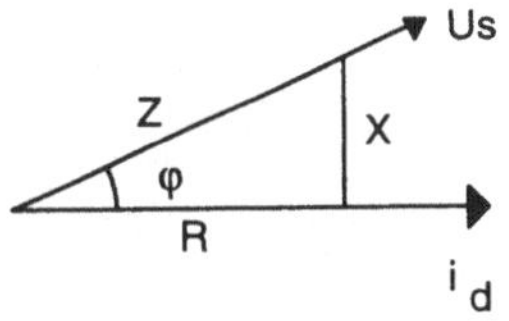

Einweggleichrichtung

Zuerst ermitteln wir den Strom beim Zündwinkel $\alpha = 0$.

Netzseite: $\quad U(t) = \sqrt{2} \cdot U_s \cdot \sin(\omega \cdot t)$

Lastseite: $\quad U(t) = L \cdot \frac{d}{dt} i_d + R \cdot i_d$

Diese Gleichungen setzen wir gleich und erhalten folgende Differentialgleichung:

$$\sqrt{2} \cdot U_s \cdot \sin(\omega \cdot t) = L \cdot \frac{d}{dt} i_d + R \cdot i_d$$

Lösungsansatz:

$$i_d(t) = a(t) \cdot \exp\left(\frac{-t}{T}\right) \qquad \frac{d}{dt} i_d = \left(\frac{d}{dt} a(t)\right) \cdot \exp\left(\frac{-t}{T}\right) - \frac{a(t)}{T} \cdot \exp\left(\frac{-t}{T}\right)$$

Durch Einsetzen:

$$L \cdot \left[\left(\frac{d}{dt} a(t)\right) \cdot \exp\left(\frac{-t}{T}\right) - \frac{a(t)}{T} \cdot \exp\left(\frac{-t}{T}\right)\right] + R \cdot \left(a(t) \cdot \exp\left(\frac{-t}{T}\right)\right) = \sqrt{2} \cdot U_s \cdot \sin(\omega \cdot t)$$

Hieraus ergibt sich:

$$\frac{d}{dt} a(t) = \exp\left(\frac{t}{T}\right) \cdot \frac{\sqrt{2} \cdot U_s \cdot \sin(\omega \cdot t)}{L}$$

Durch Integration erhalten wir

$$a(t)=T^2\cdot\exp\left(\frac{t}{T}\right)\cdot\left(\frac{\sin(\omega\cdot t)}{T}-\omega\cdot\cos(\omega\cdot t)\right)\cdot\sqrt{2}\cdot\frac{U_s}{\left(1+\omega^2\cdot T^2\right)\cdot L}+C$$

mit C = Integrationskonstante.

Durch Umformen mit $\tan(\varphi)=\omega\cdot T$ und Anwenden eines Additionstheorems

$$\tan(x)-\tan(y)=\frac{\sin(x-y)}{\cos(x)\cdot\cos(y)}$$

ergibt sich

$$\frac{\sin(\omega\cdot t)}{T}-\omega\cdot\cos(\omega\cdot t)=\frac{\cos(\omega\cdot t)}{T}\cdot(\tan(\omega\cdot t)-\omega\cdot T)=\frac{\sin(\omega\cdot t-\varphi)}{T\cdot\cos(\varphi)}$$

$$a(t)=T^2\cdot\exp\left(\frac{t}{T}\right)\cdot\frac{\sin(\omega\cdot t-\varphi)}{T\cdot\cos(\varphi)}\cdot\sqrt{2}\cdot\frac{U_s}{\left(1+\omega^2\cdot T^2\right)\cdot L}+C$$

$$a(t)=\frac{L}{R}\cdot\exp\left(\frac{t}{T}\right)\cdot\frac{\sin(\omega\cdot t-\varphi)}{\frac{R}{Z}}\cdot\sqrt{2}\cdot\frac{U_s}{\left(1+\frac{X^2}{R^2}\right)\cdot L}+C \quad \text{mit} \quad Z^2=R^2+X^2$$

$$a(t)=\exp\left(\frac{t}{T}\right)\cdot\sqrt{2}\cdot\frac{U_s}{Z}\cdot\sin(\omega\cdot t-\varphi)+C$$

$$i_d(t)=\sqrt{2}\cdot\frac{U_s}{Z}\cdot\sin(\omega\cdot t-\varphi)+C\cdot\exp\left(\frac{-t}{T}\right)$$

Wir wollen für den Lückbetrieb die Konstante C bestimmen. Dann muß zum Zeitpunkt $t=0$ der Strom $i_d=0$ sein.

$$C:=\sqrt{2}\cdot\frac{U_s}{Z}\cdot\sin(\varphi)$$

Damit erhalten wir die Gleichung für den zeitlichen Verlauf des Stromes.

$$i_d(t):=\sqrt{2}\cdot\frac{U_s}{Z}\cdot\left(\sin(\omega\cdot t-\varphi)+\sin(\varphi)\cdot\exp\left(\frac{-t}{T}\right)\right)$$

Wir wollen nun die Stromflußdauer ermittteln und suchen den Zeitpunkt t_1, in dem der Strom i_d Null wird. Die Phasenverschiebung stellt eine gute Näherungslösung dar. Mit dem Vorschlagswert t beginnen wir die Suche:

$$\varphi:=\mathrm{a\,tan}\left(\frac{X}{R}\right) \qquad t:=\frac{\varphi+\pi}{\omega} \qquad t=13.2\cdot\mathrm{ms}$$

Beim Mathcad wird zur Ermittlung der Nullstelle der Funktion ein „Given" vorangestellt. Mit dem Befehl „Find(t)" wird die Lösung t_1 gefunden.

Given $\quad \sin(\omega\cdot t-\varphi)+\sin(\varphi)\cdot\exp\left(\frac{-t}{T}\right)=0 \quad$ $t_1:=\mathrm{Find}(t)$

Stromflußdauer $\tau:=t_1$ $\quad$ $\tau=13.38\cdot\mathrm{ms}$

Stromflußwinkel $\theta:=\omega\cdot t_1$ $\quad$ $\theta=4.2$

Der Gleichstrommittelwert ergibt sich zu

$$i_{dm} := f \cdot \int_{0 \cdot sec}^{t_1} i_d(t)\, dt \qquad i_{dm} = 3.85 \cdot amp$$

Der Mittelwert der Gleichspannung errechnet sich zu:

$$U_d = \frac{1}{2 \cdot \pi} \cdot \int_0^{\theta} \sqrt{2} \cdot U_s \cdot \sin(\omega \cdot t)\, d(\omega \cdot t)$$

$$U_d(\theta) := \frac{1}{2} \cdot \sqrt{2} \cdot U_s \cdot \frac{1-\cos(\theta)}{\pi} \qquad U_d(\theta) = 76.99 \cdot volt \qquad U_{d\theta} := U_d(\theta)$$

Wir untersuchen den Strom- und Spannungsverlauf im Bereich $t := 0 \cdot ms, 0.1 \cdot ms..40 \cdot ms$

$$i_d(t) := if\left(t < \frac{1}{f}, i_d(t), i_d\left(t - \frac{1}{f}\right)\right)$$

$$U_d(t) := if\left(mod\left(t, \frac{1}{f}\right) < t_1, \sqrt{2} \cdot U_s \cdot \sin(\omega \cdot t), 0 \cdot volt\right)$$

Nun verstellen wir den Steuerwinkel und betrachten den Fall $\alpha := \frac{\pi}{4}$.

$$U_d = \frac{1}{2\cdot\pi}\cdot\int_{\alpha}^{\omega\cdot t_1}\sqrt{2}\cdot U_s\cdot\sin(\omega\cdot t)\,d(\omega\cdot t)$$

Zum Zeitpunkt t_1 löscht der Thyristor.

$$U_d(\alpha) := \frac{\sqrt{2}\cdot U_s}{2\cdot\pi}\cdot(-\cos(\omega\cdot t_1)+\cos(\alpha))$$

Für den lückenden Betrieb gilt folgende Stromgleichung:

$$i_d(t) := \sqrt{2}\cdot\frac{U_s}{Z}\cdot\left(\sin(\omega\cdot t-\varphi)+\sin(\varphi-\alpha)\cdot\exp\left(\frac{-t+\frac{\alpha}{\omega}}{T}\right)\right)$$

Wir suchen den Zeitpunkt t_1, bei dem der Strom $i_d = 0$ wird und starten die Suche mit einer Näherungslösung. Wir nehmen als Näherung an, daß der Strom i_d versetzt nach der Phasenverschiebung φ Null wird.

$$\varphi := \mathrm{atan}\left(\frac{X}{R}\right) \qquad t := \frac{\varphi+\pi}{\omega} \qquad t = 13.2\cdot\mathrm{ms}$$

$$\text{Given} \qquad \sin(\omega\cdot t-\varphi)+\sin(\varphi-\alpha)\cdot\exp\left(\frac{-t+\frac{\alpha}{\omega}}{T}\right) = 0$$

$$t_1 := \mathrm{Find}(t) \qquad t_1 = 13.28\cdot\mathrm{ms}$$

Stromflußdauer: $\tau := t_1 - \frac{\alpha}{\omega}$ $\qquad \tau = 10.78\cdot\mathrm{ms}$

Stromflußwinkel: $\theta := \omega\cdot t_1 - \alpha$ $\qquad \theta = 3.39$

Der Gleichstrommittelwert ergibt sich zu

$$i_{dm} := f\cdot\int_{\alpha/\omega}^{t_1} i_d(t)\,dt \qquad i_{dm} = 3.17\cdot\mathrm{amp}$$

$$U_d(\alpha) := \frac{\sqrt{2}\cdot U_s}{2\cdot\pi}\cdot(-\cos(\omega\cdot t_1)+\cos(\alpha)) \qquad U_{d\alpha} := U_d(\alpha)$$

$$U_d(\alpha) = 63.3\cdot\mathrm{volt}$$

Wir untersuchen den Strom- und Spannunsgverlauf in dem Bereich $t := 0 \cdot ms, 0.1 \cdot ms..40 \cdot ms$:

$$i_d(t) := \mathrm{if}\left(t < \frac{1}{f}, i_d(t), i_d\left(t - \frac{1}{f}\right)\right)$$

$$U_d(t) := \mathrm{if}\left(\mathrm{mod}\left(t, \frac{1}{f}\right) > \frac{\alpha}{\omega}, \mathrm{if}\left(\mathrm{mod}\left(t, \frac{1}{f}\right) < t_1, \sqrt{2} \cdot U_s \cdot \sin(\omega \cdot t), 0 \cdot \mathrm{volt}\right), 0 \cdot \mathrm{volt}\right)$$

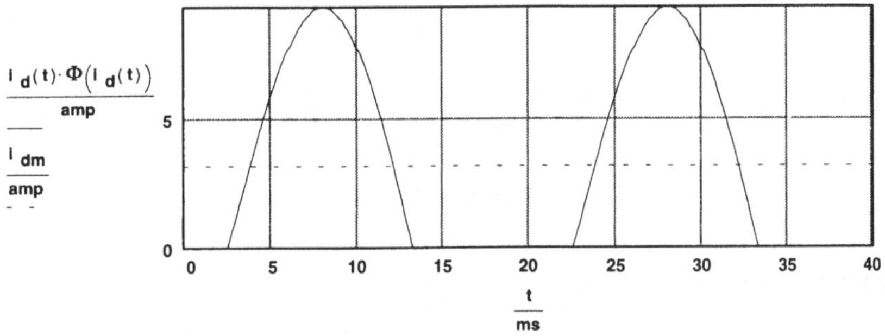

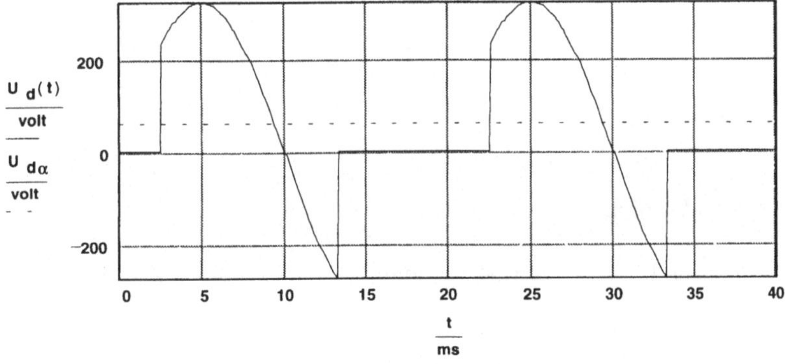

2.4 Zweipulsige Stromrichter

2.4.1 Halbgesteuerte Wechselstrombrücke (B2H)

Es gibt zwei verschiedene Arten von halbgesteuerten Brücken.

Symmetrische Brücke B2HK

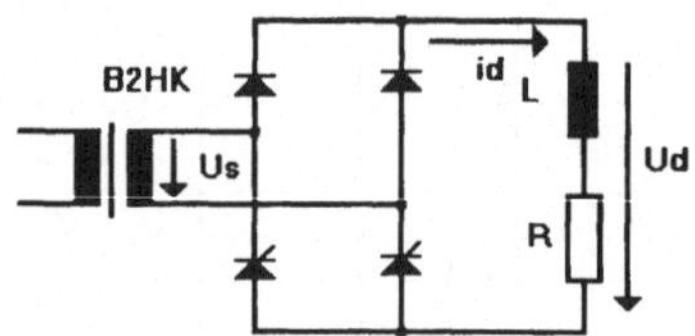

Unsymmetrische Brücke B2HZ

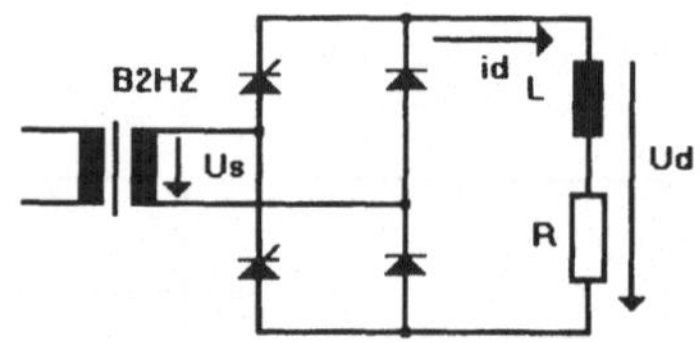

Daten der Schaltung:

$U_S := 230 \cdot \text{volt} \quad f := 50 \cdot \text{sec}^{-1} \quad \omega := 2 \cdot \pi \cdot f \quad \text{mH} \equiv 10^{-3} \cdot \text{henry}$

$R := 50 \cdot \text{ohm} \quad L := 110 \cdot \text{mH}$

$X := \omega \cdot L \quad X = 34.56 \cdot \text{ohm} \quad Z := \sqrt{R^2 + X^2} \quad Z = 60.78 \cdot \text{ohm}$

$\varphi := \text{atan}\left(\frac{X}{R}\right) \quad \varphi = 0.6$

Netzspannung: $U(x) := U_S \cdot \sqrt{2} \cdot \sin(x)$

Zündwinkel: $\alpha_1 := \frac{\pi}{3} \quad \alpha_1 = 1.05$

Wir betrachten zuerst den Potentialverlauf bei einer halbgesteuerten Wechselstrombrücke bei variablem Zündwinkel α und gemischter Last.

Wegen der Freilaufzweige kann am Ausgang keine negative Spannung auftreten! Diese Erkenntnis benutzen wir bei der Festlegung der oberen Integrationsgrenze.

$$U_d = \frac{1}{\pi} \int_{\alpha}^{\pi} \sqrt{2} \cdot U_S \cdot \sin(x)\, dx \qquad U_d(\alpha) := \sqrt{2} \cdot U_S \cdot \frac{(1 + \cos(\alpha))}{\pi}$$

Die ideele Gleichspannung U_{di} erhalten wir für $\alpha = 0$:

$$U_{di} := \frac{2}{\pi} \cdot \sqrt{2} \cdot U_S \qquad U_{di} := 0.9 \cdot U_S \qquad U_{di} = 207 \cdot \text{volt}$$

Die Phasenverschiebung φ ist kleiner als der Zündwinkel α; das bedeutet lückenden Strom.

$$\varphi = 0.6 \qquad \alpha_1 = 1.05 \qquad \varphi < \alpha_1$$

Für den lückenden Betrieb gilt folgende Stromgleichung:

$$i_d(x) := \frac{\sqrt{2} \cdot U_S}{\sqrt{R^2 + (\omega \cdot L)^2}} \left[\sin(x - \varphi) + \sin(\varphi - \alpha_1) \cdot \exp\left[\frac{\frac{\alpha_1 - x}{\omega}}{\frac{L}{R}} \right] \right]$$

Wir suchen den Punkt x_1, bei dem der Strom $i_d = 0$ wird. Die Phasenverschiebung stellt eine gute Näherungslösung dar. Mit diesem Wert beginnen wir die Suche:

$$\varphi := \operatorname{atan}\left(\frac{\omega \cdot L}{R} \right) \qquad x := \varphi + \pi \qquad x = 3.75$$

$$\text{Given} \quad \sin(x - \varphi) + \sin(\varphi - \alpha_1) \cdot \exp\left[\frac{\frac{\alpha_1 - x}{\omega}}{\frac{L}{R}} \right] = 0$$

$$x_1 := \text{Find}(x) \qquad x_1 = 3.74$$

Der Gleichstrommittelwert ergibt sich zu

$$i_{dm} := \frac{1}{\pi} \cdot \int_{\alpha_1}^{x_1} i_d(x)\, dx \qquad i_{dm} = 2.75 \cdot \text{amp}$$

Mit dem nachfolgenden Algorithmus gelingt es, den Last-Stromverlauf darzustellen.

$$n := 1 .. 4$$

$$i_d(x) := \sum_n i_d[x - (n-1) \cdot \pi] \cdot \Phi[i_d[x - (n-1) \cdot \pi]] \cdot \Phi\left(1 - \frac{x}{n \cdot x_1} \right)$$

Der Laststromverlauf ist bei halb- und vollgesteuerten Brücken identisch. Bei halbgesteuerten Brücken kommutiert der Strom jedoch beim Netznulldurchgang von den Thyristoren auf die Freilaufdioden. Diese stellen einen spannungsmäßigen Kurzschluß des Ausgangs dar. Dadurch ist die Spannung an der Last nach dem Netzdurchgang bei halbgesteuerten Brücken immer Null. Bei vollgesteuerten Brücken gibt es diesen Freilaufzweig nicht. Sofern eine induktive Komponente der Last vorhanden ist, geht die Spannung auch in den negativen Bereich, solange bis der Laststrom Null ist.

Gleichspannungsmittelwert abhängig von α_1:

$$U_d(\alpha_1) := \frac{1}{\pi} \cdot \int_{\alpha_1}^{\pi} \sqrt{2} \cdot U_S \cdot \sin(x)\, dx \qquad U_d(\alpha_1) = 155.3 \cdot \text{volt}$$

$$U(x) := \text{if}\left(\text{mod}(x, \pi) > \alpha_1, \sqrt{2} \cdot U_S \cdot |\sin(x)|, 0 \cdot \text{volt}\right)$$

Betrachtungsbereich: $x := 0, 0.05 .. 4 \cdot \pi$

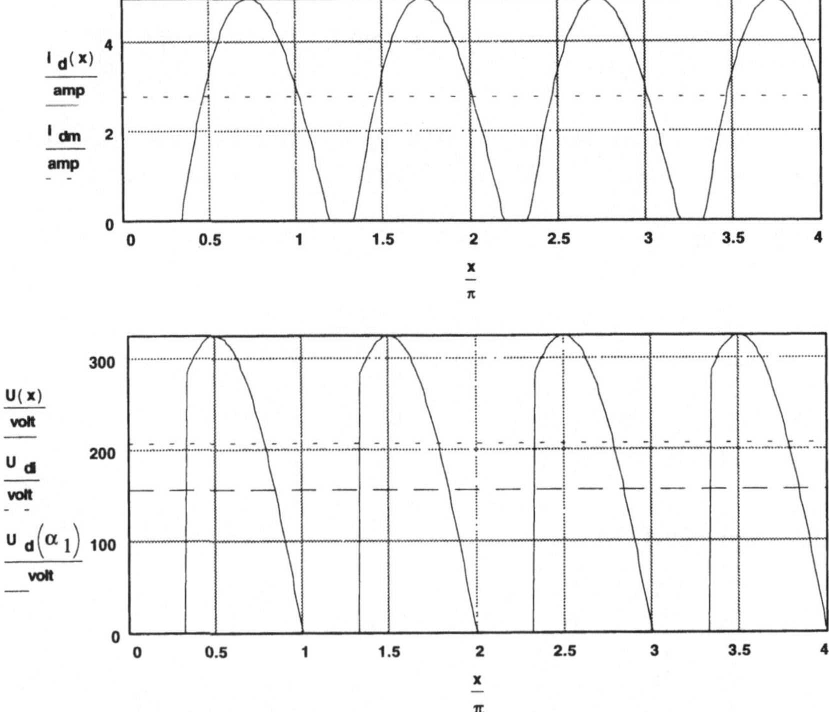

Die Steuerkennlinie ergibt sich aus $S = U_d / U_{di}$ im Bereich $\alpha := 0, 0.1 .. \pi$:

$$S(\alpha) := \frac{1 + \cos(\alpha)}{2}$$

2.4.2 Vollgesteuerte Wechselstrombrücke (B2C)

Wir betrachten den Potentialverlauf bei einer vollgesteuerten Wechselstrombrücke bei variablem Zündwinkel α und gemischter Last.

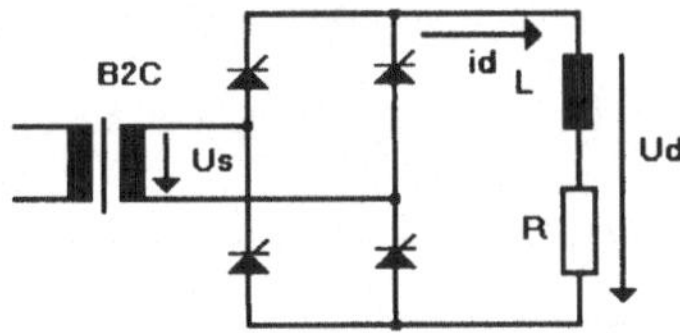

Fall1: Lückender Betrieb liegt vor, wenn $\alpha > \varphi$:

Der Steuerwinkel beträgt: $\alpha_1 = 1.05$ Die Phasenverschiebung beträgt: $\varphi = 0.6$

Der Gleichspannungsmittelwert ist abhängig von α_1

$$U_d(\alpha_1) := \frac{1}{\pi} \cdot \int_{\alpha_1}^{x_1} \sqrt{2} \cdot U_S \cdot \sin(x)\, dx \qquad U_d(\alpha_1) = 137.45 \cdot \text{volt}$$

$$u(x) := \sqrt{2} \cdot U_S \cdot \sin(x) \qquad v(x) := \sqrt{2} \cdot U_S \cdot \sin(x + \pi)$$

$$U_1(x) := \text{if}\left(\text{mod}(x, 2\cdot\pi) > \alpha_1, \text{if}\left(\text{mod}(x, 2\cdot\pi) < \varphi + \pi, u(x), 0\cdot\text{volt}, \right), 0\cdot\text{volt}\right)$$

$$U_2(x) := \text{if}\left(\text{mod}(x+\pi, 2\cdot\pi) > \alpha_1, \text{if}\left(\text{mod}(x+\pi, 2\cdot\pi) < \varphi + \pi, v(x), 0\cdot\text{volt}, \right), 0\cdot\text{volt}\right)$$

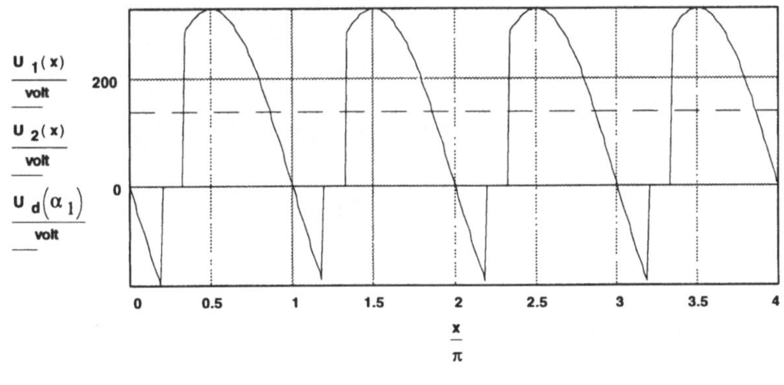

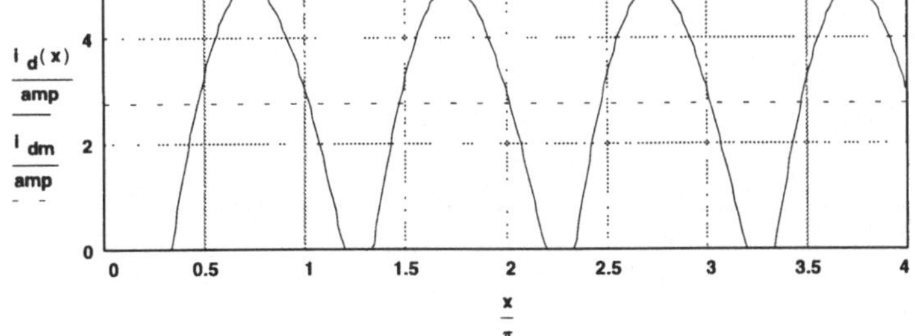

Fall 2: Nichtlückender Betrieb liegt vor, wenn $\alpha \le \varphi$:

Der Steuerwinkel beträgt: $\alpha_1 = 1.05$

An der Lückgrenze ist $\varphi := \alpha_1$

$u(x) := \sqrt{2} \cdot U_S \cdot \sin(x) \qquad v(x) := \sqrt{2} \cdot U_S \cdot \sin(x+\pi)$

$U_1(x) := \text{if}\left(\text{mod}(x, 2\cdot\pi) > \alpha_1, \text{if}\left(\text{mod}(x, 2\cdot\pi) < \varphi + \pi, u(x), 0\cdot \text{volt}\right), 0\cdot\text{volt}\right)$

$U_2(x) := \text{if}\left(\text{mod}(x+\pi, 2\cdot\pi) > \alpha_1, \text{if}\left(\text{mod}(x+\pi, 2\cdot\pi) < \varphi + \pi, v(x), 0\cdot \text{volt}\right), 0\cdot\text{volt}\right)$

Ermittlung des Gleichspannungsmittelwertes:

$$U_d(x) := \frac{1}{\pi} \cdot \int_{\frac{-\pi}{2}+\alpha_1}^{\frac{\pi}{2}+\alpha_1} \sqrt{2} \cdot U_S \cos(x)\, dx$$

$$U_d(\alpha_1) := \frac{\sqrt{2}\cdot U_S}{\pi} \cdot \left(\sin\left(\frac{\pi}{2}+\alpha_1\right) - \sin\left(\frac{-\pi}{2}+\alpha_1\right)\right)$$

$$U_d(\alpha_1) = 103.54 \cdot \text{volt}$$

Mit dem Additionstheorem fassen wir zusammen:

$$\sin(x) - \sin(y) = 2\cdot\cos\left(\frac{x+y}{2}\right)\sin\left(\frac{x-y}{2}\right)$$

$$U_d(\alpha) := \frac{2}{\pi}\cdot\sqrt{2}\cdot U_S \cdot \cos(\alpha_1)$$

Für $\alpha_1 = 0$ erhalten wir die ideelle Gleichspannung: $U_d(0) = U_{di}$

$$U_{di} := \frac{2}{\pi}\cdot\sqrt{2}\cdot U_S \qquad U_{di} := 0.9\cdot U_S \qquad U_{di} = 207\cdot\text{volt}$$

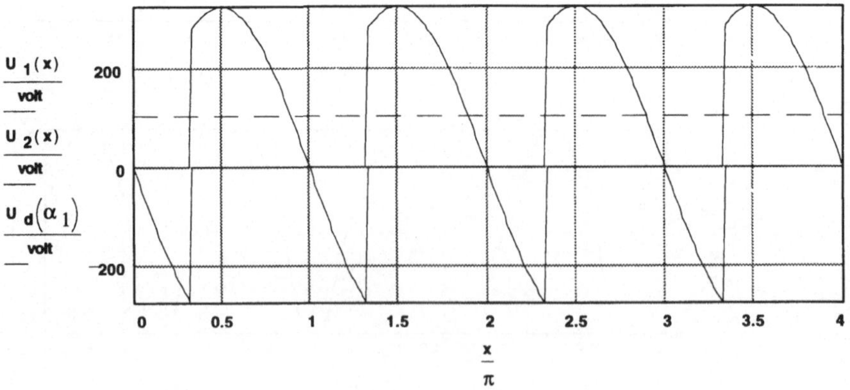

Die Steuerkennlinie ergibt sich aus $S = U_d / U_{di}$: $S(\alpha) := \cos(\alpha)$

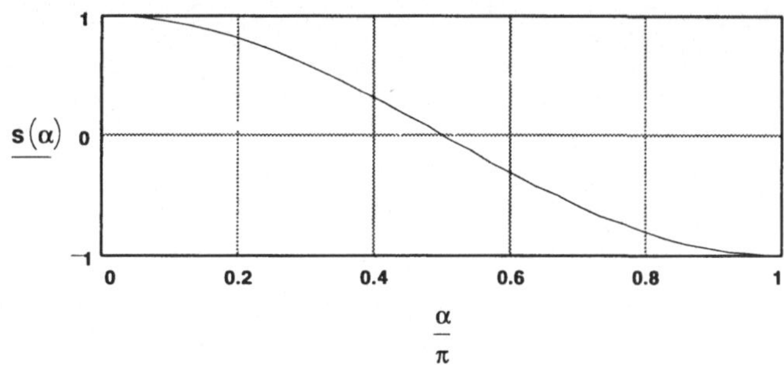

2.5 Dreipulsige Mittelpunktschaltung (M3)

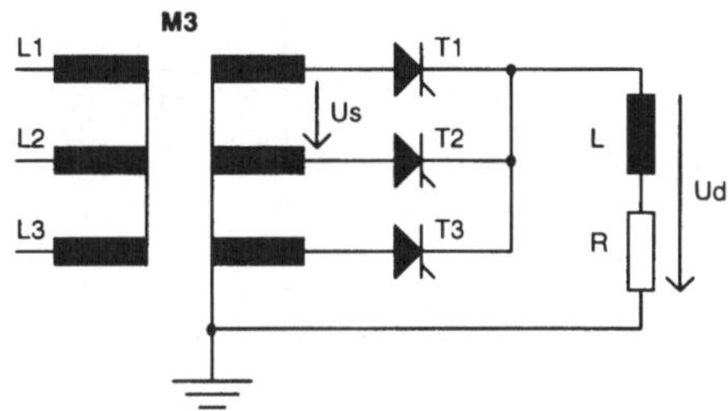

Der sich ergebende Ausgangsspannungsverlauf soll mit einem einfachen Algorithmus dargestellt werden. Der Potentialverlauf wird in Abhängigkeit des Zündwinkels α_1 gezeigt. Bei nichtlückendem Strom ergibt sich folgender Potentialverlauf:

Bereich: $x := 0, 0.02 .. 4 \cdot \pi$ $U_S := 400 \cdot \text{volt}$

Das Drehspannungsnetz stellen wir mit drei Sinusspannungen dar, die jeweils um 120 Grad versetzt sind.

$$u_1(x) := \sqrt{2} \cdot \sin(x) \qquad u_2(x) := \sqrt{2} \cdot \sin\left(x - \frac{2 \cdot \pi}{3}\right)$$

$$u_3(x) := \sqrt{2} \cdot \sin\left(x - \frac{4 \cdot \pi}{3}\right)$$

Zündwinkel $\alpha_1 := \frac{\pi}{4}$

Der Zündwinkel α wird ab dem Schnittpunkt zweier Sinuswellen gezählt. Daher beginnt α bei $\pi / 6$.

$$\alpha := \alpha_1 + \frac{\pi}{6}$$

$$U_1(x) := U_S \cdot \text{if}\left(\text{mod}(x, 2\cdot\pi) > \alpha, \text{if}\left(\text{mod}(x, 2\cdot\pi) < \alpha + \frac{2\cdot\pi}{3}, u_1(x), 0\right), 0\right)$$

$$U_2(x) := U_s \cdot \text{if}\left(\text{mod}\left(x - \frac{2\cdot\pi}{3}, 2\cdot\pi\right) > \alpha, \text{if}\left(\text{mod}\left(x + \frac{2\cdot\pi}{3}, 2\cdot\pi\right) < \alpha + \frac{2\cdot\pi}{3}, u_2(x), 0\right), 0\right)$$

$$U_3(x) := U_s \cdot \text{if}\left(\text{mod}\left(x + \frac{2\cdot\pi}{3}, 2\cdot\pi\right) > \alpha, \text{if}\left(\text{mod}\left(x + \frac{2\cdot\pi}{3}, 2\cdot\pi\right) < \alpha + \frac{2\cdot\pi}{3}, u_3(x), 0\right), 0\right)$$

Für die allgemeine Berechnung der Ausgangsgleichspannung wird das Drehspannungssystem nochmals mit den für die Rechnung entscheidenden Eckwerten gezeigt. Beim Zeichnen des Drehspannungssystems hilft eine trigonometrische Beziehung:

$$\cos\left(\frac{\pi}{3}\right) = \frac{1}{2}$$

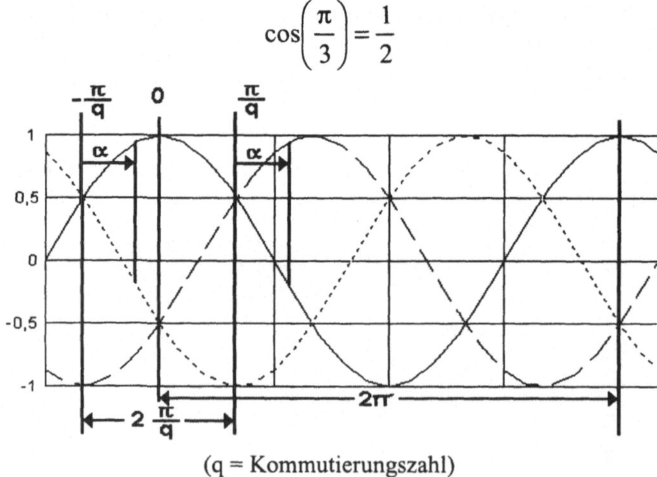

(q = Kommutierungszahl)

Aus Symmetriegründen wählen wir einen Kosinus-Ansatz. Es zeigt sich, daß sich die Integration hierdurch leichter gestaltet.

Anschlußspannung: $U = \sqrt{2} \cdot U_S \cdot \cos(\omega \cdot t)$.

Wichtig ist die Wahl der Integrationsgrenzen. Hier zahlt sich die Wahl der symmetrischen Kosinusfunktion aus.

$$U_d(\alpha) = \frac{1}{\frac{2\cdot\pi}{q}} \cdot \int_{\frac{-\pi}{q}+\alpha}^{\frac{\pi}{q}+\alpha} \sqrt{2}\cdot U_S \cdot \cos(\omega\cdot t)\, d(\omega\cdot t) = \frac{\sqrt{2}\cdot U_S}{\frac{2\cdot\pi}{q}} \cdot \left(\sin\left(\frac{\pi}{q}+\alpha\right) - \sin\left(\frac{-\pi}{q}+\alpha\right)\right)$$

Mit dem Additionstheorem $\sin(x)\cdot\cos(y) = \frac{1}{2}\cdot(\sin(x-y)+\sin(x+y))$

$$\cos(\alpha)\cdot\sin\left(\frac{\pi}{q}\right) = \frac{1}{2}\cdot\left(\sin\left(\frac{\pi}{q}+\alpha\right)+\sin\left(\frac{\pi}{q}-\alpha\right)\right)$$

läßt sich das Ergebnis nun vereinfachen und allgemeingültig schreiben:

Gesteuerte Gleichspannung	**Ideelle Gleichspannung $\alpha = 0$**
$U_d(\alpha) = \frac{\sqrt{2}\cdot U_S}{\frac{\pi}{q}}\cdot\cos(\alpha)\cdot\sin\left(\frac{\pi}{q}\right)$	$U_{di} = \frac{\sqrt{2}\cdot U_S}{\frac{\pi}{q}}\cdot\sin\left(\frac{\pi}{q}\right)$

Für q = 2:

$U_d(\alpha) = \frac{\sqrt{2}\cdot U_S}{\frac{\pi}{2}}\cdot\cos(\alpha)\cdot\sin\left(\frac{\pi}{2}\right)$	$U_{di} = \frac{\sqrt{2}\cdot U_S}{\frac{\pi}{2}}\cdot\sin\left(\frac{\pi}{2}\right)$
$U_d(\alpha) = 2\cdot\sqrt{2}\cdot\frac{U_S}{\pi}\cdot\cos(\alpha)$	$U_{di} = 2\cdot\sqrt{2}\cdot\frac{U_S}{\pi}$
$U_d(\alpha) = 0.9\cdot U_S\cdot\cos(\alpha)$	$U_{di} = 0.92\cdot U_S$

Für q = 3:

$U_d(\alpha) = \frac{\sqrt{2}\cdot U_S}{\frac{\pi}{3}}\cdot\cos(\alpha)\cdot\sin\left(\frac{\pi}{3}\right)$	$U_{di} = \frac{\sqrt{2}\cdot U_S}{\frac{\pi}{3}}\cdot\sin\left(\frac{\pi}{3}\right)$
$U_d(\alpha) = \frac{3}{2}\cdot\sqrt{2}\cdot\frac{U_S}{\pi}\cdot\cos(\alpha)\sqrt{\cdot 3}$	$U_{di} = \frac{3}{2}\cdot\sqrt{2}\cdot\frac{U_S}{\pi}\cdot\sqrt{3}$
$U_d(\alpha) = 1.17\cdot U_S\cdot\cos(\alpha)$	$U_{di} = 1.17\cdot U_S$

Für q = 6:

$U_d(\alpha) = \frac{\sqrt{2}\cdot U_S}{\frac{\pi}{6}}\cdot\cos(\alpha)\cdot\sin\left(\frac{\pi}{6}\right)$	$U_{di} = \frac{\sqrt{2}\cdot U_S}{\frac{\pi}{6}}\cdot\sin\left(\frac{\pi}{6}\right)$
$U_d(\alpha) = 3\cdot\sqrt{2}\cdot\frac{U_S}{\pi}\cdot\cos(\alpha)$	$U_{di} = 3\cdot\sqrt{2}\cdot\frac{U_S}{\pi}$
$U_d(\alpha) = 1.35\cdot U_S\cdot\cos(\alpha)$	$U_{di} = 1.35\cdot U_S$

Steuerkennlinie im Bereich: $\alpha := 0, 0.1 \cdot \pi .. \pi$

$$S = \frac{U_d(\alpha)}{U_{di}} = \cos(\alpha)$$

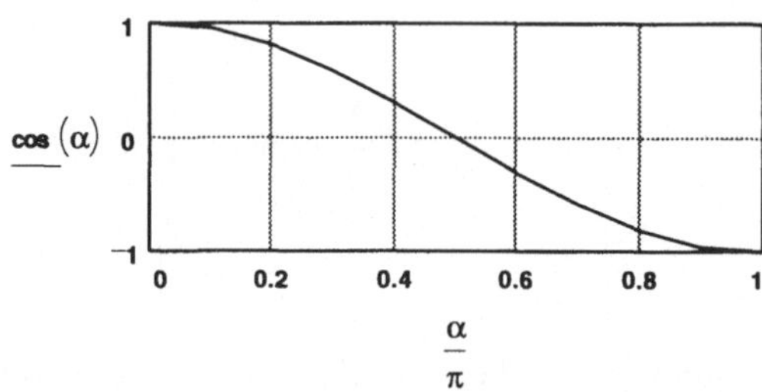

2.6 Vollgesteuerte Drehstrombrückenschaltung (B6C)

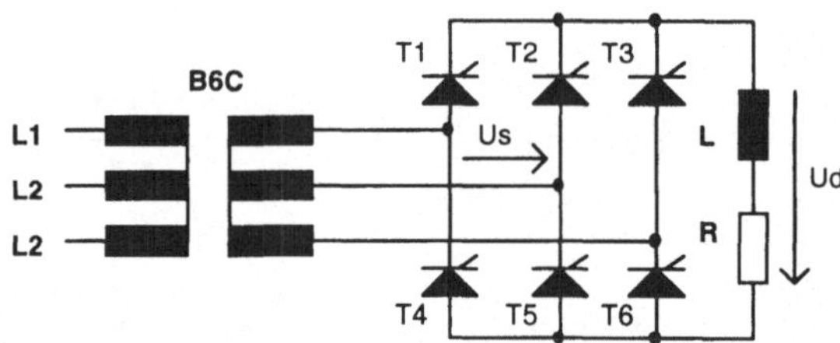

Die Ventile T1, T2, T3 bilden die positive Kommutierungsgruppe, in der der Stromübergang von einem Ventil zum folgenden jeweils im positiven Schnittpunkt der Phasenspannungen stattfindet. Die Ventile T4, T5, T6 bilden die negative Kommutierungsgruppe, in der die Ventilablösung in den negativen Schnittpunkten der Phasenspannungen erfolgt.

Die ungeglättete Gleichspannung ergibt sich aus der Differenz der Ausgangsspannungen der positiven und negativen Kommutierungsgruppe. Sie hat eine 6pulsige Welligkeit aufgrund der 60 Grad Phasenverschiebung der beiden Kommutierungsgruppen und die doppelte Höhe im Vergleich zur 3pulsigen Mittelpunktschaltung. Die Anoden-Kathodenspannung hat die gleiche Größe, wie bei der 3pulsigen Mittelpunktschaltung. Bezogen auf die Gleichspannung ist die Spannungsbeanspruchung der Ventile bei der Brückenschaltung nur halb so groß.

Für den 6pulsigen Betrieb q = 6 gilt (die Ableitung der Formeln wurde bereits unter der Mittelpunktschaltung M3 behandelt):

Gesteuerter Betrieb

$$U_d(\alpha) = \frac{\sqrt{2}\cdot U_S}{\frac{\pi}{6}}\cdot\cos(\alpha)\cdot\sin\left(\frac{\pi}{6}\right)$$

$$U_d(\alpha) = 3\cdot\sqrt{2}\cdot\frac{U_S}{\pi}\cdot\cos(\alpha)$$

$$U_d(\alpha) = 1.35\cdot U_S\cdot\cos(\alpha)$$

Ideelle Gleichspannung

$$U_{di} = \frac{\sqrt{2}\cdot U_S}{\frac{\pi}{6}}\cdot\sin\left(\frac{\pi}{6}\right)$$

$$U_{di} = 3\cdot\sqrt{2}\cdot\frac{U_S}{\pi}$$

$$U_{di} = 1.35\cdot U_S$$

Der sich ergebende Ausgangsspannungsverlauf soll mit einem einfachen Algorithmus dagestellt werden. Der Potentialverlauf wird in Abhängigkeit des Zündwinkels α_1 gezeigt.

Betrachtungsbereich: $x := 0, 0.02\,..\,4\cdot\pi$ $U_S := 400\cdot\text{volt}$

Bei nichtlückendem Strom ergibt sich folgender Potentialverlauf:

Das Drehspannungsnetz stellen wir mit drei Sinusspannungen dar, die jeweils um 120 Grad versetzt sind.

$$u_1(x) := \sqrt{2}\cdot\sin(x)$$

$$u_2(x) := \sqrt{2}\cdot\sin\left(x - \frac{2\cdot\pi}{3}\right)$$

$$u_3(x) := \sqrt{2}\cdot\sin\left(x - \frac{4\cdot\pi}{3}\right)$$

Die Darstellung soll erfolgen für den Zündwinkel: $\alpha_1 := \frac{\pi}{3}$

Der Zündwinkel α wird ab dem Schnittpunkt zweier Sinuswellen gezählt. Daher beginnt α bei $\pi/6$.

$$\alpha := \alpha_1 + \frac{\pi}{6}$$

$$U_1(x) := U_S\cdot\left(\text{if}\left(\text{mod}(x, 2\cdot\pi) > \alpha, \text{if}\left(\text{mod}(x, 2\cdot\pi) < \alpha + \frac{2\cdot\pi}{3}, u_1(x), 0\right), 0\right)\ldots\right.$$
$$\left. + \text{if}\left(\text{mod}(x-\pi, 2\cdot\pi) > \alpha, \text{if}\left(\text{mod}(x-\pi, 2\cdot\pi) < a + \frac{2\cdot\pi}{3}, u_1(x), 0\right), 0\right)\right)$$

$$U_2(x) := U_S \cdot \left(\mathrm{if}\left(\mathrm{mod}\left(x - \frac{2\cdot\pi}{3}, 2\cdot\pi \right) > \alpha, \mathrm{if}\left(\mathrm{mod}\left(x - \frac{2\cdot\pi}{3}, 2\cdot\pi \right) < \alpha + \frac{2\cdot\pi}{3}, u_2(x), 0 \right), 0 \right) \ldots \right.$$
$$\left. + \mathrm{if}\left(\mathrm{mod}\left(x + \frac{\pi}{3}, 2\cdot\pi \right) > \alpha, \mathrm{if}\left(\mathrm{mod}\left(x + \frac{\pi}{3}, 2\cdot\pi \right) < a + \frac{2\cdot\pi}{3}, u_2(x), 0 \right), 0 \right) \right)$$

$$U_3(x) := U_S \cdot \left(\mathrm{if}\left(\mathrm{mod}\left(x + \frac{2\cdot\pi}{3}, 2\cdot\pi \right) > \alpha, \mathrm{if}\left(\mathrm{mod}\left(x + \frac{2\cdot\pi}{3}, 2\cdot\pi \right) < \alpha + \frac{2\cdot\pi}{3}, u_3(x), 0 \right), 0 \right) \ldots \right.$$
$$\left. + \mathrm{if}\left(\mathrm{mod}\left(x - \frac{\pi}{3}, 2\cdot\pi \right) > \alpha, \mathrm{if}\left(\mathrm{mod}\left(x - \frac{\pi}{3}, 2\cdot\pi \right) < a + \frac{2\cdot\pi}{3}, u_3(x), 0 \right), 0 \right) \right)$$

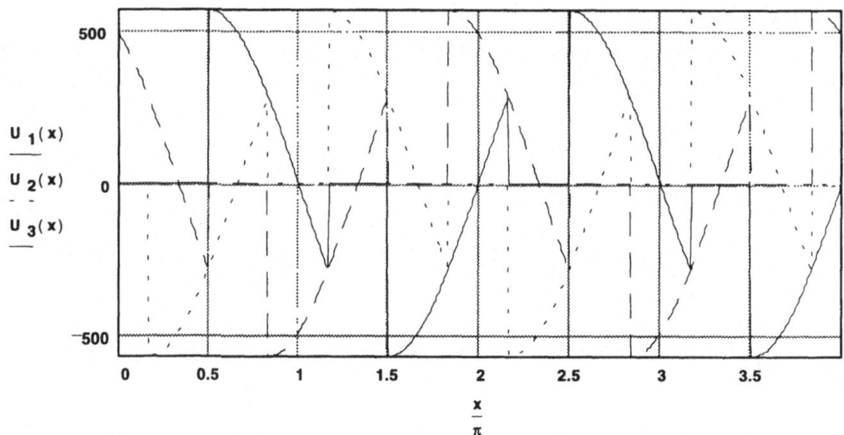

2.7 Zusammenstellung der wichtigsten Stromrichterschaltungen

Stromrichterschaltungen	Gleichspannung $\frac{U_{di}}{U_S}$	Sperrspannung $\frac{U_{AK}}{U_S}$	Trafostrom $\frac{I_S}{I_d}$	Welligkeit w_u	Steuerkennlinie $\frac{U_d}{U_{di}}$
M1	$\frac{\sqrt{2}}{\pi}$	$2\cdot\sqrt{2}$	$\sqrt{2}$	$\sqrt{\frac{\pi^2}{4}-1}$	1pulsig
	0.45	2.83	1.41	1.21	
M2	$\frac{2}{\pi}\cdot\sqrt{2}$	$2\cdot\sqrt{2}$	$\frac{1}{\sqrt{2}}$	$\sqrt{\frac{\pi^2}{8}-1}$	2pulsig $\cos(\alpha)$
	0.9	2.83	0.707	0.483	
B2	$\frac{2}{\pi}\cdot\sqrt{2}$	$\sqrt{2}$	1	$\sqrt{\frac{\pi^2}{8}-1}$	2pulsig vollgest. $\cos(\alpha)$
	0.90	1.41	1	0.483	halbg. $\frac{1+\cos(\alpha)}{2}$
M3	$\frac{3\cdot\sqrt{6}}{2\cdot\pi}$	$\sqrt{6}$	$\frac{1}{\sqrt{3}}$		3pulsig $\cos(\alpha)$
	1.17	2.45	0.577	0.183	
B6	$\frac{3\cdot\sqrt{2}}{\pi}$	$\sqrt{2}$	$\sqrt{\frac{2}{3}}$		6pulsig vollgest. $\cos(\alpha)$
	1.35	1.41	0.816	0.042	halbg. $\frac{1+\cos(\alpha)}{2}$

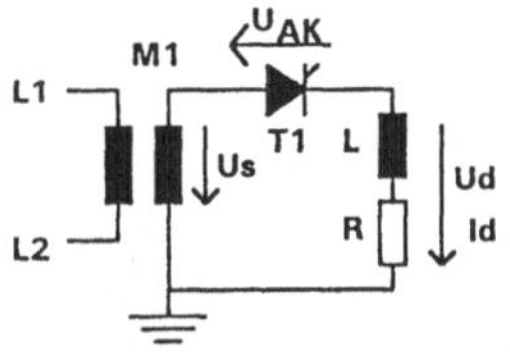

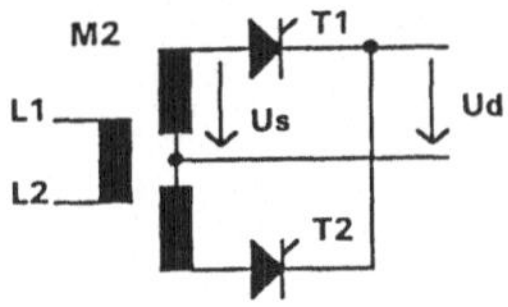

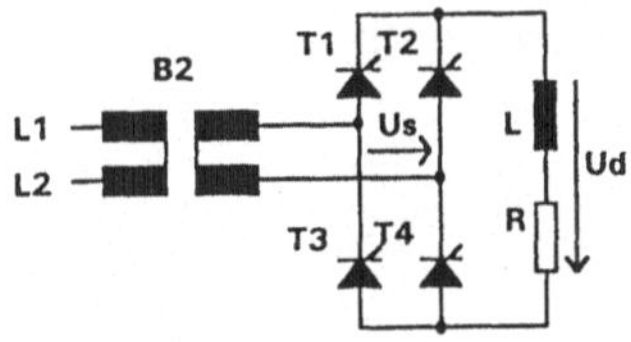

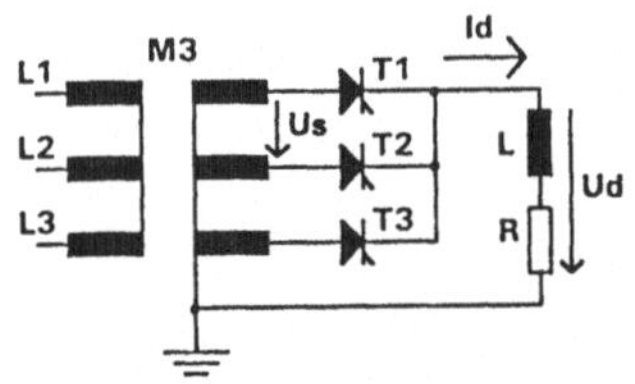

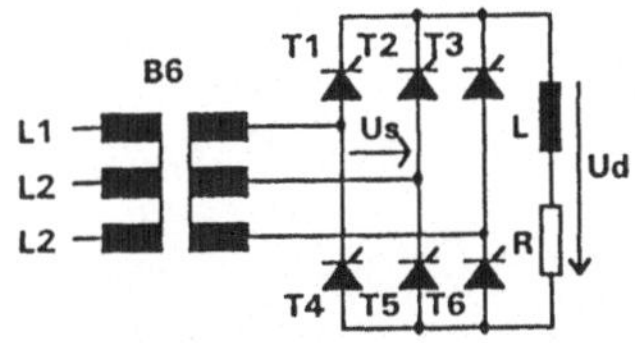

2.8 Spannungswelligkeit bei Vollaussteuerung des Stromrichters

Der Effektivwert U_{dieff} errechnet sich nach dem quadratischen Mittelwert der angelegten Spannung. p ist die Pulszahl des Stromrichters.

$$U_{dieff} = \sqrt{2} \cdot U_S \cdot \sqrt{\frac{p}{2 \cdot \pi} \int_{-\pi/p}^{\pi/p} \cos(\omega \cdot t)^2 \, d(\omega \cdot t)}$$

Die Berechnung der ideellen Gleichspannung U_{di} wurde oben bereits dargestellt.

$$U_{di} = \frac{\sqrt{2} \cdot U_S}{\frac{\pi}{p}} \cdot \sin\left(\frac{\pi}{p}\right)$$

Per Definition ist die Spannungswelligkeit w_{uo} : $\quad w_{uo} = \sqrt{\frac{U_{dieff}^2}{U_{di}^2} - 1}$

Im folgenden werden nur die technisch interessanten Pulszahlen von p = 2 bis 12 angegeben. Für die Pulszahl p = 1 wird eine gesonderte Rechnung erstellt.

$$p := \begin{bmatrix} 2 \\ 3 \\ 6 \\ 12 \end{bmatrix}$$

Nach Einsetzen ergibt sich mit: $\quad i := 0 .. 3$

$$w_{uo}(p) := \sqrt{\left(\frac{1}{2} + \frac{p_i}{4 \cdot \pi} \cdot \sin\left(\frac{2 \cdot \pi}{p_i}\right)\right) \cdot \left(\frac{\pi}{p_i \cdot \sin\left(\frac{\pi}{pi}\right)}\right)^2 - 1}$$

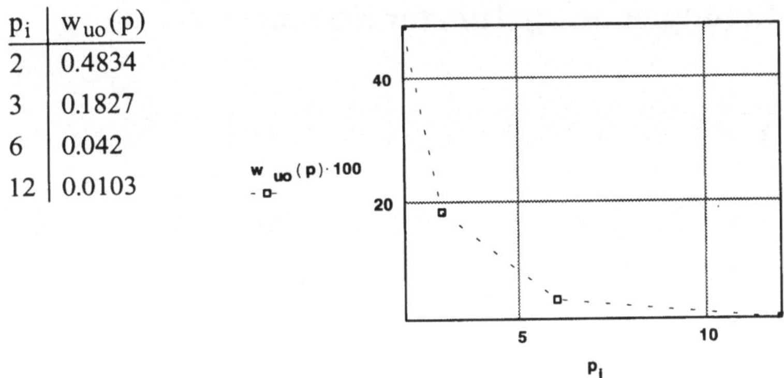

p_i	$w_{uo}(p)$
2	0.4834
3	0.1827
6	0.042
12	0.0103

Die Grafik zeigt die Spannungswelligkeit in % in Abhängigkeit von der Pulszahl p.

Beim 1pulsigen Stromrichter ist die o.g. Formel nicht ohne Anpassung anzuwenden. Der Effektivwert ist von einer Sinushalbwelle zu ermitteln, die von $-\pi/2$ bis $+\pi/2$ integriert wird. Der Gleichrichtwert entspricht der Hälfte einer 2pulsigen Schaltung.

$$p := 1$$

$$U_{dieff} = \sqrt{2} \cdot U_S \cdot \sqrt{\frac{p}{2 \cdot \pi} \cdot \int_{-\pi/2}^{\pi/2} \cos(x)^2 \, d(x)} = \frac{1}{2} \cdot \sqrt{2} \cdot U_S$$

$$U_{di} = \frac{\sqrt{2} \cdot U_S}{\pi} \cdot \sin\left(\frac{\pi}{2}\right) = \sqrt{2} \cdot \frac{U_S}{\pi}$$

Nach Einsetzen erhält man:

$$w_{uo} = \sqrt{\frac{U_{dieff}^2}{U_{di}^2} - 1} \qquad w_{uo} := \sqrt{\frac{\pi^2}{4} - 1} \qquad w_{uo} = 1.2114$$

2.9 Oberschwingungen netzgeführter Stromrichter

Ordnungs-Zahl	Pulszahl Frequenz	p = 2 Un/Udi	p = 2 In/I1	p = 3 Un/Udi	p = 3 In/I1	p = 6 Un/Udi	p = 6 In/I1	p = 12 Un/Udi	p = 12 In/I1	p = 24 Un/Udi	p = 24 In/I1
n	Hz	%	%	%	%	%	%	%	%	%	%
1	50		100,0%		100,0%		100,0%		100,0%		100,0%
2	100	47,14%			50,0%						
3	150		33,3%	17,68%							
4	200	9,43%			25,0%						
5	250		20,0%		20,0%		20,0%				
6	300	4,04%		4,04%		4,04%					
7	350		14,3%		14,3%		14,3%				
8	400	2,24%			12,5%						
9	450		11,1%	1,77%							
10	500	1,43%			10,0%						
11	550		9,1%		9,1%		9,1%		9,1%		
12	600	0,99%		0,99%		0,99%		0,99%			
13	650		7,7%		7,7%		7,7%		7,7%		
14	700	0,73%			7,1%						
15	750		6,7%	0,63%							
16	800	0,55%			6,3%						
17	850		5,9%		5,9%		5,9%				
18	900	0,44%		0,44%		0,44%					
19	950		5,3%		5,3%		5,3%				
20	1.000	0,35%			5,0%						
21	1.050		4,8%	0,32%							
22	1.100	0,29%			4,5%						
23	1.150		4,3%		4,3%		4,3%		4,3%		4,3%
24	1.200	0,25%		0,25%		0,25%		0,25%		0,25%	
25	1.250		4,0%		4,0%		4,0%		4,0%		4,0%

In dieser Tabelle sind die Oberschwingungen netzgeführter Stromrichter bei Vollaussteuerung und unter Vernachlässigung der Kommutierungsinduktivität L_K zusammengestellt. Voraussetzung ist ein geglätteter Gleichstrom und ein symmetrisches Versorgungsnetz. In der ideellen Leerlaufgleichspannung U_{di} ergeben sich die Oberschwingungen der Ordnungszahlen abhängig von der Pulszahl des Stromrichters:

$$n = k \cdot p \qquad \text{mit } k = 1, 2, 3, \ldots$$

Der Effektivwert kann wie folgt berechnet werden:

$$\frac{U_n}{U_{di}} = \frac{\sqrt{2}}{n^2 - 1}$$

Im Netzstrom treten Oberschwingungen auf mit den Ordnungszahlen

$$n = k \cdot p \pm 1$$

Deren Effektivwert kann wie folgt berechnet werden:

$$\frac{I_n}{I_1} = \frac{1}{n}$$

2.10 Zündimpulsgeneratoren für Stromrichter

Nachdem die Grundtypen der Stromrichter besprochen wurden, sollen nun 2 verschiedene Möglichkeiten der Zündimpulsbildung dargestellt und verglichen werden.

2.10.1 Zündimpulsgenerator nach dem positiven Rampenverfahren

Bei einer Schaltung dieser Art lädt man den Kondensator C über eine Konstantstromquelle auf. Diese wird durch den als Konstantstromquelle geschalteten Transistor T1 dargestellt.

Mit dem Kollektorstrom stellt man die Steilheit der Kondensatorspannung ein. Die Steigung der Kondensatorspannung ist positiv. Der Spitzenwert wird durch den Kollektorstrom bestimmt und legt die hintere Impulslagenbegrenzung fest.

$$I_C = C \cdot \frac{dU_C}{dt} = \frac{U_r - U_{be}}{R_e}$$

In erster Näherung ergibt sich die Steigung der Spannung U_C als

$$\frac{dU_C}{dt} = \frac{U_r}{R_e \cdot C}$$

Bei Frequenzschwankungen der Netzwechselspannung, bei Netzunsymmetrie, oder bei Veränderungen der Bauelemente wird der einmal eingestellte Abgleich gestört. Dadurch werden die Zündimpulse in ihrer zeitlichen Lage verschoben, wodurch sich das dynamische Verhalten der gesamten Anordnung verschlechtert oder eine Störung im Betrieb des Stromrichters auftreten kann.

Ein weiterer Nachteil besteht darin, daß beim positiven Rampenverfahren der Zündwinkel zur Steuerspannung U_{st} umgekehrt proportional ist. Folglich hat gerade bei großem Zündwinkel, also bei hoher Aussteuerung des Stromrichters, die Steuerspannung ihren Minimalwert. Dies kann Störempfindlichkeit zur Folge haben.

Schaltungsanordnung

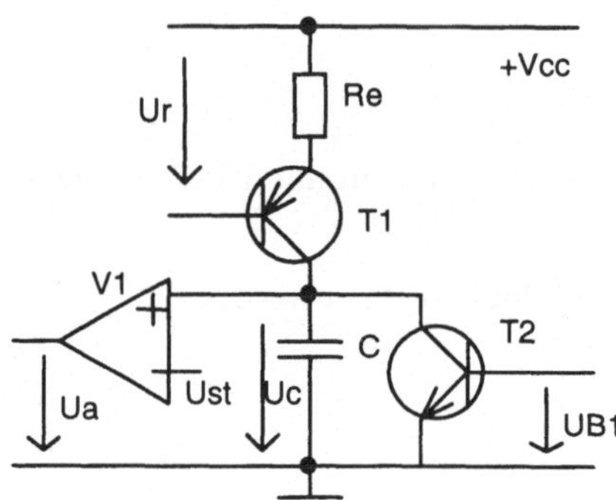

Immer dann, wenn die Netzspannung durch Null geht, erzeugt man einen Synchronisierimpuls U_{B1}. Dieser entlädt über den Transistor T2 den Kondensator C.

Die Rampenspannung U_C wird über einen Komparator V1 mit der Steuerspannung U_{st} verglichen. Die Ausgangsspannung U_a des Komparators steuert den Zündimpulsbildner.

Potentialverläufe

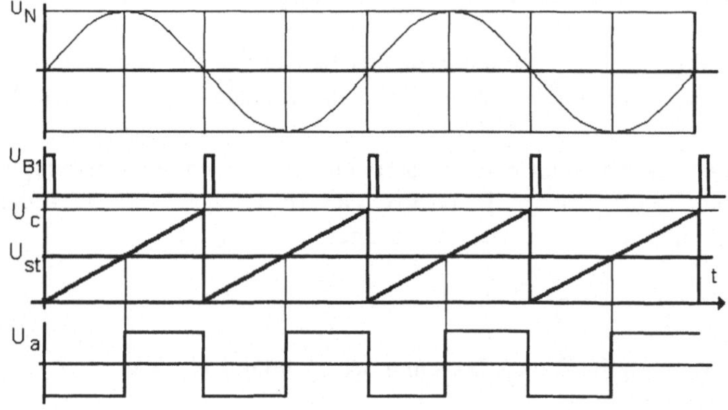

2.10.2 Zündimpulsgenerator nach dem negativen Rampenverfahren

Die nachfolgend beschriebene Schaltungsanordnung vermeidet die oben beschriebenen Nachteile.

Auszug aus der deutschen Patentschrift DE 26 37 781 C2:

„...*Der Erfindung liegt die Aufgabe zugrunde, eine Schaltungsanordnung der gattungsgemäßen Art zu verbessern, indem zur Erzielung einer selbständigen Anpassung an die Frequenz der Netzwechselspannung, die Steilheit der negativen Rampe so geregelt wird, daß ihr im zeitlichen Abstand auf den Scheitelwert folgender Fußpunkt mit dem Nulldurchgang der Netzwechselspannung zeitlich zusammenfällt.*

Die Steuerung eines nicht dargestellten Stromrichters erfolgt durch einen diesem vorgeschalteten Komparator V2, der von einer Steuergleichspannung U_{St} *und von einer Rampenspannung* U_C *beaufschlagt wird und einen Zündimpuls für den Stromrichter auslöst, wenn die Steuerspannung* U_{st} *und die Rampenspannung* U_C *gleich groß sind. Die Ausgangsspannung des Komparators V2 ist die Spannung* U_a*. Mit Hilfe eines Mono-Flops kann der Zündimpuls erzeugt werden. Die Rampenspannung* U_C *ist die durch die Aufladung und Entladung eines Kondensators C1 bestimmte, von einem Höchstwert bis auf einen Mindestwert abfallende Spannung am Kondensator C1. Die Aufladung des Kondensators C1 erfolgt beim Nulldurchgang der Netzspannung* U_N*. Für die richtige Aussteuerung des Stromrichters ist Voraussetzung, daß die Rampenspannung* U_C *immer denselben vorausbestimmten Mindestwert dann erreicht, wenn die Netzspannung* U_N *durch Null geht und die Wiederaufladung des Kondensators C1 erfolgt, das heißt, der Verlauf der Rampenspannung* U_C *muß synchron mit der Netzfrequenz* U_N *erfolgen..."*

Schaltungsanordnung

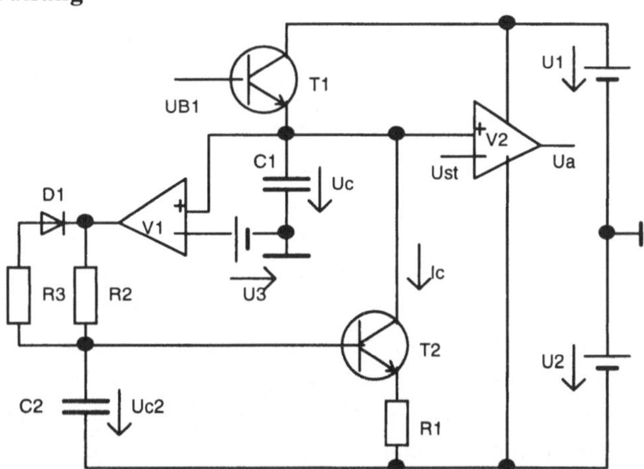

Potentialverläufe

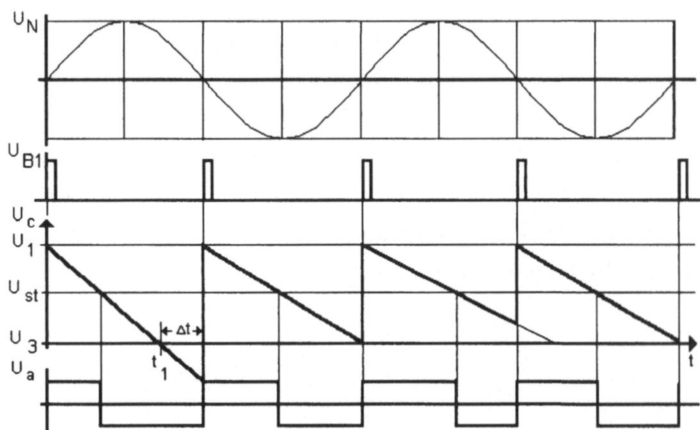

Der Kondensator C1 wird dadurch aufgeladen, daß im Zeitpunkt des Nulldurchgangs der Netzspannung U_N ein von dieser abgeleiteter Synchronisierimpuls U_{B1} auf den Eingang des Transistor T1 gegeben wird, der dadurch leitend wird und den Kondensator C1 auf eine Spannung U_1 auflädt.

Der Kondensator C1 wird entladen von einem als Entladestromkonstanthalter geschalteten Transistor T2, wobei der Entladestrom I_C der Spannung an einem Kondensator C2 proportional ist. Durch einen in der Emitterleitung des Transistors T2 liegenden Widerstand R1 enthält der Transistor T2 das Verhalten eines Entladestromkonstanthalters. Das Emitterpotential des Transistors T2 wird durch die Spannung U_{c2} festgelegt.

In dem Komparator V1 wird die Spannung am Kondensator C1 mit einer Hilfsspannung U_3 verglichen, die den Mindestwert bestimmt, auf den die Rampenspannung U_C im Zeitpunkt des Nulldurchgangs der Netzphase abgefallen sein soll. Solange die Spannung am Kondensator C1 größer ist als die Hilfsspannung U_3, wird der Kondensator C2 über einen Widerstand R2 geladen, wodurch die Steilheit der Rampe vergrößert wird. Bei zu flachem Verlauf der Rampe, bei der die Rampenspannung bis zum Nulldurchgang der Netzspannung größer bleibt als die Hilfsspannung U_3, wird also die Steilheit der Rampe vergrößert, bis die Rampenspannung U_C nach einem oder mehreren Nulldurchgängen der Netzspannung U_N unter der Hilfsspannung U_3 abgesunken ist.

Bei zu steiler Rampenspannung U_C dagegen unterschreitet die Rampenspannung U_C den durch die Hilfsspannung U_3 bestimmten Wert, bevor die Netzspannung durch Null geht und der Kondensator C2 wird auf den Widerstand R2 sowie über eine parallel geschaltete Diode D1 und einen Widerstand R3 entladen. Hierdurch wird der Strom I_C reduziert und die Steilheit der Rampe flacher. Wenn dabei die Rampenspannung U_C immer noch vor dem darauf folgenden Nulldurchgang der Netzspannung U_N unter den Wert der Hilfsspannung U_3 abgesunken ist, wird durch den Komparator V1 wieder der Strom I_C reduziert und die Rampe noch flacher, bis nach einem oder mehreren weiteren Nulldurchgängen der Netzspannung U_N die Rampe so flach geworden ist, daß die Rampenspannung U_C genau im Nulldurchgang der Netzspannung U_N auf den Wert der Hilfsspannung U_3 abgesunken ist.

Es wird also erreicht, daß selbsttätig die durch die Frequenzvariation oder Veränderung der Bauelementewerte hervorgerufene Zeitabweichung ΔT auf Null gebracht wird und der Verlauf der Rampenspannung U_C synchron mit der Netzfrequenz erfolgt.

Unter der Voraussetzung, daß sich die Steuerspannung U_{st} in einem festgelegten Bereich verändern kann, bestimmt die Spannung U_1 die vordere Impulslagenbegrenzung (Gleichrichteraussteuerbegrenzung) und die Hilfsspannung U_3 die hintere Impulslagenbegrenzung (Wechselrichteraussteuerungsbegrenzung).

3 Ankerdrosseln für GS-Antriebe bei lückendem und nicht-lückendem Betrieb

3.1 Experimentelle Bestimmung des Formfaktors

Im folgenden wird gezeigt, wie sich mit wenigen, einfachen Mitteln der Formfaktor bei Gleichstromantrieben bestimmen läßt.

Allgemeine Definition:

F_F = Formfaktor

I_{eff} = Effektivwert

I_d = Gleichrichtwert

w_i = Stromwelligkeit

$$F_F = \frac{I_{eff}}{I_d} \qquad F_F = \sqrt{1+w_i^2} \qquad w_i = \sqrt{F_F^2 - 1}$$

Der Formfaktor ist per Definition der Quotient, der aus dem Effektivwert und dem Gleichrichtwert gebildet wird. Er ist aber auch im Ergebnis ein Maß für die *zusätzliche* Erwärmung des Motors, die durch die Speisung mit welligem Gleichstrom entsteht. Wenn nicht anders angegeben, sind die Typenschilddaten auf reinen Gleichstrom bezogen. Wird der Motor also mit welligem Gleichstrom der Höhe I_{eff} gespeist, dann ist die Erwärmung des Motors genauso hoch, als wenn der Motor mit reinem Gleichstrom vergrößert um den Formfaktor F_F läuft.

In der Praxis besteht häufig die Aufgabe, eine genau angepaßte Ankerdrossel zu bestimmen. Leider findet sich jedoch in der Fachliteratur keine Angabe über ein einfaches Verfahren zur Lösung dieser Aufgabe. Mit der nachfolgend beschriebenen Methode lassen sich bei Gleichstromantrieben die Anker- und Drosselinduktivitäten mit wenig Aufwand bestimmen.

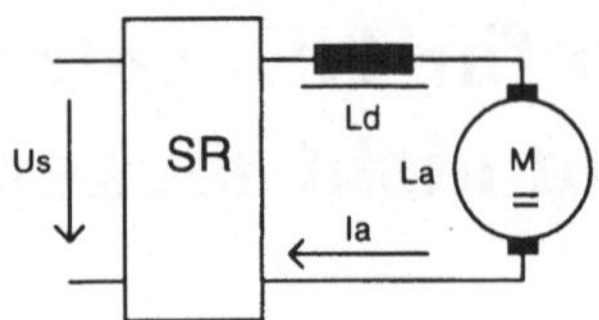

Definition der Einheiten:

U_S = Netzspannung in Volt

I_a = Ankerstrom in Amp

L_a = Ankerinduktivität in mH

L_d = Drosselinduktivität in mH

$$ms \equiv \frac{sec}{1000} \qquad mH \equiv \frac{henry}{1000}$$

Mit für die Praxis ausreichender Genauigkeit lassen sich folgende Formeln ableiten:

$$L_d = C_i(F_F) \cdot \frac{U_S}{I_a} \cdot ms - L_a$$

Abhängig von der Stromrichterschaltung ergibt sich eine Konstante C, in die der Formfaktor eingeht.

Vollgesteuerte Einphasenbrücke B2C: $C_1(F_F) := 5.4 \cdot F_F^{-5.67}$

Halbgesteuerte Einphasenbrücke B2H: $C_2(F_F) := 3.24 \cdot F_F^{-5.07}$

Vollgesteuerte Drehstrombrücke B6C: $C_3(F_F) := 0.51 \cdot F_F^{-5.9}$

Wir betrachten nun die Abhängigkeit der Konstanten vom Formfaktor im Bereich:

$F_F := 1.05, 1.06 .. 1.8$

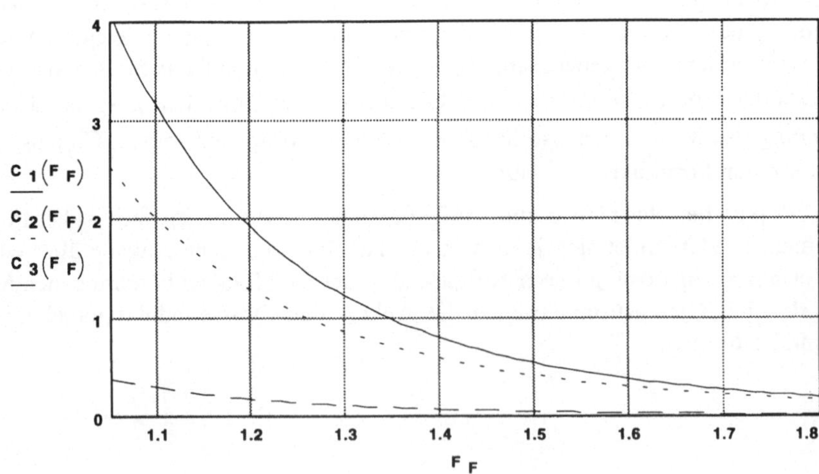

Nicht-lückender Strom

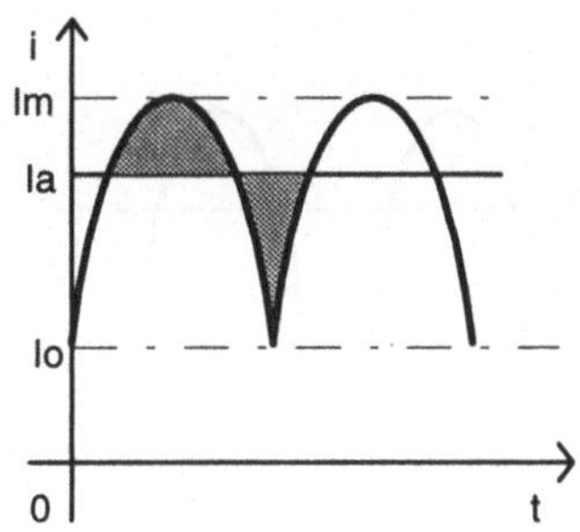

Die schraffierten Flächen sind gleich.

Zur Vereinfachung der Rechnung führen wir eine Definition für I_v ein:

$$I_v = \frac{I_o}{I_m} \qquad F_F(I_v) := \sqrt{\frac{\frac{1}{2} - \frac{4}{\pi^2}}{\left(\frac{I_v}{1-I_v} + \frac{2}{\pi}\right)^2} + 1}$$

Wir untersuchen die Funktion im Bereich:

$I_v := 0, 0.1 .. 1$

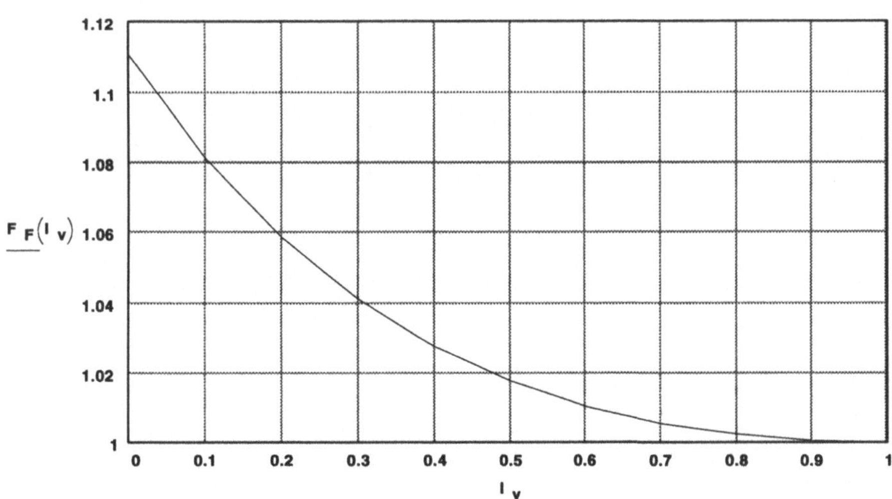

Lückender Strom

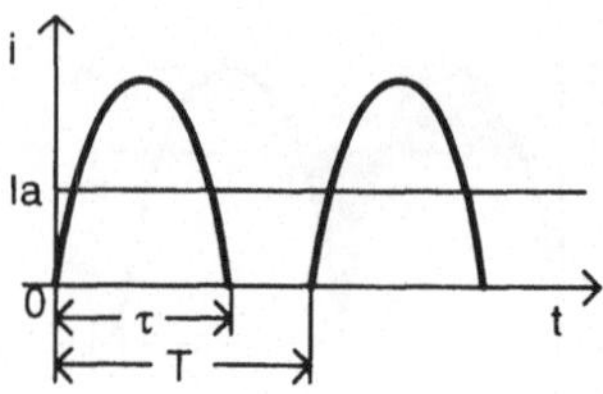

Zur Vereinfachung der Rechnung führen wir eine Definition für T_v ein:

$$T_v = \frac{T}{\tau}$$

$$F_F(T_v) := \sqrt{\frac{\pi^2}{8} \cdot T_v} \qquad F_F(T_v) := \sqrt{1.23 \cdot T_v}$$

Wir untersuchen die Funktion im Bereich: $T_v := 1, 1.1 .. 5$

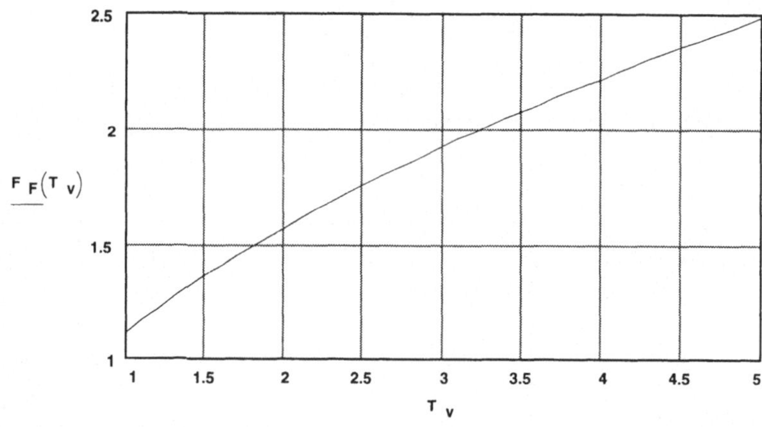

In den nächsten Kapiteln werden drei praxisorientierte Beispiele vorgestellt.

3.2 Formfaktor Beispiel 1

Eine halbgesteuerte Brückenschaltung B2H speist einen Gleichstrommotor. Der Ankerstrom ist stark lückend und erwärmt den Motor unzulässig. Es soll eine geeignete Ankerdrossel gefunden werden, die so dimensioniert ist, daß der Strom gerade nicht lückt.

Motor: GF 112-2; Nenndrehzahl: 1500/min

Definition: $ms \equiv \frac{sec}{1000}$ $mH \equiv \frac{henry}{1000}$

Netzspannung $U_S := 380 \cdot \text{volt}$

Ankerstrom $I_a := 11.5 \cdot \text{amp}$

Der Ankerstrom wurde ohne Drossel gemessen. Dabei ergab sich folgender Pulsverlauf:

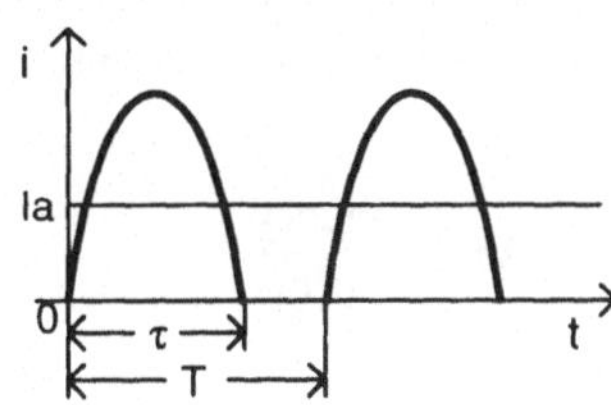

Ankerdrossel $L_d := 0 \cdot \text{mH}$

Periodendauer $T := 10 \cdot \text{ms}$

Pulsdauer $\tau := 7.2 \cdot \text{ms}$

Formfaktor $F_F := \sqrt{\frac{\pi^2}{8} \cdot \frac{T}{\tau}}$ $\qquad F_F = 1.31$

Als Stromrichter wird eine halbgesteuerte Einphasenbrücke B2H eingesetzt.

$C_2 := 3.24 \cdot F_F^{-5.07}$ $\qquad C_2 = 0.83$

Ankerinduktivität $L_a := C_2 \cdot \frac{U_S}{I_a} \cdot \text{ms} - L_d$ $\qquad L_a = 27.34 \cdot \text{mH}$

Wir stellen nun den Formfaktor auf die Lückgrenze ein, indem $\tau = T$ gemacht wird.

$\tau := T$

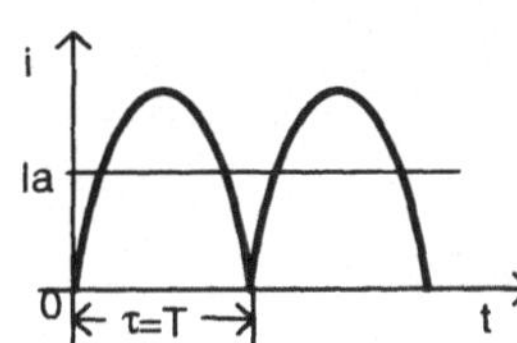

Formfaktor $F_F := \sqrt{\frac{\pi^2}{8} \cdot \frac{T}{\tau}}$ $\qquad F_F = 1.11$

Hieraus läßt sich nun die Stromrichterkonstante C_2 errechnen.

$C_2 := 3.24 \cdot F_F^{-5.07}$ $\qquad C_2 = 1.9$

Die gesuchte Drosselinduktivität ergibt sich aus der o.g. Formel:

$L_d := C_2 \cdot \frac{U_S}{I_a} \cdot \text{ms} - L_a$ $\qquad L_d = 35.53 \cdot \text{mH}$

3.3 Formfaktor Beispiel 2

Eine vollgesteuerte Brückenschaltung B2C mit Ankerdrossel speist einen Gleichstrommotor. Der Ankerstrom ist nicht-lückend, so wie die Figur zeigt.

Wie hoch ist der Formfaktor, wenn die Ankerdrossel entfernt wird?

Definition: $ms \equiv \frac{sec}{1000}$ $mH \equiv \frac{henry}{1000}$

Netzspannung $U_S := 400 \cdot volt$

Ankerstrom $I_o := 5 \cdot amp$ $I_m := 16 \cdot amp$

Ankerdrossel $L_d := 130 \cdot mH$

Netzfrequenz $f := 50 \cdot sec^{-1}$

Der Ankerstrom wurde mit Drossel gemessen. Dabei ergab sich folgender Pulsverlauf:

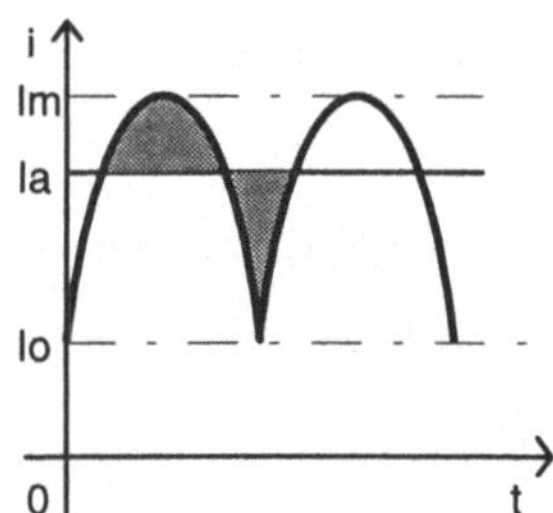

$I_v := \frac{I_o}{I_m}$ $I_v = 0.31$

Formfaktor $F_F := \sqrt{\frac{\frac{1}{2} - \frac{4}{\pi^2}}{\left(\frac{I_v}{1 - I_v} + \frac{2}{\pi}\right)^2} + 1}$ $F_F = 1.04$

Vollgesteuerte Einphasenbrücke B2C:

$C_1 := 5.4 \cdot F_F^{-5.67}$ $C_1 = 4.35$

Mittelwert des Ankerstromes geschätzt:

$I_a := I_o + \frac{2}{\pi}\left(I_m - I_o\right)$ $I_a = 12 \cdot amp$

Ankerinduktivität $L_a := C_1 \cdot \frac{U_S}{I_a} \cdot ms - L_d$ $L_a = 14.85 \cdot mH$

Wir entfernen nun die Ankerdrossel L_d :

$L_d := 0 \cdot mH$

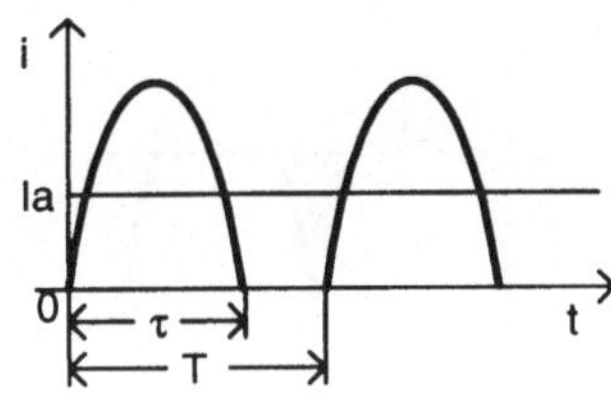

$$C_1 := L_a \cdot \frac{I_a}{U_S \cdot ms} \qquad C_1 = 0.45$$

und lösen die Gleichung auf, um den Formfaktor F_F zu ermitteln.

Given $C_1 = 5.4 \cdot F_F^{-5.67}$

$$F_F := \text{find}(F_F) \qquad F_F = 1.55$$

Da der Formfaktor F_F über 1,11 liegt, kann man sofort auf lückenden Betrieb schließen:

Periodendauer $T := 10 \cdot ms$

Die Pulsdauer τ für den lückenden Betrieb beträgt:

$$\tau := \frac{1}{8} \cdot T \cdot \frac{\pi^2}{F_F^2} \qquad \tau = 5.12 \cdot ms$$

3.4 Formfaktor Beispiel 3

Wir betreiben einen Gleichstrommotor mit Ankerdrossel an einer vollgesteuerten 2pulsigen Brückenschaltung. Die Netzspannung beträgt $U_S = 230$ V .

Wir messen am Oszilloskop folgende Werte:

$$U_S := 230 \cdot volt \qquad I_o := 1 \cdot amp \qquad I_m := 5 \cdot amp$$

Periodendauer des Netzes: $T := 10 \cdot ms$

Wie verändert sich der Formfaktor, wenn der Mittelwert des Ankerstromes I_a halbiert wird? Außerdem suchen wir die Abhängigkeit des Formfaktors von der Gesamtinduktivität.

Definitionen der Enheiten:

$$ms \equiv \frac{sec}{1000} \qquad mH \equiv \frac{henry}{1000}$$

U_S = Netzspannung $\quad L_a$ = Ankerinduktivität $\quad L_d$ = Drosselinduktivität

I_a = Ankerstrom $\quad L_g$ = Gesamtinduktivität $= L_a + L_d$

Durch Messen oder Bewerten der Kurvenform erhalten wir einen Mittelwert des Ankerstroms von:

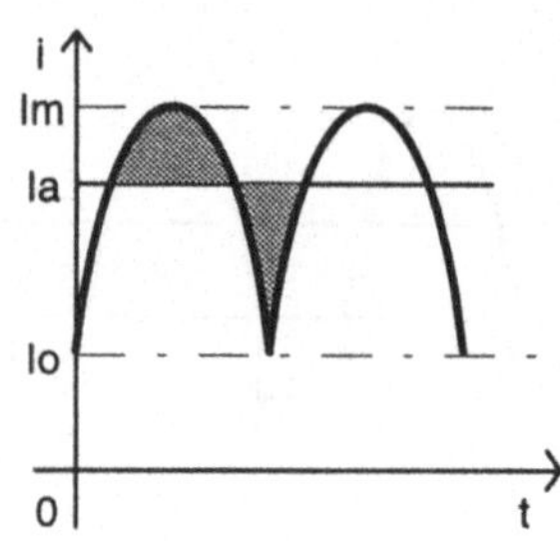

$I_a := 3.6 \cdot amp \qquad I_v := \frac{I_o}{I_m} \qquad I_v = 0.2$

$$F_F := \sqrt{\frac{\frac{1}{2} - \frac{4}{\pi^2}}{\left(\frac{I_v}{1 - I_v} + \frac{2}{\pi}\right)^2} + 1} \qquad F_F = 1.06$$

Vollgesteuerte Einphasenbrücke B2C:

$C_1 := 5.4 \cdot F_F^{-5.67} \qquad C_1 = 3.91$

$L_g := C_1 \cdot \frac{U_S}{I_a} \cdot ms \qquad L_g = 249.89 \cdot mH$

Bei halbem Strom I_a erhalten wir:

Given

$$L_g = 5.4 \cdot F_F^{-5.67} \cdot \frac{U_S}{\frac{I_a}{2}} \cdot ms \qquad F_F := find(F_F) \qquad F_F = 1.2$$

Dieser Wert von F_F läßt auf lückenden Betrieb schließen. Daraus ergibt sich nach Umformen eine Stromflußdauer τ von:

$$\tau := \frac{T}{8} \cdot \frac{\pi^2}{F_F^2} \qquad \tau = 8.62 \cdot ms$$

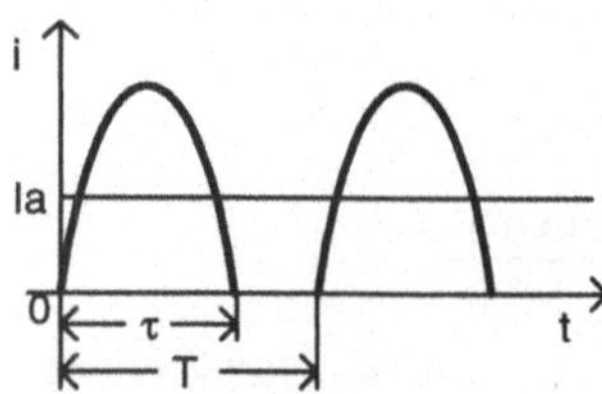

Ergebnis: Bei sinkendem Strom steigt der Formfaktor! Mit diesem Resultat hätte man nicht ohne weiteres gerechnet. Über eine Überhitzung des Motors muß man sich jedoch keine Sorgen machen. Die relative Erwärmung steigt zwar, weil der Effektivwert mit dem Formfaktor wächst, jedoch sinkt auch der Ankerstrom um die Hälfte.

Wir stellen nun die Abhängigkeit des Formfaktors von der Gesamtinduktivität dar. Für eine vollgesteuerte Einphasenbrücke B2C gilt:

$$C_1 := 5.4 \cdot F_F^{-5.67}$$

$$L_g(F_F) := 5.4 \cdot F_F^{-5.67} \cdot \frac{U_S}{I_a} \cdot ms$$

Im Bereich $F_F := 1, 1.01 .. 1.4$:

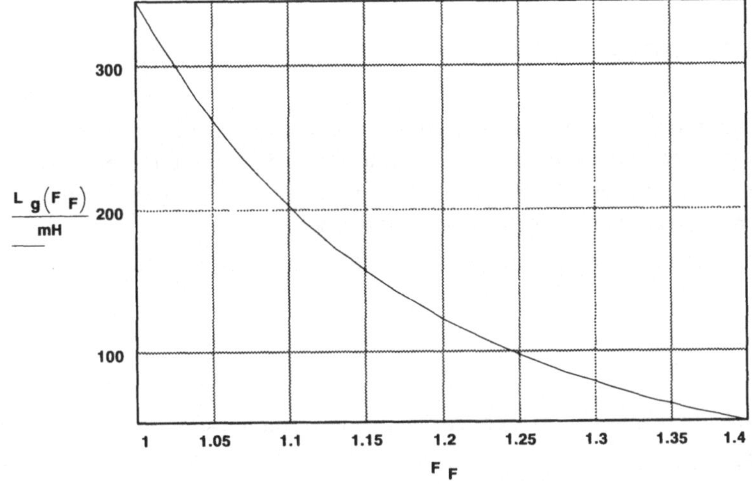

- Formfaktoren unter 1,11 repräsentieren einen nicht-lückenden Betrieb,
- Formfaktoren über 1,11 repräsentieren einen lückenden Betrieb.

4 Regelung von Drehstrommotoren mit Spannungsstellern und Umrichtern

4.1 Drehzahlverstellung von Drehstrommotoren

Asynchronmotoren sind bekannt als robuste und preiswerte Motoren. Ziel der Antriebstechnik ist es, Regelgeräte zu entwickeln, mit denen diese Motoren auf zuverlässige und preiswerte Weise in der Drehzahl verstellt und geregelt werden können. Die beiden wichtigsten Verfahren sollen hier dargestellt werden.

Die Drehzahl einer Asynchronmaschine ist abhängig von der Frequenz und vom Schlupf:

$$n = \frac{f_1}{p} \cdot (1 - s)$$

Hierin sind:

n = Drehzahl in 1/min, f_1 = Frequenz der Statorspannung in Hz, p = Polpaarzahl und s = Schlupf

Beispiel:

$$Hz \equiv sec^{-1} \qquad f_1 := 50 \cdot sec^{-1} \qquad p := 2 \qquad s := 5 \cdot \% \qquad n := 1425 \cdot min^{-1}$$

Die Polpaarzahl ist durch die Konstruktion der Maschine gegeben. Die Drehzahl kann also über die Frequenz f_1 oder über den Schlupf s beeinfußt werden.

Der Schlupf ist definiert als

$$s = \frac{n_0 - n}{n_0} = 1 - \frac{n}{n_0}$$

Hierin sind:

n_0 = Synchrondrehzahl und n = Drehzahl des Rotors.

4.2 Drehzahlverstellung über den Schlupf:

Eine einfache Möglichkeit, die Drehzahl eines Drehstrommotors über den Schlupf zu beeinflussen, ergibt sich über die Veränderung der Phasenspannung. Dies ist möglich durch Stelltransformatoren oder elektronische Spannungssteller. Die Endstufe des Spannungsstellers besteht aus antiparallelgeschalteten Thyristoren bzw. Triacs. Die Veränderung der Ausgangsspannung wird durch Phasenanschnittssteuerung erreicht.

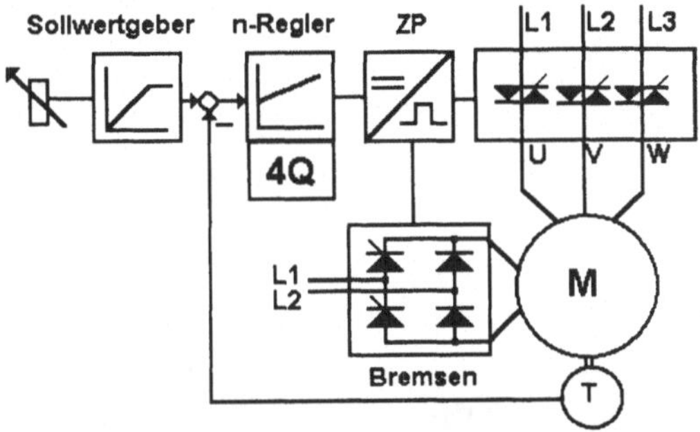

Eine 4-Quadrantenlogik erkennt, wann gebremst werden muß und schaltet automatisch vom Treiben auf Bremsen.

Bei diesem Spannungsstellerverfahren wird die Motorkennlinie gestaucht. Die Synchrondrehzahl n_0 bleibt erhalten.

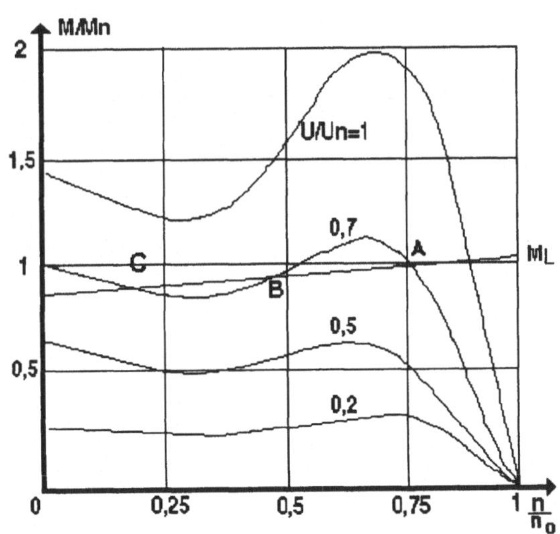

Einfluß der Ständerspannung auf die Drehzahl-Drehmoment-Kennlinie

Wie hängt nun das Drehmoment von der Spannung ab? Im folgenden wird die allgemeine Konstante c ohne Index benutzt, um proportionale Zusammenhänge darzustellen.

Magnetisierungsstrom: $I_m = c \cdot U$

Magnetischer Fluß: $\Phi = c \cdot U$

Drehmoment $M = c \cdot I_m \cdot \Phi = c \cdot U^2$

Man erkennt, daß das Drehmoment quadratisch von der Spannung abhängt.

Verlustleistungsbetrachtung:

Beispiel a:

$$P_v = 2 \cdot \pi \cdot M \cdot (n_0 - n)$$

$$P_{vn} = 2 \cdot \pi \cdot M \cdot (n_0 - n_n)$$

Auf die Verlustleistung P_{vn} wird der Motor konstruiert.

$$P_v = \frac{s}{s_n} \cdot P_{vn}$$

Nennschlupf: $s_n = 4\%$

Drehzahlverstellung 1 : 2; d.h. $s = 50\%$

$$P_v = 12.5 \cdot P_{vn}$$

In diesem Beispiel wird bei einem Drehzahlverstellbereich von nur 1 : 2 im Rotor die 12,5fache Nennverlustleistung umgesetzt.

Beispiel b:

Mechanische Leistung: $P_m = 2 \cdot \pi \cdot n \cdot M$

Drehfeldleistung: $P_d = 2 \cdot \pi \cdot n_0 \cdot M$

Verlustleistung: $P_v = P_d - P_m = P_d \cdot \left(1 - \frac{n}{n_0}\right) = P_d \cdot s$

Die Verlustleistung ist dem Schlupf proportional.

Beispiel: Wir verstellen die Drehzahl im Verhältnis 1 : 2; d.h. $s = 50\%$ $P_v = 0.5 \cdot P_d$

50% der Drehfeldleistung wird in diesem Beispiel in Verlustleistung umgesetzt.

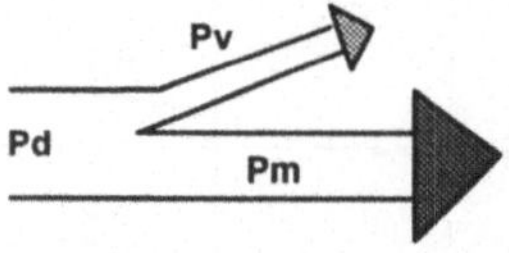

Leistungsbilanz bei einem spannungsgeregelten Drehstrommotor

Beispiel c:

Leistungsreduzierung eines Norm-Drehstrommotors abhängig von der Drehzahl.

Unter thermischen Gesichtspunkten kann man bei großer Drehzahlabsenkung nur einen sehr geringen Teil der Nennleistung einer Drehstrommaschine abverlangen. Es sei denn, sie ist speziell auf diesen Betrieb dimensioniert. Je kleiner der Nennschlupf, desto größer ist die Leistungsreduzierung bei Drehzahlabsenkung. Die folgende Rechnung zeigt diesen Zusammenhang.

	aktuelle Drehzahl	Nenndrehzahl
Wellenleistung	$P = 2 \cdot \pi \cdot M \cdot n$	$P_n = 2 \cdot \pi \cdot M \cdot n_n$
Verlustleistung	$P_v = 2 \cdot \pi \cdot M \cdot n_0 \cdot s$	$P_{vn} = 2 \cdot \pi \cdot M \cdot n_0 \cdot s_n$
nach Einsetzen	$P_v = \frac{P}{n} \cdot n_0 \cdot s$	$P_{vn} = \frac{P_n}{n_n} \cdot n_0 \cdot s_n$

Bedingung:

Wenn die Drehzahl des Motors über Spannungsstellung reduziert wird, muß die mechanische Wellenleistung so reduziert werden, daß die erzeugte Verlustleistung P_v gleich groß ist wie die Nenn-Verlustleistung P_{vn} !

$$P_v = P_{vn} \qquad P = P_n \cdot \frac{n \cdot s_n}{n_n \cdot s} \quad \text{oder} \quad P = P_n \cdot \frac{n}{n_n} \cdot \frac{n_0 - n_n}{n_0 - n}$$

Beispiel: $P_n := 1 \cdot kW \qquad n_0 := 3000 \cdot min^{-1} \qquad n_n := 2850 \cdot min^{-1}$

$$P(n) := P_n \cdot \frac{n}{n_n} \cdot \frac{n_0 - n_n}{n_0 - n}$$

Wir untersuchen diese Funktion im Bereich $n := 0 \cdot min^{-1}, 0.05 \cdot n_n .. n_n$

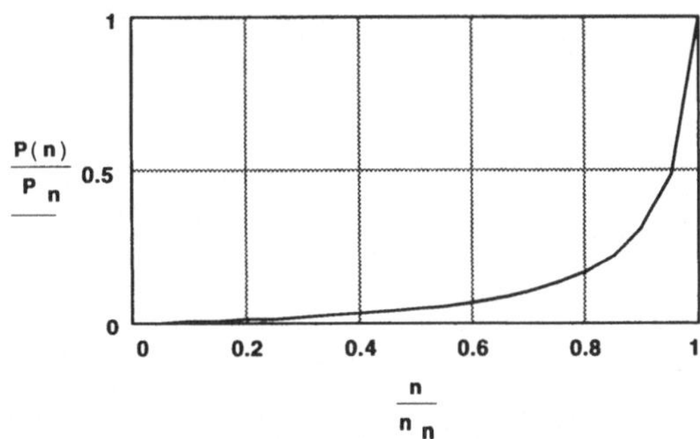

Leistungsreduzierung eines Norm-Drehstrommotors abhängig von der Drehzahl

4.3 Drehstromasynchron-Motor am Spannungssteller

Fall 1: Konstantes Drehmoment (z.B. Aufzug oder Förderband): M = c

Drehfeldleistung: $P_d = 2 \cdot \pi \cdot M \cdot n_0 = 2 \cdot \pi \cdot c \cdot n_0$

Mechanische Leistung: $P_m = 2 \cdot \pi \cdot M \cdot n = 2 \cdot \pi \cdot c \cdot n$

Verlustleistung: $P_v = P_d - P_m$

$$P_v = 2 \cdot \pi \cdot c \cdot (n_0 - n)$$

Die maximale Verlustleistung ergibt sich bei n = 0

$$P_{v\max} = 2 \cdot \pi \cdot c \cdot n_0$$

$$\frac{P_v}{P_{d\max}} = \frac{2 \cdot \pi \cdot c \cdot (n_0 - n)}{2 \cdot \pi \cdot c \cdot n_0} = \frac{n_0 - n}{n_0} = P_{v1}(n)$$

Fall 2: Drehmoment wächst linear mit der Drehzahl (z.B. Kalander): $M = c \cdot n$

Drehfeldleistung: $P_d = 2 \cdot \pi \cdot M \cdot n_0 = 2 \cdot \pi \cdot c \cdot n \cdot n_0$

Mechanische Leistung: $P_m = 2 \cdot \pi \cdot M \cdot n = 2 \cdot \pi \cdot c \cdot n^2$

Verlustleistung: $P_v = P_d - P_m$

$$P_v = 2 \cdot \pi \cdot c \cdot (n \cdot n_0 - n^2)$$

Wir leiten ab nach dn: $\frac{d}{d\,n} P_v = 2 \cdot \pi \cdot c \cdot (n_0 - 2 \cdot n)$

und setzen die erste Ableitung zu Null, um den Ort des Maximums zu ermitteln.
Die max. Verlustleistung tritt auf bei $n = n_0 / 2$. Diesen Wert setzen wir ein und erhalten

die max. Verlustleistung: $P_{v\max} = 2 \cdot \pi \cdot c \cdot \left(\frac{n_0^2}{2} - \frac{n_0^2}{4} \right) = \frac{1}{2} \cdot \pi \cdot c \cdot n_0^2$

$$\frac{P_{v\max}}{P_{d\max}} = \frac{\frac{1}{2} \cdot \pi \cdot c \cdot n_0^2}{2 \cdot \pi \cdot c \cdot n_0^2} = \frac{1}{4} = 0.25$$

$$\frac{P_v}{P_{d\max}} = \frac{2 \cdot \pi \cdot c \cdot \left(n \cdot n_0 - n^2 \right)}{2 \cdot \pi \cdot c \cdot n_0^2} = n \cdot \frac{n_0 - n}{n_0^2} = P_{v2}(n)$$

Fall 3: Quadratische Kennlinie (z.B. Lüfter oder Pumpe): $M = c \cdot n^2$

Drehfeldleistung: $P_d = 2 \cdot \pi \cdot M \cdot n_0 = 2 \cdot \pi \cdot c \cdot n^2 \cdot n_0$

Mechanische Leistung: $P_m = 2 \cdot \pi \cdot M \cdot n = 2 \cdot \pi \cdot c \cdot n^3$

Verlustleistung: $P_v = P_d - P_m$

$$P_v = 2 \cdot \pi \cdot c \cdot (n^2 \cdot n_0 - n^3)$$

Wir leiten ab nach dn: $\frac{d}{dn} P_v = 2 \cdot \pi \cdot c \cdot n \cdot (2 \cdot n_0 - 3 \cdot n)$

und setzen die erste Ableitung zu Null, um den Ort des Maximums zu ermitteln.

Die max. Verlustleistung tritt auf bei $n = 2 \cdot n_0 / 3$. Diesen Wert setzen wir ein und erhalten die max. Verlustleistung: $P_{v\,max} = 2 \cdot \pi \cdot c \cdot \left(\frac{4}{9} \cdot n_0^3 - \left(\frac{2}{3} \cdot n_0 \right)^3 \right) = \frac{8}{27} \cdot \pi \cdot c \cdot n_0^3$

$$\frac{P_{v\,max}}{P_{d\,max}} = \frac{\frac{8}{27} \cdot \pi \cdot c \cdot n_0^3}{2 \cdot \pi \cdot c \cdot n_0^3} = \frac{4}{27} = 0.148$$

$$\frac{P_v}{P_{d\,max}} = \frac{2 \cdot \pi \cdot c \cdot \left(n^2 \cdot n_0 - n^3 \right)}{2 \cdot \pi \cdot c \cdot n_0^3} = n^2 \cdot \frac{n_0 - n}{n_0^3} = P_{v3}(n)$$

Fall 4: Hyperbel-Kennlinie (z.B. Wickler): $\mathbf{M = \frac{c}{n}}$

Drehfeldleistung: $P_d = 2 \cdot \pi \cdot M \cdot n_0 = 2 \cdot \pi \cdot \frac{c}{n} \cdot n_0$

Mechanische Leistung: $P_m = 2 \cdot \pi \cdot M \cdot n = 2 \cdot \pi \cdot c$

Verlustleistung: $P_v = P_d - P_m$

$$P_v = 2 \cdot \pi \cdot c \cdot \left(\frac{n_0}{n} - 1 \right)$$

Wir leiten ab nach dn: $\frac{d}{dn} P_v = 2 \cdot \pi \cdot c \cdot \frac{n_0}{n^2}$

Die maximale Verlustleistung liegt theoretisch bei n = 0. Die Verlustleistung kann jedoch maximal nur den Wert der Drehfeldleistung P_d annehmen.

$$P_{v\,max} = P_{d\,max} = 2 \cdot \pi \cdot c$$

$$\frac{P_v}{P_{d\,max}} = \frac{2 \cdot \pi \cdot c \cdot \left(\frac{n_0}{n} - 1 \right)}{2 \cdot \pi \cdot c} = \frac{n_0 - n}{n} = P_{v4}(n)$$

Bei den oben aufgeführten 4 Fällen handelt es sich um Näherungsbetrachtungen. Es sei an dieser Stelle darauf hingewiesen, daß auch die Oberwellenverluste, die durch die Phasenanschnittssteuerung entstehen, berücksichtigt werden müssen. Des weiteren ist zu bedenken, daß bei reduzierter Drehzahl die Eigenlüftung quadratisch geringer wird. Auf die Einbeziehung beider Effekte wird an dieser Stelle verzichtet. Die 4 Fälle werden nachfolgend graphisch dargestellt.

$M = c$ (Aufzug) $P_{v1}(n) := \dfrac{n_0 - n}{n_0}$

$M = c \cdot n$ (Kalander) $P_{v2}(n) := n \cdot \dfrac{n_0 - n}{n_0^2}$

$M = c \cdot n^2$ (Lüfter) $P_{v3}(n) := n^2 \cdot \dfrac{n_0 - n}{n_0^3}$

$M = \dfrac{c}{n}$ (Wickler) $P_{v4}(n) := \text{if}\left(\dfrac{n_0 - n}{n} < 1, \dfrac{n_0 - n}{n}, 1\right)$

$n_0 := 300 \cdot \text{min}^{-1}$

Wir untersuchen den Bereich: $n := 1 \cdot \text{min}^{-1}, 50 \cdot \text{min}^{-1} .. n_0$:

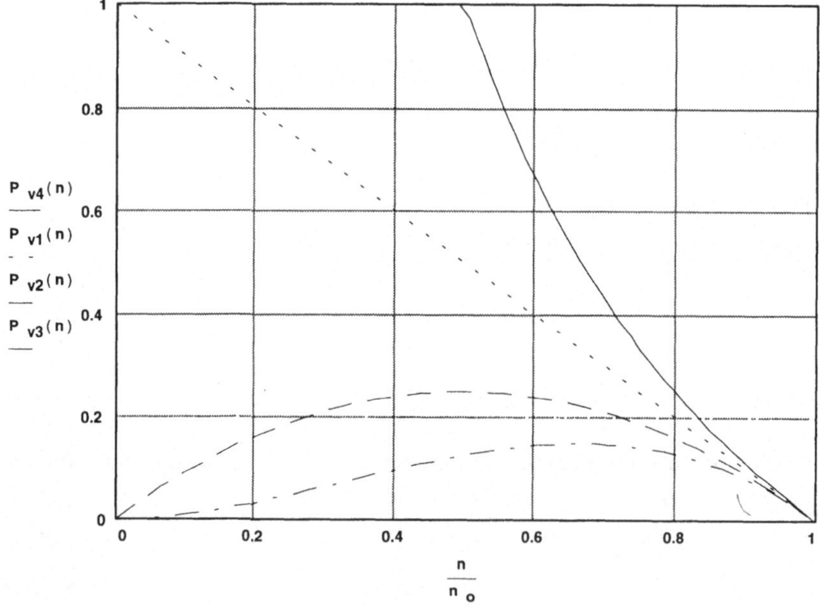

Ein weiterer Gesichtspunkt bei der Antriebsauslegung ist der Anlaufstrom der Asynchronmaschine. Dieser liegt in der Regel um ein 4- bis 6faches höher, als der Nennstrom. Bei Verwendung von Geräten mit Strombegrenzung ist diese Eigenschaft zu berücksichtigen. Der Gerätenennstrom muß auf jeden Fall höher gewählt werden, als der Anlaufstrom des Motors, sonst bleibt der Motor stehen und verbrennt in Kürze.

4.4 Stabile und instabile Arbeitspunkte bei der DASM

Bei der Betrachtung der verschiedenen Arbeitspunkte gehen wir von der bekannten Kennlinie einer Drehstrom-Asynchron-Maschine aus. Wir belasten den Motor mit einer Reiblast M_I, die wir solange erhöhen, bis sie sich auf dem dargestellten Niveau befindet. Die Lastkennlinie schneidet die Motorkennlinie zweimal. Daraus leiten wir 4 Fallunterscheidungen ab, indem wir die folgenden Gleichungen anwenden:

$$M - M_I = M_a = 2 \cdot \pi \cdot J \cdot \frac{d}{dt} n$$

$$\left.\begin{array}{llll} \text{Fall 1:} & M < M_I & M_a < 0 & \frac{d}{dt} n < 0 \\ \text{Fall 2:} & M > M_I & M_a > 0 & \frac{d}{dt} n > 0 \end{array}\right\} \text{stabil}$$

$$\left.\begin{array}{llll} \text{Fall 3:} & M > M_I & M_a > 0 & \frac{d}{dt} n > 0 \\ \text{Fall 4:} & M < M_I & M_a < 0 & \frac{d}{dt} n < 0 \end{array}\right\} \text{instabil}$$

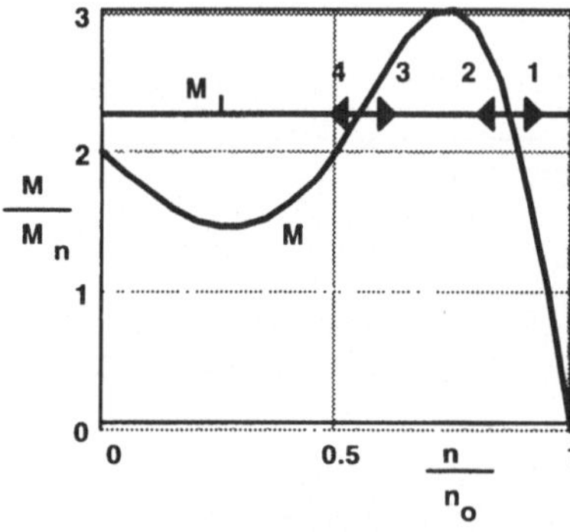

Aus der Abbildung ist zu erkennen, daß bei Spannungsabsenkung gegebenenfalls mehrere Schnittpunkte mit der Lastkennlinie auftreten können. Das kann zu Stabilitätsproblemen führen, wenn ein Regeltrafo eingesetzt wird. Bei einem Spannungssteller, der als Drehzahlregler arbeitet, kann man dieses Problem umgehen: Wenn eine Abweichung zwischen Drehzahl-Sollwert und -Istwert vorliegt, wird die Spannung solange nachgestellt, bis die Solldrehzahl erreicht wird.

Zusammenfassung

Der Einsatz von Norm-Drehstrommotoren am Spannungssteller wird eingeschränkt durch:

a) max. abführbare Verlustleistung. Durch die Lastkennlinie wird der Einsatz begrenzt auf Lüfter, Pumpen, Anfahrschaltungen oder Antriebe im Kurzzeitbetrieb.

b) Der Anlaufstrom muß kleiner sein als der Gerätenennstrom

c) Stabilitätsgrenze durch mehrere Schnittpunkte mit der Motorkennlinie.

Alle drei Punkte lassen sich positiv beeinflusssen, wenn man statt des Norm-Drehstrommotors einen Widerstandsläufer einsetzt. Bei Motoren dieser Art werden Rotoren verwandt, deren Kennlinien durch Änderung des magnetischen Kreises abgeflacht wurden. Das bekannte ausgepägte Kippmoment ist reduziert bzw. ganz beseitigt. Das höchste Drehmoment ist das Anfahrmoment beim Stillstand. Die Baugröße des Motors ist so zu dimensionieren, daß die durch den Schlupf erzeugte Verlustleistung abgeführt werden kann. So kommt es, daß Motoren dieser Bauart in der Regel größer gebaut sind, als Norm-Drehstrommotoren.

Die folgenden zwei Beispiel-Kennlinien zeigen das Motordrehmoment von Widerstandsläufern in Abhängigkeit von der Drehzahl. Besonders gut eignen sich diese Motoren zum Treiben von Lasten mit einer quadratischen Kennlinie.

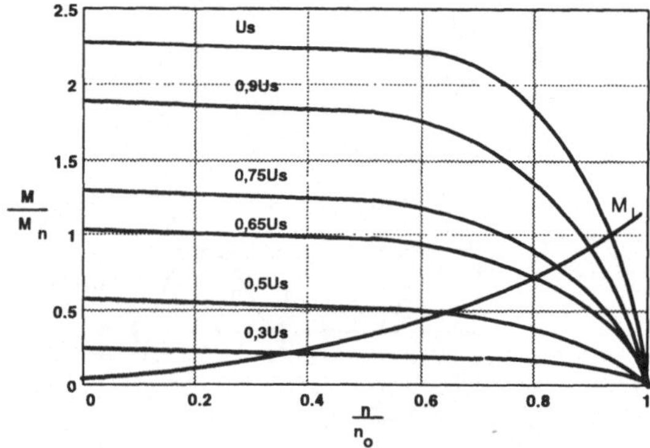

Kennlinie eines eintourigen Regelmotors von Ziehl-Abegg Typ RD
mit der Lastkennlinie eines Ventilators oder einer Pumpe.

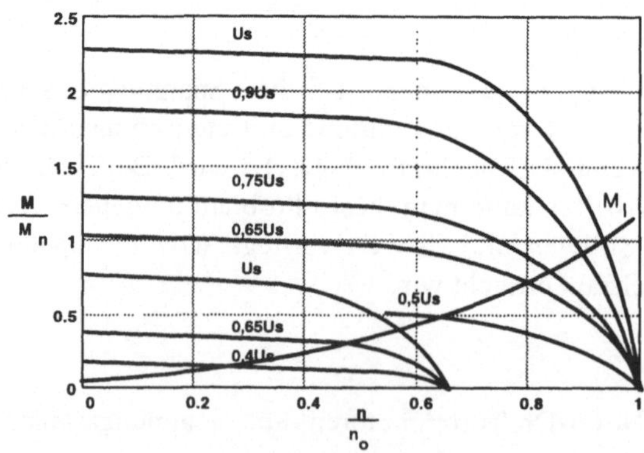

Kennlinie eines zweitourigen Regelmotors von Ziehl-Abegg Typ RDU
mit der Lastkennlinie eines Ventilators oder einer Pumpe.

Aufgabe: Drehstrommotor am Spannungssteller

Ein Transportband soll mittels Spannungsstellers 1 : 3 in der Drehzahl verändert werden. Es wird eine mechanische Wellenleistung von P = 1 kW benötigt. Der Nennschlupf der Maschine beträgt $s_n = 5\%$. Wie groß muß für eine 2polige Drehstrommaschine die Nennleistung gewählt werden, um die Verlustleistung zu beherrschen?

Wellenleistung: $P := 1 \cdot kW$

Netzfrequenz: $f_1 := 50 \cdot sec^{-1}$

Polpaarzahl: $p := 1$

Synchrondrehzahl: $n_0 := \frac{f_1}{p}$ $\quad n_0 = 3000 \cdot min^{-1}$

Nennschlupf: $s_n := 5 \cdot \%$

Nenndrehzahl: $n_n := n_0 \cdot (1 - s_n)$ $\quad n_n = 2850 \cdot min^{-1}$

Bei einem Drehzahlverhältnis von 1 : 3 ergibt sich $n := n_n / 3$ und somit $n = 950 \cdot min^{-1}$.

Schlupf: $s := \frac{n_0 - n}{n_0}$ $\quad s = 68.33 \cdot \%$

Bei einem Transportband stellt die Last ein konstantes Drehmoment dar. Unter dieser Voraussetzung gilt für die Wellenleistung:

$$P = P_n \cdot \frac{n}{n_n} \cdot \frac{n_0 - n_n}{n_0 - n}$$

Durch Umstellen erhält man die erforderlichen Typenschildleistung P_n:

Bei $n = 950 \cdot min^{-1}$ ergibt sich:

$$P_n(n) := \frac{P}{\frac{n}{n_n} \cdot \frac{n_0 - n_n}{n_0 - n}} \qquad P_n(n) = 41 \cdot kW$$

An diesem Zahlenbeispiel erkennt man, daß die Spannungsstellung kein geeignetes Verfahren für diese Antriebsaufgabe ist. Wir untersuchen diese Funktion allgemein im Bereich: $n := 0.3 \cdot n_n, 0.35 \cdot n_n .. n_n$.

Wegen der besseren Übersicht stellen wir die Leistung und die Drehzahl relativ dar.

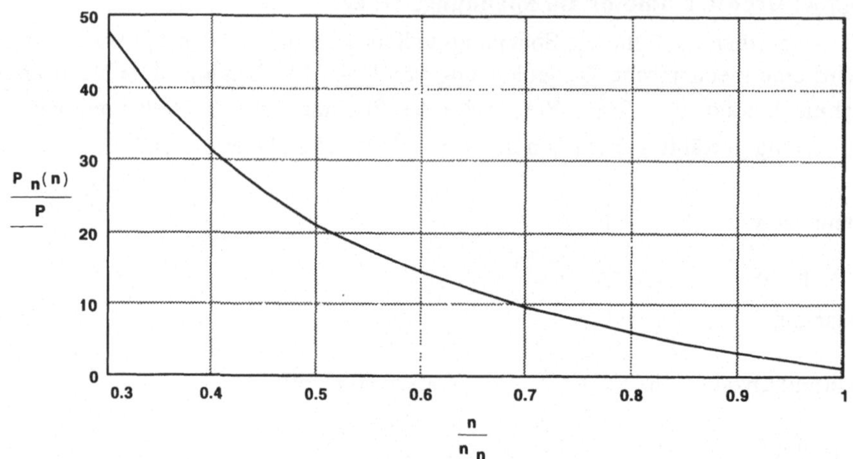

4.5 Drehstrommotor am Frequenzumrichter

Es war oben gezeigt worden, daß bei der Regelung der Drehzahl eines Drehstrommotors der magnetische Fluß konstant gehalten werden muß. Dies wird dadurch erreicht, indem Spannung und Frequenz proportional zueinander verstellt werden müssen. Wir wollen uns nun ansehen, was sich im Motor bei der Drehzahlverstellung abspielt.

Um die Proportionalitäten zwischen den physikalischen Größen auszudrücken, wird nachfolgend mit der allgemeinen Variable c ohne Index gearbeitet.

Magnetischer Fluß: $\Phi = c \cdot I_m$ (1)

Magnetisierungsstrom: $I_m = c \cdot \frac{U}{f}$ (2)

Daraus folgt: $\Phi = c \cdot \frac{U}{f}$ (3)

Für den Rotorstrom gilt: $I_2 = c \cdot s \cdot U$ (4)

Für das Drehmoment gilt: $M = c \cdot I_2 \cdot \Phi$ (5)

Daraus folgt: $M = c \cdot s \cdot U \cdot \Phi$ (6)

und $M = c \cdot s \cdot \frac{U^2}{f}$ (7)

Bereich 1: $f < f_n$

Wenn der Fluß konstant gehalten werden soll, muß gelten: $\Phi = \text{const}$.

Aus (3) folgt: $U = c \cdot f$ (8)

Aus (6) folgt mit (8): $M = c \cdot s \cdot U = c \cdot s \cdot f$ (9)

Unter der Annahme eines konstanten Drehmoments gilt dann:

$$s \cdot f = \text{const}$$

Mit p = Polpaarzahl $\quad f = p \cdot n_0$ (10)

folgt $\quad sf = s \cdot p \cdot n_0 = p \cdot (n_0 - n) = \text{const}$ (11)

Verlustleistung $\quad P_v = 2 \cdot \pi \cdot M \cdot (n_0 - n)$ (12)

Da die Schlupfdrehzahl $n_0 - n = \text{const}$, ist auch die Verlustleistung P_v in diesem Bereich konstant.

Ergebnis

Unterhalb der Nennfrequenz f_n arbeitet der Drehstrommotor bei konstantem Drehmoment mit konstanter *Schlupfdrehzahl* $(n_0 - n)$ oder anders ausgedrückt: Die Motorkennlinie bleibt in ihrer Form erhalten. Eine Absenkung der Frequenz führt zur Parallelverschiebung.

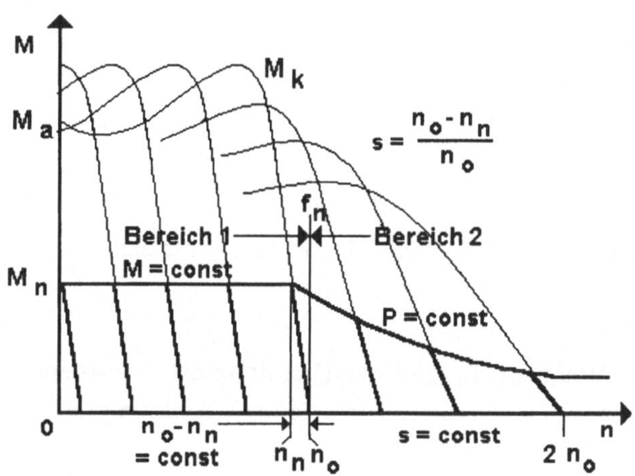

Kennlinien des Drehstrommotors am Frequenzumrichter

Beispiel 1 ($Hz \equiv sec^{-1}$):

Netzfrequenz: $f := 50 \cdot Hz$ Polpaarzahl: $p := 1$ Nennschlupf: $s_n := 5 \cdot \%$

Synchrondrehzahl: $n_0 := \frac{f}{p}$ $\quad n_0 = 3000 \cdot min^{-1}$

Nenndrehzahl: $n_n := \frac{f}{p} \cdot (1 - s_n)$ $\quad n_n = 2850 \cdot min^{-1}$

Schlupfdrehzahl: $n_0 - n_n = 150 \cdot min^{-1}$ (ist im Bereich 1 konstant!)

Minimal-Frequenz: $f_{min} := f \cdot s_n$ $\quad f_{min} = 2.5 \cdot Hz$

Bereich 2: $f > f_n$

Im Bereich 1 stieg die Spannung proportional mit der Frequenz, um einen konstanten Fluß sicherzustellen. Bei $f = f_n$ ist die angelegte Spannung U gleich der Nennspannung U_n. Eine weitere Steigerung ist ab da nicht mehr möglich. Daher bleibt die Spannung U im Bereich 2 konstant. Das führt zur Flußschwächung. Aus der Drehmomentengleichung (7) kann man direkt ableiten:

$$M = c \cdot \frac{s}{f} \tag{13}$$

Das Drehmoment fällt mit wachsender Frequenz f, d.h., die Leistung P ist in diesem Bereich konstant.

Für die Leistung gilt $$P = 2 \cdot \pi \cdot n \cdot M = 2 \cdot \pi \cdot n \cdot c \cdot \frac{s}{f} \tag{14}$$

Aus $n = n_0 \cdot (1 - s)$ folgt

$$n = \frac{f}{p} \cdot (1 - s) \quad \text{und} \quad \frac{1}{f} = \frac{1 - s}{p \cdot n} \tag{15}$$

Eingesetzt ergibt das

$$P = 2 \cdot \pi \cdot n \cdot c \cdot \frac{s}{p \cdot n} \cdot (1 - s) = c \cdot \left(s - s^2\right) \tag{16}$$

Näherungsweise gilt

$$P = c \cdot s \tag{17}$$

Bei konstanter Leistung ist im Bereich 2 der Schlupf näherungsweise konstant!

Ergebnis

Oberhalb der Nennfrequenz f_n gibt der Drehstrommotor konstante Leistung ab. Das Drehmoment nimmt mit wachsender Frequenz hyperbelförmig ab. Der *Schlupf s* ist in diesem Bereich konstant.

Beispiel 2:

Netzfrequenz: $f := 50 \cdot Hz$ Polpaarzahl: $p := 1$

Nennschlupf: $s_n := 5 \cdot \%$ (ist im Bereich 2 konstant!)

Synchrondrehzahl: $n_0 := \frac{f}{p}$ $n_0 = 3000 \cdot min^{-1}$

Nenndrehzahl: $n_n := \frac{f}{p} \cdot (1 - s_n)$ $n_n = 2850 \cdot min^{-1}$

Schlupfdrehzahl: $n_0 - n_n = 150 \cdot min^{-1}$

Wir erhöhen nun die Netzfrequenz auf $f := 100 \cdot Hz$.

Synchrondrehzahl: $n_0 := \frac{f}{p}$ $\qquad n_0 = 6000 \cdot \text{min}^{-1}$

Nenndrehzahl: $n_n := \frac{f}{p} \cdot (1 - s_n)$ $\qquad n_n = 5700 \cdot \text{min}^{-1}$

Schlupfdrehzahl: $n_0 - n_n = 300 \cdot \text{min}^{-1}$

4.6 Gliederung der Umrichter

Die Umrichter-Steuerverfahren haben die Aufgabe, aus einem gegebenen Wechsel- oder Drehstromnetz ein zweites zu erzeugen, das in Spannung und Frequenz so eingestellt werden kann, daß der magnetische Fluß konstant bleibt.

Umrichterarten

Antriebsumrichter für DASM können in drei Arten unterteilt werden:

- Umrichter ohne Zwischenkreis (Direktumrichter),
- Umrichter mit Gleichspannungszwischenkreis (U-Umrichter),
- Umrichter mit Gleichstromzwischenkreis (I-Umrichter).

4.6.1 Umrichter ohne Zwischenkreis

Der Direktumrichter ist im Prinzip aus drei einphasigen Umkehrstromrichtern aufgebaut. Durch entsprechende Taktung aus der Primärspannungskurve, abwechselnd im Gleich- und Wechselrichterbereich, wird eine neue Grundwelle mit variabler Amplitude erzeugt, deren Maximalfrequenz bei 40% der Netzfrequenz liegt, d.h. beim 50 Hz Netz liegt die Ausgangsfrequenz bei maximal 20 Hz. Dieser Umrichtertyp wird vor allem bei höheren Leistungen ab 500 kVA eingesetzt, z.B. bei Zementmühlen und Rollgängen. Generatorische Bremsung mit Netzrückspeisung ist möglich.

4.6.2 Umrichter mit Gleichspannungszwischenkreis (U-Umrichter)

Dieser Umrichter ist wegen seiner universellen Eigenschaften und seiner Preiswürdigkeit am häufigsten anzutreffen. Er ist für Einzel- und Mehrmotorenantriebe einsetzbar. Wegen des Gleichspannungszwischenkreises ist der Umrichter leerlauffest und kann ohne Schaden von der Last getrennt werden.

Generelle Merkmale

Einquadrantenbetrieb; Vierquadrantenbetrieb durch elektronische Drehrichtungsumkehr sowie Bremschopper oder Netzrückspeisung möglich. Bei diesen Umrichtern gibt es verschiedene Schaltungsvarianten.

4.6.2.1 Blockumrichter

Der Blockumrichter hat seinen Namen von der blockförmigen Spannungs- /Zeitfunktion erhalten. Der dem Motor angebotene Spannungsverlauf besteht entweder aus 120 Grad elektrisch positiven und negativen Blöcken, die jeweils durch 60 Grad Pause getrennt sind, oder aus positiven und negativen 180 Grad Blöcken. Der Motorstrom ist stark von der induktiven Rückwirkung auf die steilen Schaltflanken der Rechteckblöcke beeinflußt.

Der Blockumrichter mit variablem Zwischenkreis und netzgeführtem Stromrichter erzeugt eine variable Zwischenkreisspannung und bildet hieraus im selbstgeführten Wechselrichter eine dreiphasige blockförmige Wechselspannung. Ein Zwischenkreiskondensator puffert die Gleichspannung. Die Dynamik des Systems wird durch die Netztotzeit bestimmt, mit der die Spannung nachgeführt werden kann. Gegenüber dem Pulswechselrichter ist das Geräuschverhalten vorteilhaft, da im Motorkreis die Spannung ungepulst ist.

Die zweite Art des Blockumrichters arbeitet im Motorkreis ebenfalls mit ungepulster Spannung. Um beim Regelvorgang die o.g. Totzeit aus der Netzfrequenz zu vermeiden, wird die variable Gleichspannung nicht direkt aus dem Wechselstromnetz erzeugt, sondern aus einem vorgeschalteten Zwischenkreis mit konstanter Gleichspannung. Bei diesem Blockumrichter mit Gleichspannungssteller versorgt deshalb ein ungesteuerter Gleichrichter einen ersten konstanten Gleichspannungszwischenkreis, aus dem ein Gleichspannungssteller (*Chopper*) durch Spannungspulsung die variable Wechselrichtereingangsspannung formt.

Der Chopper mit Pulsfrequenzen im kHz-Bereich ermöglicht im Gegensatz zu dem Takt des 50 Hz Netzes Regelungen höherer Dynamik. Spannungs- und Stromform sowie Oberwellengehalt entsprechen dem vorigen Typ. Bedingt durch den dreistufigen Energietransport ist der Wirkungsgrad etwas schlechter.

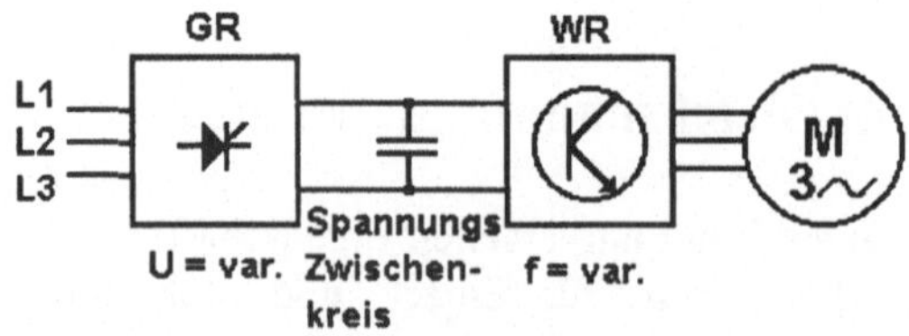

Schaltbild des Blockumrichters

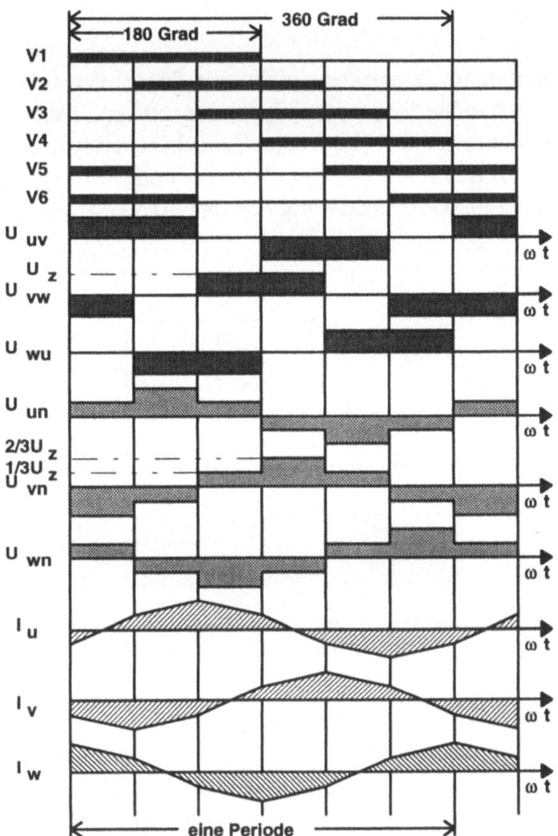

Potentialverläufe beim Blockumrichter

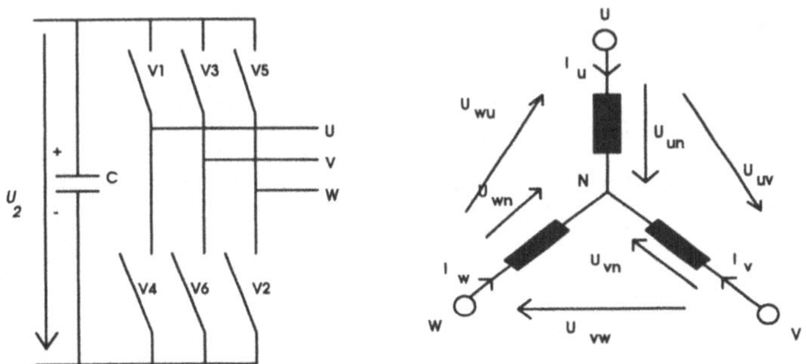

Darstellung der Steuersignale mit den daraus resultierenden idealisierten verketteten Strangströmen bei ohmsch-induktiver Last

4.6.2.2 Pulsumrichter

Pulsumrichter arbeiten im Motorkreis nicht mit den zuvor beschriebenen Spannungsblöcken, sondern mit höherfrequenten Spannungspulsen. Eine ungesteuerte Brückenschaltung erzeugt eine angenähert konstante Zwischenkreisspannung. Der Wechselrichter übernimmt hier die Bildung von Drehfeldfrequenz und Motorspannung dadurch, daß der Blocksteuerung eine Pulsbreitensteuerung höherer Frequenz überlagert wird.

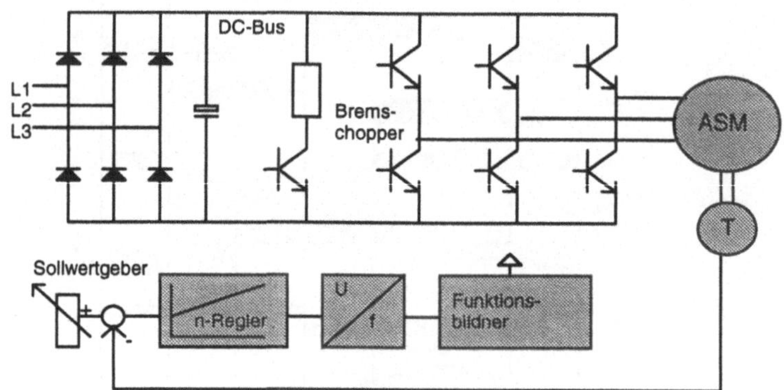

Prinzipschaltbild eines Pulsumrichters

Es sind zwei Verfahren häufig am Markt anzutreffen:

a) Pulsbreitensteuerung zum Stellen des Mittelwertes der Motorspannung. Der Mittelwert der Spannung wird zur Einstellung des U/f-Verhältnisses aus dem Tastverhältnis T_v gebildet. Anwendungen hierfür sind Fördermittel, Strickmaschinen, Lüfter und Pumpen, die in einem Verstellbereich bis 1:5 arbeiten; also dort, wo die Anforderungen an Verstellbereich in Drehzahl und Drehmoment sowie Geräusche nicht im Vordergrund stehen.

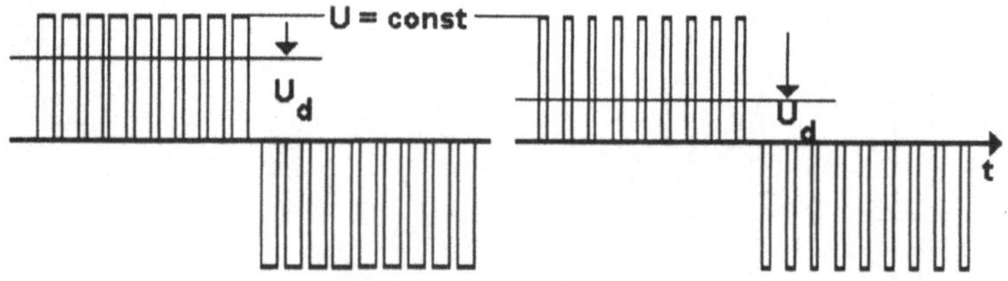

Tastverhältnis: $T_v = \frac{t_e}{t_e + t_a}$ Spannungsmittelwert: $U_d = T_v \cdot U = \frac{t_e}{t_e + t_a} \cdot U$

b) Die Pulsbreite wird zusätzlich sinusförmig synchron mit der Drehfeldfrequenz verstellt (sinusbewertete Pulsbreitenmodulation). Bei der sinusbewerteten Pulsbreitenmodulation sind die Impulse in der Mitte breit und um den Nulldurchgang der Grundwelle nadelförmig schmal. Diese Art der Pulsbreitenmodulation bewirkt eine sehr gute

Anpassung an die theoretische Sinusform. Erwartungsgemäß ist der Oberwellengehalt im Vergleich zum Verfahren a) wesentlich geringer. Es werden besonders die niedrigen Harmonischen mit den Ordnungszahlen 3 und 5 gedämpft.

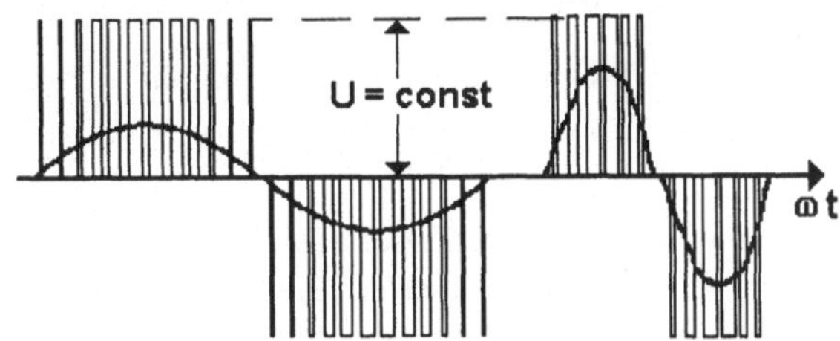

Sinusbewertete Pulsbreitenmodulation

4.6.3 Umrichter mit Gleichstromzwischenkreis (I-Umrichter)

Der Eingangskreis wird durch einen vollgesteuerten Stromrichter gebildet, der stromgeregelt auf den Gleichstromzwischenkreis mit Glättungsdrossel speist. Der eingeprägte Strom im Zwischenkreis hat zur Folge, daß dieser Umrichtertyp nicht leerlauffest ist. Umrichter und Motor müssen aufeinander abgestimmt sein.

Merkmale

4-Quadrantenbetrieb, ausschließlich als Einzelantrieb anwendbar.

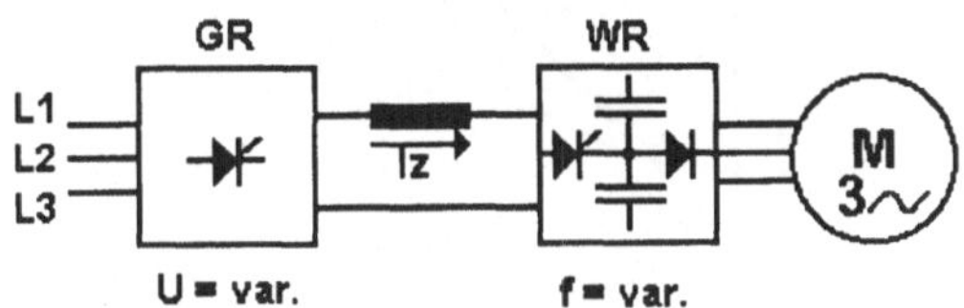

Schaltbild eines Umrichters mit Gleichstromzwischenkreis

Konstantflußprinzip

Jede elektrische Maschine gibt nur ein optimales Drehmoment ab, wenn sie im jeweiligen Betriebspunkt auch optimal magnetisiert ist. Der Umrichter muß dazu die notwendige Maschinenspannung frequenzabhängig bereitstellen, damit der Fluß konstant bleibt. Der Spannungs-/Frequenz-Zuordnung liegt dieses Prinzip zugrunde. Für konstanten magnetischen Fluß muß die Ständerspannung theoretisch linear mit der Frequenz geändert werden. Mit Erreichen der Nennfrequenz wird meist auch die Nennspannung erreicht. An den Ankerstellbereich schließt dann der Feldstellbereich an, in dem bei konstanter Spannung der Fluß geschwächt wird. Um das gewünschte Konstant-Fluß-

Verhalten zu verwirklichen, gibt es mehrere Verfahren, die sich jedoch im Aufwand unterscheiden:

a) Kennliniensteuerung U/f; gegebenenfalls mit $I \cdot R$-Kompensation. (Dieses ist die einfachste Methode. Sie wird vornehmlich bei Kleinantrieben eingesetzt.)

b) Feldorientierte Regelung (Vektorregelung)

c) I_0-Regelung (Bildstromregelung)

a) Kennliniensteuerung

Bei der Kennliniensteuerung wird eine modifizierte U/f-Kennlinie am Frequenzumrichter eingestellt, die von der theoretischen linearen Kennlinie abweicht. Da bei tiefen Frequenzen die ohmschen Widerstände der Wicklung nicht mehr zu vernachlässigen sind, wird die Umrichterausgangsspannung mittels $I \cdot R$-Kompensation bei niedrigen Frequenzen angehoben. Die wesentlichen Merkmale liegen

- in der Anhebung bei niedrigen Frequenzen ($I \cdot R$-Kompensation, Boost)
- in der frei wählbaren Funktion zwischen den Eckpunkten (linear oder quadratisch)
- in der freien Wahl der Eckfrequenzpunkte, z. B. 40 Hz, 50 Hz, 70 Hz oder 87 Hz.

Wird der Umrichter von einem Mikroprozessor gesteuert, können die antriebsspezifischen Daten der U/f-Kennlinie im Speicher (EEPROM) abgelegt werden; sie sind vom Anwender frei programmierbar. Oft haben Frequenzumrichter feste Kennlinienvorgaben, z.B. für die wichtigsten Lastfälle.

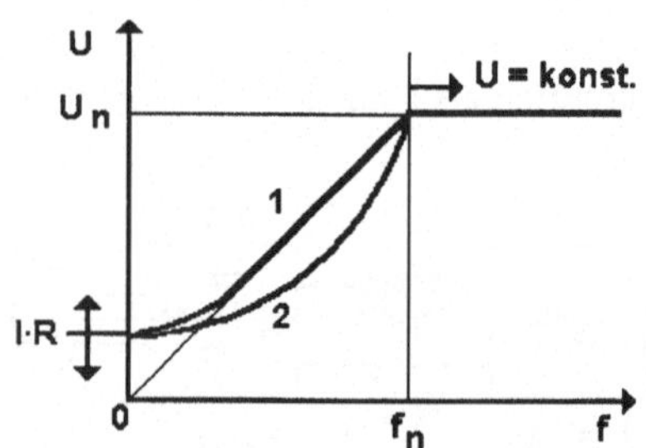

Spannungs-Frequenzkennlinie für U-Umrichter
(1) Kennlinie für $M = \text{konst.}$ (Förderzeug, Aufzug),
(2) Kennlinie für $M = c \cdot n^2$ (Lüfter, Pumpen)

Das U/f-Kennlinien-Steuerverfahren hat sich bei U-Umrichtern in der Praxis bewährt, da für die große Breite der Anwendungen bei Pumpen, Lüftern, Rührwerken und ähnlichen Prozessen keine hohe Regeldynamik erforderlich ist. An seine Grenzen stößt das Verfahren dort, wo die Störgrößen schlecht zu erfassen sind. Ein Beispiel sind Kleinantriebe, bei denen sich die betriebsmäßigen Schwankungen des Wicklungswirkwiderstands (bis zu 25% zwischen kalt und warm) bei stark veränderlicher Belastung ebenfalls stark ändern. Dort kann die Spannungsanhebung – je nach Einstellung – im Leerlauf zur Sättigung der Flußwege führen oder bei Belastung zu wenig Fluß bereitstellen.

b) Feldorientierte Regelung (Vektorregelung)

Um bei der Drehstrom-Asynchronmaschine ein ähnlich gutes Führungs- und Lastverhalten wie bei der Gleichstrommaschine zu erzielen, reicht die Kennliniensteuerung nicht immer aus. Besonders dann nicht, wenn um den Nullpunkt von Drehzahl und Drehmoment geregelt werden soll. In diesem Falle wird das Prinzip der feldorientierten Regelung verwendet. Bei der Gleichstrommaschine liegen durch die Anordnung der Feldwicklung und die Stellung der Bürsten die für die Drehmomentbildung wichtigen Größen – Fluß und Ankerstrom – nach Betrag und Phasenlage fest: Ankerstrom und Fluß stehen senkrecht aufeinander. Beide Größen sind hier leicht betragsmäßig erfaßbar. Bei der Drehstrommaschine sind Winkel und Betrag über Ständergrößen nicht direkt meßbar wie bei der Gleichstrommaschine.

Über eine aufwendige Modellbildung läßt sich das Drehmoment aus der Verknüpfung des Flusses mit dem Ständerstrom dennoch errechnen. Die erforderliche Berechnung mit Hilfe von dynamischen Maschinenmodellen erfordert aufwendige Rechenoperationen, die den Einsatz z.Z. nur bei größeren Antrieben wirtschaftlich macht. Die Fortschritte in der Mikroprozessortechnik verschieben diese Grenzen jedoch ständig zu kleineren Leistungen hin. Durch Aufteilung auf zwei Regelkreise – für den belastungsunabhängigen Erregungszustand und den Belastungsfall – gelingt es, die Asynchronmaschinen genau so gut zu regeln wie Gleichstrommaschinen.

c) I_0 -Stromregelung (Blindleistungsregelung)

Eine andere Möglichkeit, den Fluß zu erfassen, basiert darauf, den Strom in den Freilaufdioden, die parallel zu den Wechselrichterventilen liegen, zu messen. Aus dem aus der Maschine über die Dioden in den Zwischenkreiskondensator zurückfließenden Strom kann auf den Magnetisierungszustand und damit auf den Maschinenfluß geschlossen werden. Der Freilaufstrom ist ein Maß für die magnetisierende Blindleistung. Umrichter mit solchen Konstant-Fluß Regelungen nach dem I_0-Verfahren sind im Einsatz und zeigen bei dynamischem Betrieb befriedigende Ergebnisse. Die I_0-Strom-Regelung muß an die jeweilige Maschine angepaßt werden.

Diese Betriebsart erlaubt gegenüber der Kennlinienregelung kurzfristig erheblich höhere Drehmomente besonders im unteren Drehzahlbereich, ohne daß es bei Entlastung zu einer Übererregung der Maschine kommt.

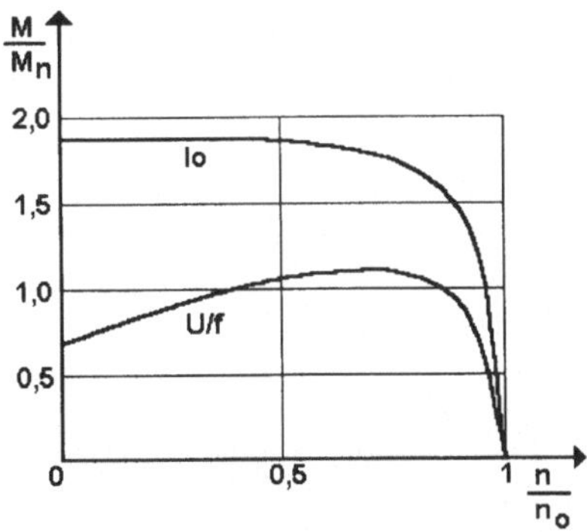

Schlupfkompensation

Mit wachsender Last steigt aufgrund der Motorkennlinie die Schlupfdrehzahl. Um auch ohne Tacho eine gute Drehzahlkonstanz zu gewährleisten, wird die lastabhängige Drehzahländerung durch Änderung der Frequenz kompensiert.

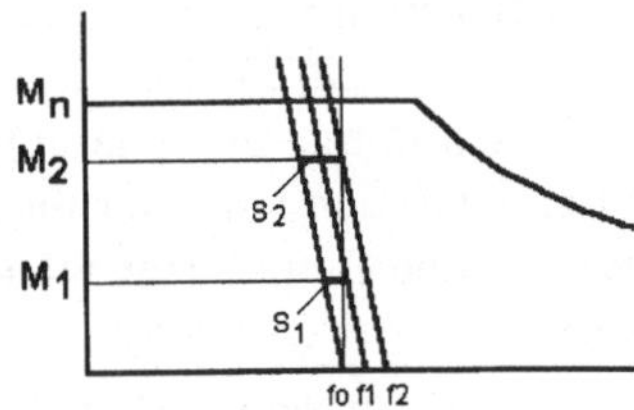

Zusammenfassung der wichtigsten Eigenschaften

Bei der Regelung von Drehstrommotoren mit U-Umrichtern mit PWM ergeben sich einige interessante Eigenschaften:

1. Verwendung einer robusten Drehstrommaschine ohne nennenswerte Verschleißteile. Hohe Schutzart möglich. Im unteren Drehzahlbereich ist die Reduzierung der Eigenbelüftung zu berücksichtigen.
2. Hoher Verstellbereich 1:10 bis 1:30.
3. Betrieb über Nenndrehzahl $n > 2n_0$. Handelsübliche Geräte arbeiten standardmäßig bis 120 Hz. 400 Hz sind möglich, erfordern dann aber Spezialmotoren.
4. $I^2 \cdot t$-Überwachung.
5. Überlastfest durch hochdynamische Strombegrenzung (kurzschlußfest und erdschlußfest).
6. Elektronisches Bremsen möglich über externen Bremschopper.
7. Stillstandsbremsung. Beim Stillstand gibt der Motor bei Auslenkung der Welle ein Gegenmoment ab.
8. Drehrichtungsänderung ohne Schütze.
9. Mehrmotorenverbund ohne Probleme möglich.
10. Regelgenauigkeit mit Tacho besser als 1%.
11. Für Positionierantriebe wird ein Steuersignal für die Bremse geliefert.
12. Lineare Hochlaufzeit t_a und Ablaufzeit t_b.

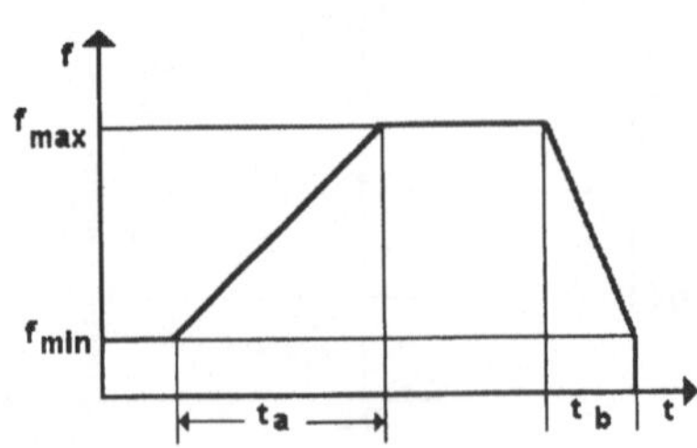

4.7 Vektormodulation

4.7.1 Das Betriebsverhalten der Vektormodulation

Vergleich mit dem Pulsweiten Modulationsverfahren (PWM)

Bei Frequenzumrichtern ist die richtige Steuerung und Regelung des magnetischen Flusses von großer Bedeutung. Eines der möglichen Verfahren, die Vektormodulation, soll hier dargestellt werden.

Mit der Vektormodulation erreicht man folgende Vorteile:

- A: Optimales magnetisches Rotationsfeld im Motor:
  - sehr gute dynamische Eigenschaften des Antriebssystems,
  - Reduzierung der Modulationsgeräusche im Motor.
- B: Einen effektiven Gebrauch des Wechselrichters:
  - Hohe Zuverlässigkeit während der Benutzung,
  - Möglichkeit zu sehr hohen Motorgeschwindigkeiten,
  - Minimale Schaltverluste in den Halbleitern.

Zunächst zu Punkt A. Die grundlegenden Prinzipien der Vektormodulation:

Man kann mit sechs Wechselschaltern $2^6 = 64$ verschiedene Zustände kreieren. Natürlich sind alle Zustände, in denen in einem Umrichterzweig beide Schalter geschlossen sind, nicht erlaubt (Kurzschluß!!).

Um das Prinzip der Vektormodulation zu erläutern, spielen die Zustände, in denen beide Schalter in einem Zweig geöffnet sind, keine Rolle, siehe Bild. (In Wirklichkeit kann diese Situation für ganz kurze Zeitperioden auftreten. Dies liegt an der Schaltgeschwindigkeit der Leistungshalbleiter die zum Beispiel zwischen 1 und 10 Mikrosekunden beträgt.)

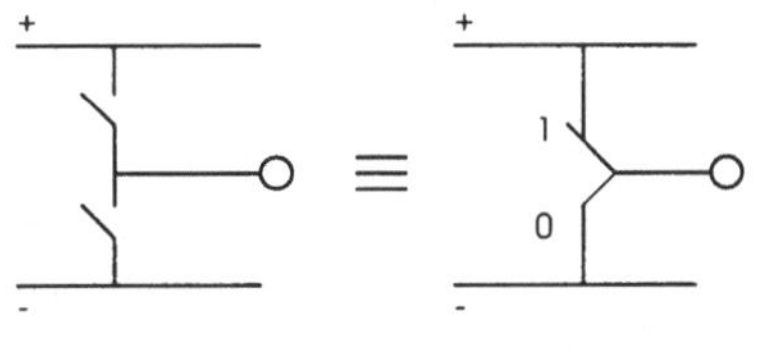

Das bedeutet, daß sich die beiden Schalter in einem Umrichterzweig wie ein Zweiwege-Schalter verhalten, der entweder die Position 1 oder 0 hat. Mit diesen drei Zweiwege-Schaltern sind $2^3 = 8$ verschiedene Zustände möglich. Jeder dieser 8 Zustände verursacht bestimmte Spannungsunterschiede über den Motorwicklungen. Die Motorwicklungen werden während der Zustände 0 und 7 kurzgeschlossen, (siehe folgendes Bild).

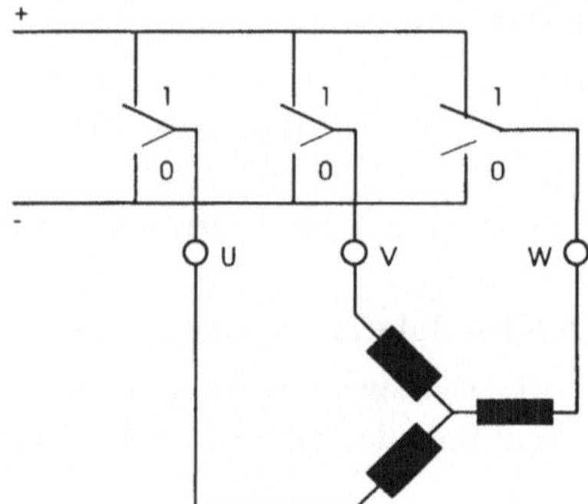

Die aufeinanderfolgenden Spannungsvektoren werden dadurch realisiert, daß die Zweiwegeschalter einer nach dem anderen ihre Position wechseln. Dadurch ergeben sich 6 verschiedene Spannungsvektoren und 2 Nullvektoren.

U	V	W	Spannungsvektor	
0	0	1	1	
1	0	1	2	
1	0	0	3	
1	1	0	4	
0	1	0	5	
0	1	1	6	
1	1	1	7	Nullvektor
0	0	0	0	Nullvektor

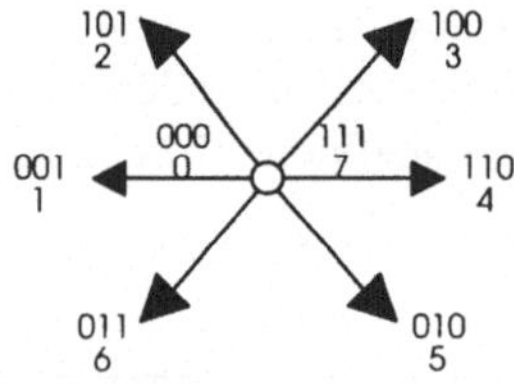

Das Prinzip der Vektormodulation bedeutet, daß im richtigen Moment entschieden wird, wie lang welcher der 8 verschiedenen Zustände operieren muß, damit immer ein optimales magnetisches Feld im Luftspalt des Motors gewährleistet werden kann. Unter optimal verstehen wir:

- die richtige Größe des magnetischen Feldes,
- ein magnetisches Feld mit möglichst konstanter Ampiltude über einen größeren Abschnitt der Rotation,
- den richtigen Drehwinkel der Ausrichtung des magnetischen Feldes,
- einen Ausbreitungswinkel der, zeitlich gesehen, möglichst wenig Variation über den Drehwinkel hat.

Die ganze Zeit ist nur einer der 8 Spannungsvektoren aktiv. Der Verlauf des Flußvektors resultiert aus der Annahme, dass der Fluß durch die integrierte Spannung x Zeit bestimmt wird:

$$\Phi(t) = \Phi_0 + \int_0^t u(t)\,dt$$

Siehe ebenso nachfolgende Bilder:

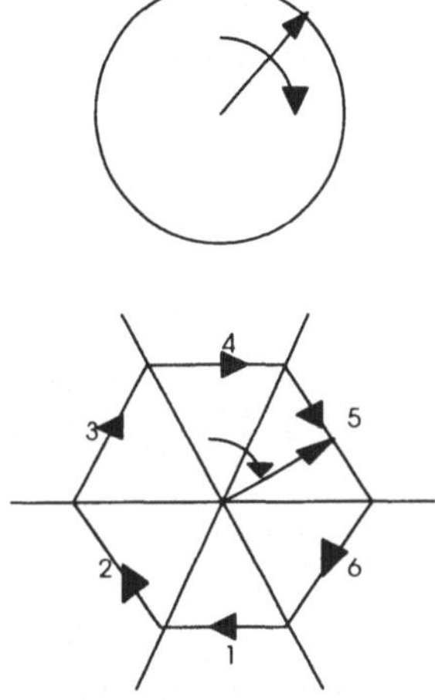

Wenn z.B. im Ruhestand zum Zeitpunkt t = 0 der Spannungsvektor 101 = 2 für einige Zeit arbeitet, erhöht sich das Magnetfeld in Richtung des Spannungsvektors 2.

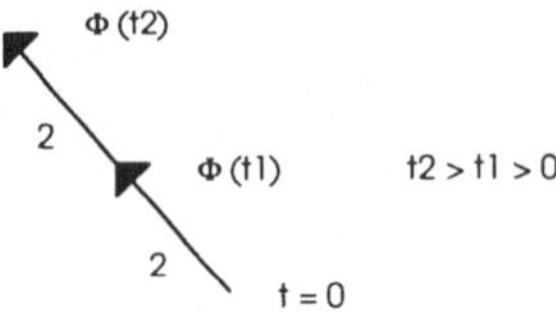

Wenn wir zum Zeitpunkt t_2 zum Zustand 110 = 4 umschalten, erfolgt ein Wechsel im aufgebauten Magnetfeld in Richtung auf Vektor 4 (vergleiche untenstehendes Bild). Zum Zeitpunkt t_3 schalten wir auf den Zustand 5, usw. Das Magnetfeld wechselt also kontinuierlich, mit einer Geschwindigkeit, die proportional der Gleichspannung ist (Diese bleibt übrigens ungefähr konstant).

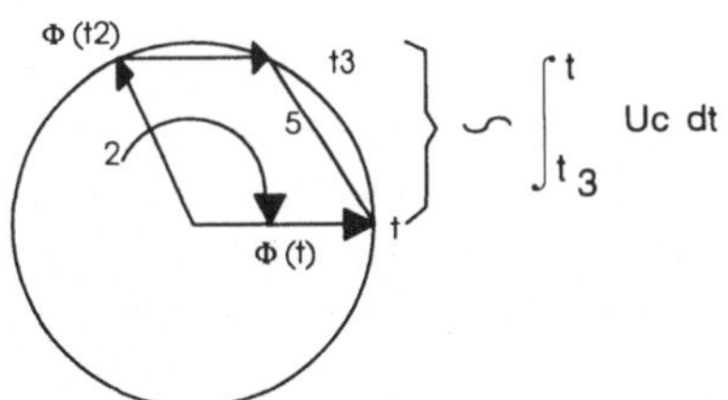

Das rotierende Magnetfeld wird also durch ein Minimum an notwendigen Schaltarbeiten gesichert. Bei der Anwendung des PWM-Prinzips ist der Aufwand an Schaltarbeit höher. Zeitlich gesehen ergibt das ein Spannungsverhalten zwischen den Phasen, wie es die Spannung $U_{v,w} = U_v - U_w$ in folgendem Bild zeigt.

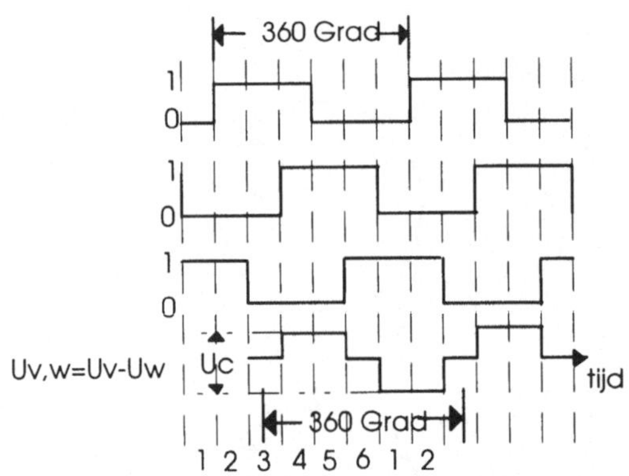

Dieses Modulationsmodell kann verbessert werden, in dem man eine bessere Kreisannäherung des Flußbildes realisiert. Hierbei werden die Eckpunkte aus mehreren, schneller aufeinanderfolgenden Spannungsvektoren gebildet.

z.B. Schaltsequenzen 4,5,4,5 oder sogar mehr, wie folgendes Bild zeigt.

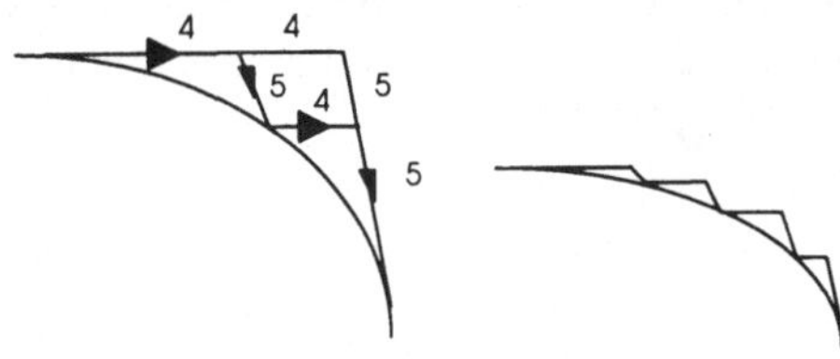

Diese verbesserte Kreisannäherung des Magnetfeldes wird jedoch die notwendige Schaltfrequenz der Schalter erhöhen.

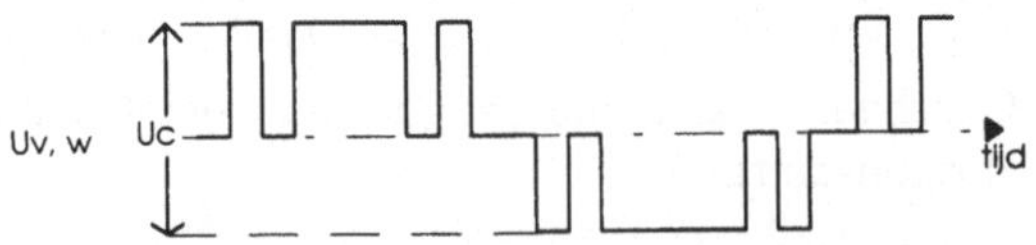

In den oben beschriebenen Zuständen wurde von den Spannungsvektoren 0 und 7 kein Gebrauch gemacht. Diese Zustände werden jedoch notwendig, um den richtigen Flußverlauf für Frequenzen aufzubauen, die niedriger als die Ausgangsfrequenz sind. Die Motorwicklung ist während der Schaltvorgänge 0 und 7 kurzgeschlossen. Die integrierte Spannung beträgt dann 0 und der Flußvektor steht still. Die Zustände 0 und 7 werden

„STOP“ genannt. Auf genau diese Weise kann man eine niedrige Durchschnittsgeschwindigkeit des Flußvektors erhalten.

Für eine niedrigere Frequenz, als die vorgegebene (die sogenannte Grundfrequenz), wird das Kraftbild durch den Wechsel einer oder mehrerer Sequenzen des aktiven Spannungsvektors 1...6 mit wiederholten STOPs realisiert (zusammen MOVE) genannt), siehe folgende Übersicht.

U	V	W	Spannungsvektor	
0	0	1	1	MOVE
1	0	1	2	MOVE
1	0	0	3	MOVE
1	1	0	4	MOVE
0	1	0	5	MOVE
0	1	1	6	MOVE
1	1	1	7	STOP
0	0	0	0	STOP

Wie gesagt, kann ein STOP durch die Zustände 0 und 7 erzeugt werden. Um die notwendigen Schaltvorgänge zu minimieren, wird ein STOP so realisiert, daß nur einer der 3 Zweiwegeschalter betätigt werden muß. Das führt – abhängig von der Ausgangssituation – durch das Umschalten auf Position 0 oder 7 zu einem STOP. Wenn weitere STOPs regelmässig hinzukommen, wobei sich die Zeitdauer des aktiven Spannungsvektors nicht ändert, bleibt der Flußverlauf unverändert. Wir bemerken, daß sich die Dauer der Perioden erhöht hat. Das bedeutet, die Ausgangsfrequenzen des Frequenzumrichters haben sich verringert (siehe untenstehendes Bild).

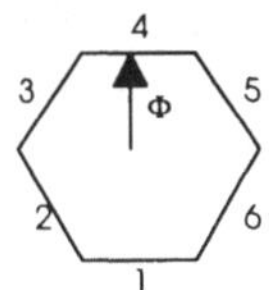

Kombinationen von STOP- und kürzere MOVE-Zeiten sind ebenfalls möglich. Die Ausgangsfrequenz bleibt dann unverändert, obwohl die Grösse des Magnetfeldes vermindert wird (siehe folgendes Bild).

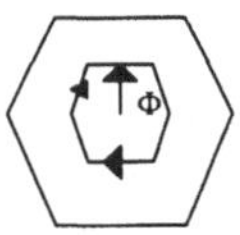

Wir fassen zusammen. Es können kontrolliert werden:

- die Größe des Magnetfeldes,
- die Kreisform,
- die Drehwinkelgeschwindigkeit.

Weiterhin müssen wir dafür sorgen, daß die Winkelgeschwindigkeit während einer Rotation so wenig wie möglich variiert. Dies ist möglich mittels der Vektormodulation, in dem man die MOVE- und STOP-Zeiten so wählt, daß gleiche Winkelrotationen der Flußvektoren über gleichen Zeitintervallen erscheinen. In nachfolgendem Bild ist dies dargestellt.

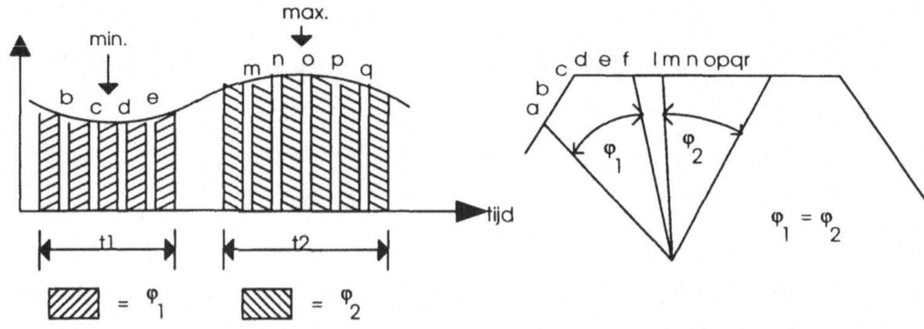

Dies kann durch gleiche aufeinanderfolgende STOP-Zeiten erreicht werden, die jedoch ungleich auf den Umfang verteilt werden. In diesem Falle unterscheidet sich die Vektormodulation positiv gegenüber der PWM-Modulation.

Natürlich treten bei der PWM-Modulation auch MOVEs und STOPs auf. Jedoch wird der Dauer der aufeinanderfolgenden Kombinationen keine Beachtung geschenkt. Dies verursacht größere Drehmomentimpulse im Motor als notwendig.

Eine gleichbleibende durchschnittliche Feldrotationsgeschwindigkeit verringert auch die Modulationsgeräusche im Motor. Zusammen mit modernen Leistungshalbleitern, z.B. IGBTs, die eine hohe Schaltfrequenz erlauben, kann das Modulationsgeräusch stark verringert werden.

Sehen wir uns nun das Verhalten der Vektormodulation in dynamischen Situationen an. Wir können das Magnetfeld im Motor komplett mit der Vektormodulation kontrollieren, da es im Grunde genommen möglich ist, von jedem Zustand des Spannungsvektors in jeden anderen Zustand zu wechseln.

Anhand folgender Abbildung kann man erkennen, daß auch ein dynamischer Betriebsfall, in dem 3 Ausgangsspannungen, die elektrisch um 120 Grad versetzt sind, kein Problem bereitet.

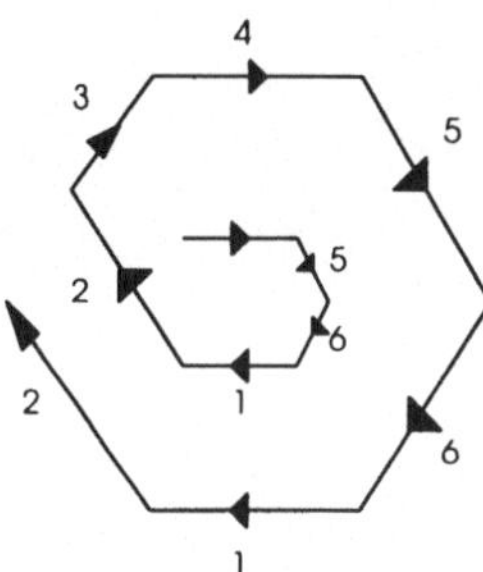

Es ist ebenfalls möglich, die Rotationsrichtung des magnetischen Feldes in jeder Situation umzukehren, wie folgendes Bild zeigt.

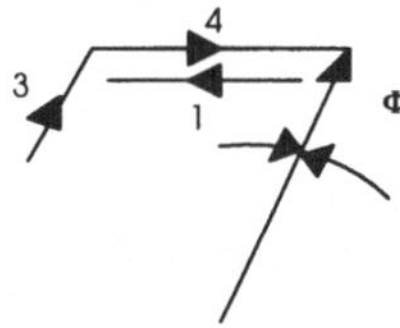

Gleichstrom, der beinahe bis zum Stillstand abgebremst wird, kann ebenso ohne große Schwierigkeiten beherrscht werden. Die minimale Frequenz kann durch die Vektormodulation sehr niedrig sein, beispielsweise 0,1 Hz.

Während der vorher erwähnten dynamischen Situation, in der wir den Motor in 0,3 Sekunden von 0 auf 50 Hz beschleunigen wollten, wird die Vektormodulation wie folgt operieren:

- Die volle Spannung des Zwischenkreises wird während einiger Millisekunden des Stillstands und einem unvorbereiteten magnetischen Feld auf zwei der Motorwicklungen geschaltet.
- Ein zunehmendes, aber stillstehendes magnetisches Feld, wird mit der beschriebenen Methode aktiviert, anfangs mit vielen STOPs (z.B. mit einem niedrigen Rotationsfeld).
- Das magnetische Feld kann somit innerhalb einiger zehntel Millisekunden vom Stillstand auf den gewünschten Wert beschleunigt werden, bei konstanter Anpassung zwischen Anzahl und Zeitdauer der STOPs.
- Das magnetische Feld wird immer seine nominale Größe behalten (siehe folgendes Bild).

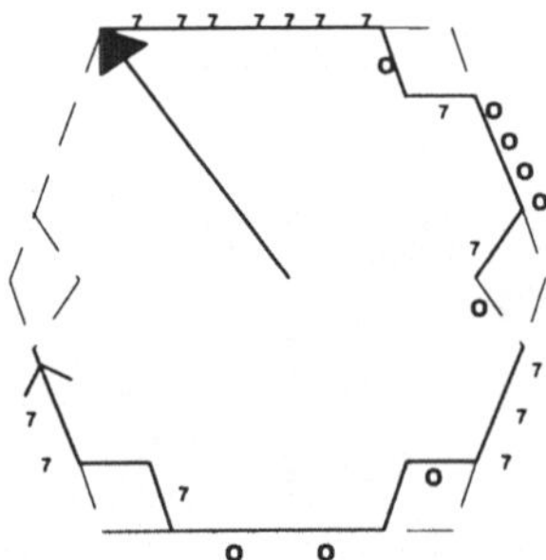

Innerhalb weniger Millisekunden wird ein Stillstandsmagnetfeld aufgebaut (o = Spannungsvektor 0 und 7 = Spannungsvektor 7).

Somit kann die Vektormodulation das erwünschte magnetische Feld in dieser dynamischen Situation realisieren. Die PWM-Modulation kann dies nicht weil:

- Die Vektormodulation startet das magnetische Feld vollkommen anders als die PWM-Modulation.
- Die Vektormodulation ist nicht daran gebunden, jeweils 3 Spannungen mit sinusförmigen Grundschwingungen zu erzeugen, die elektrisch um 120 Grad versetzt sind.

Aus dem oben Gesagten ist zu entnehmen, daß die Vektormodulation für gehobene Ansprüche eine interessante Lösung darstellt. An dieser Stelle sei der Firma PIV-Eldutronik für die freundliche Unterstützung gedankt.

4.8 Drehstrom-Asynchronmotor (DASM) am Netz

Die wichigsten Kenndaten und Zusammenhänge über Drehstrom-Asynchronmotoren sind im Folgenden zusammengestellt. Dabei wird von nachstehenden Definitionen ausgegangen:

P_n = Nennleistung n_n = Nenndrehzahl

I_n = Nenneffektivstrom $\cos(\varphi)$ = Leistungsfaktor

Die elektrischen Daten erscheinen oft auf dem Typenschild mit dem Verkettungsfaktor $\sqrt{3}$, z.B. 230/400 V; 17,3/10 A.

Der kleinere Spannungswert bezieht sich dabei auf die Spulenspannung (Strangspannung) der Maschine, d.h., bei einer Außenleiterspannung von 3 x 400 V wird diese Maschine in Sternschaltung betrieben.

	Sternschaltung (S)	Dreieckschaltung (D)
Spannung im Netz	U_n	U_n
Spg. in der Wicklung	$U_{wS} = \frac{U_n}{\sqrt{3}}$	$U_{wD} = U_n$
Strom im Netz	$I_{nS} = \frac{I_{nD}}{3}$	$I_{wD} = 3 \cdot I_{nS}$
Strom in der Wicklung	$I_{wS} = I_n$	$I_{wD} = \frac{I_{nS}}{\sqrt{3}}$
Drehmoment	$M_S = \frac{M_D}{3} = \frac{M_n}{3}$	$M_D = 3 \cdot M_S = M_n$

Um den Anlaufstrom einer Drehstrommaschine zu reduzieren, kann der Motor im Stern gestartet werden. Nach erfolgtem Hochlauf schaltet man auf Dreieck um. Zu beachten ist dabei, daß sich das Anlaufmoment auf 1/3 reduziert! Aus den Typenschilddaten können weitere Größen abgeleitet werden.

Nenndrehmoment: $M_n = \frac{P_n}{2 \cdot \pi \cdot n_n}$

Scheinleistung: $P_s = \sqrt{3} \cdot U_n \cdot I_n$

Wirkleistung: $P_w = \sqrt{3} \cdot U_n \cdot I_n \cdot \cos(\varphi)$

Blindleistung: $P_b = \sqrt{3} \cdot U_n \cdot I_n \cdot \sin(\varphi)$

Magnetisierungsstrom: $I_m = I_n \cdot \sin(\varphi)$

Gilt für den Fall, daß Eisen- und Reibverluste sowie Streureaktanz vernachlässigt werden.

Wirkungsgrad $\eta = \frac{P_n}{P_w} = \frac{P_n}{\sqrt{3} \cdot U_n \cdot I_n \cdot \cos(\varphi)}$

Kennlinien und Diagramme der Asynchronmaschine

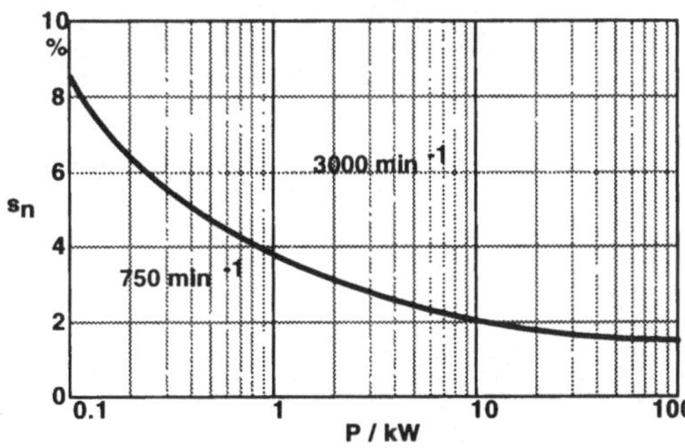

Nennschlupf über Leistung; Parameter: Drehzahl

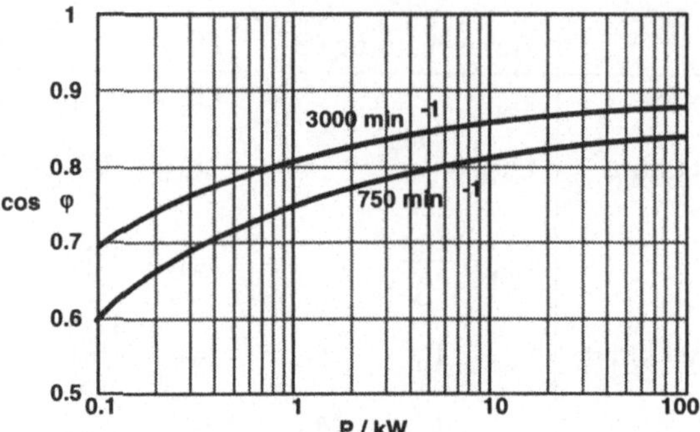

cos(φ) über Leistung; Parameter: Drehzahl

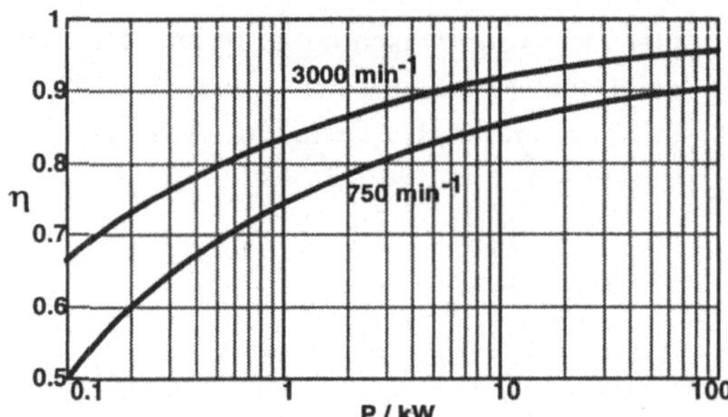

Wirkungsgrad über Leistung; Parameter Drehzahl

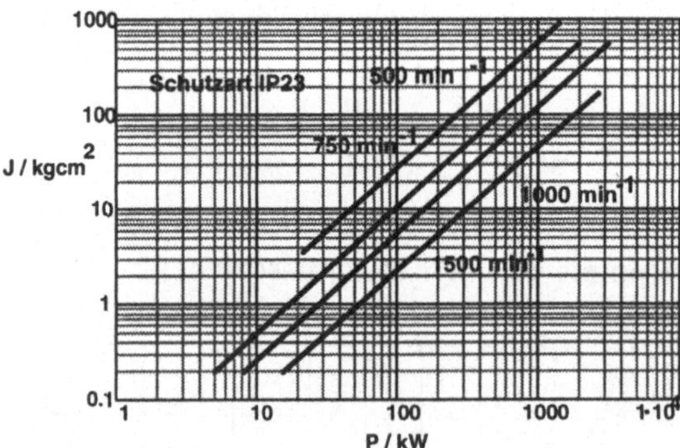

Trägheitsmoment über Leistung; Parameter: Drehzahl

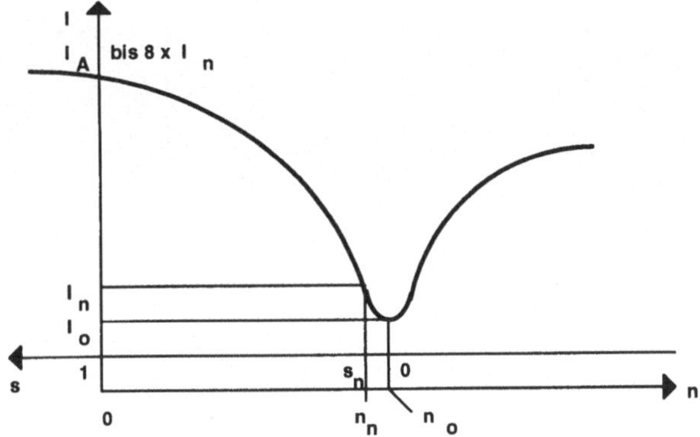

Verlauf des Ständerstromes über dem Schlupf und der Drehzahl

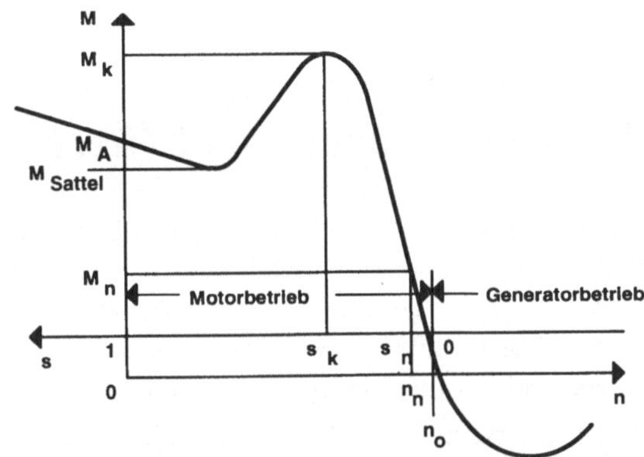

Verlauf des Drehmomentes über dem Schlupf und der Drehzahl

Oftmals ergibt sich die Aufgabe, die Kennlinie einer Asynchronmaschine graphisch darzustellen und die Kennlinienwerte für angeschlossene Programme aufzubereiten. Mit Hilfe der linearen Spline-Methode gelingt dies mit einigen wenigen Stützstellen. Am folgenden Beispiel soll dies gezeigt werden. Wir erzeugen jeweils 6 Stützpunkte für Drehzahl und Drehmoment und schreiben diese in die Vektoren vx und vy.

Drehzahl Drehmoment

$$vx := \begin{bmatrix} 0 \\ 0.2 \\ 0.5 \\ 0.85 \\ 0.95 \\ 1 \end{bmatrix} \quad vy := \begin{bmatrix} 2 \\ 1.5 \\ 2.0 \\ 2.5 \\ 1 \\ 0 \end{bmatrix}$$

$$n := 0, 0.05..1$$
$$vs := \mathrm{lspline}(vx, vy)$$
$$M(n) := \mathrm{interp}(vs, vx, vy, n)$$

Länge des Vektors $i := \mathrm{length}(vx) - 1$

Laufindex $k := 0..i$

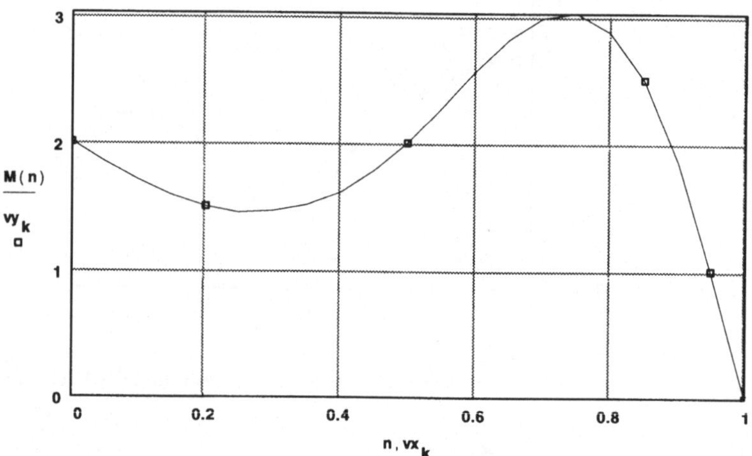

4.9 Einstellung der Eckfrequenz bei Lüftern

Ventilatoren haben einen Drehmomentenverlauf, der quadratisch von der Drehzahl abhängig ist. Einen optimalen Betrieb erhält man, wenn man diese Kennlinie durch den magnetischen Fluß nachbildet. Dies gelingt leicht, indem man der Kennlinie U/f ebenfalls einen quadratischen Verlauf gibt. Jeder Ventilator hat eine maximale Drehzahl (f_{max}), die er nicht überschreiten soll. Um die Typenvielfalt an Motorvarianten klein zu halten, reicht es, sich auf 2 verschiedene Motorwicklungen festzulegen, die mit 4 Eckfrequenzen betrieben werden können.

Nennfrequenz	Motorschaltung	Motortyp
40 Hz	Stern	1
50 Hz	Stern	2
70 Hz	Dreieck	1
87 Hz	Dreieck	2

$Hz \equiv sec^{-1}$

Wir wollen einen Ventilator mit einer maximalen Frequenz von $f_{max} = 60\ Hz$ einsetzen.

$$f_{max} := 60 \cdot Hz$$

Dann wählen wir einen Motor aus mit der nächstkommenden höheren Nennfrequenz.

$$f_n := 70 \cdot Hz \qquad U_n := 400 \cdot volt$$

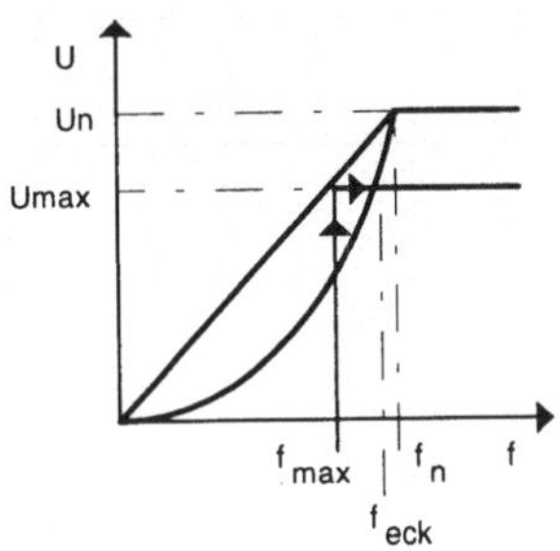

Um volles Drehmoment zu erhalten, berechnen wir zuerst die Spannung U_{max} nach der linearen U/f-Kennlinie. Aus der oben abgebildeten Zeichung kann folgende Proportionalität abgeleitet werden:

$$U_{max} := U_n \cdot \frac{f_{max}}{f_n} \tag{1}$$

$$U_{max} = 342.86 \cdot \text{volt}$$

Mit dieser Spannung gehen wir nun in die quadratische U/f-Kennlinie und erhalten folgende Beziehungen:

$$f_{eck} := f_n \cdot \sqrt{\frac{U_{max}}{U_n}} \tag{2}$$

Mit Gleichung (1) ergibt sich:

$$f_{eck} := \sqrt{f_n \cdot f_{max}} \qquad f_{eck} = 64.81 \cdot \text{Hz}$$

Am Frequenzumrichter stellt man nun die Eckfrequenz f_{eck} ein. Dadurch ist die quadratische Kennlinie für diesen Lüfter optimal gewählt. Die maximale Motorfrequenz wird ebenfalls am FU auf $f_{max} = 60$ Hz begrenzt.

Nennfrequenz des Motors: $f_n = 70 \cdot \text{Hz}$

Wir untersuchen Maximalspannung und Eckfrequenz im Bereich:

$$f_{max} := 0 \cdot \text{Hz}, 1 \cdot \text{Hz} .. f_n \, .$$

Für die Maximalspannung gilt:

$$U_{max}(\text{lin}) = U_n \cdot \frac{f_{max}}{f_n} \qquad U_{max}(\text{quadr}) = U_n \cdot \frac{f_{max}^2}{f_n^2}$$

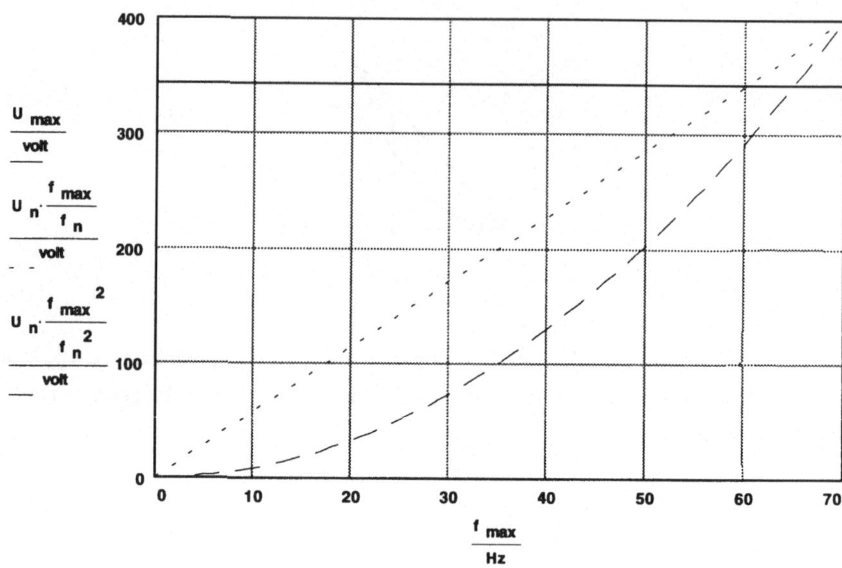

Für die Eckfrequenz gilt:

$$f_{eck}(f_{max}) := \sqrt{f_n \cdot f_{max}}$$

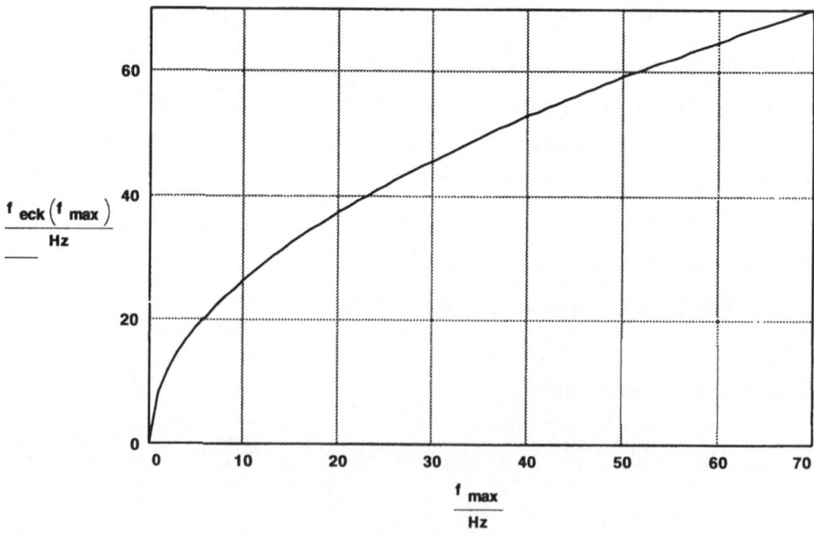

4.10 Synchrondrehzahlen bei DASM

Definitionen:

n_0 = Synchrondrehzahl in 1/min — n = Betriebsdrehzahl in 1/min

f = Netzfrequenz in Hz

p = Polpaarzahl — 2p = Polzahl

$n_0 = 60\ f/p = 120\ f/2p$ — $n = n_0(1-s) = 60\,f\,/\,p\,(1-s)$

$s = \dfrac{n_0 - n}{n_0}$ Schlupf

s = 0 Synchronismus — s = 1 Stillstand

Synchrondrehzahlen bei verschiedenen Motorfrequenzen

Polzahl 2p	40 Hz	50 Hz	70 Hz	87 Hz	100 Hz	200 Hz	400 Hz	Polpaarzahl p
2	2.400	3.000	4.200	5.196	6.000	12.000	24.000	1
4	1.200	1.500	2.100	2.598	3.000	6.000	12.000	2
6	800	1.000	1.400	1.732	2.000	4.000	8.000	3
8	600	750	1.050	1.299	1.500	3.000	6.000	4
10	480	600	840	1.039	1.200	2.400	4.800	5
12	400	500	700	866	1.000	2.000	4.000	6
14	343	429	600	742	857	1.714	3.429	7
16	300	375	525	650	750	1.500	3.000	8
18	267	333	467	577	667	1.333	2.667	9
20	240	300	420	520	600	1.200	2.400	10
22	218	273	382	472	545	1.091	2.182	11
24	200	250	350	433	500	1.000	2.000	12
26	185	231	323	400	462	923	1.846	13
28	171	214	300	371	429	857	1.714	14
30	160	200	280	346	400	800	1.600	15
32	150	188	263	325	375	750	1.500	16

5 Anwendungsbeispiele für 2- und 4-Quadranten-Antriebe

5.1 Antrieb in 4 Quadranten

Für bestimmte Antriebsaufgaben ist ein 4-Quadrantenantrieb erforderlich. Die erhält man, indem die Drehzahl–Drehmomententen-Ebene in 4 Segmente aufgeteilt wird. Drehzahl und Drehmoment können sowohl im positiven als auch im negativen Richtungssinn auftreten. Für die Erläuterung bietet sich ein Gleichstromantrieb an. Denn beim Gleichstrommotor ist die Drehzahl proportional zur Ankerspannung und das Drehmoment proportional zum Ankerstrom.

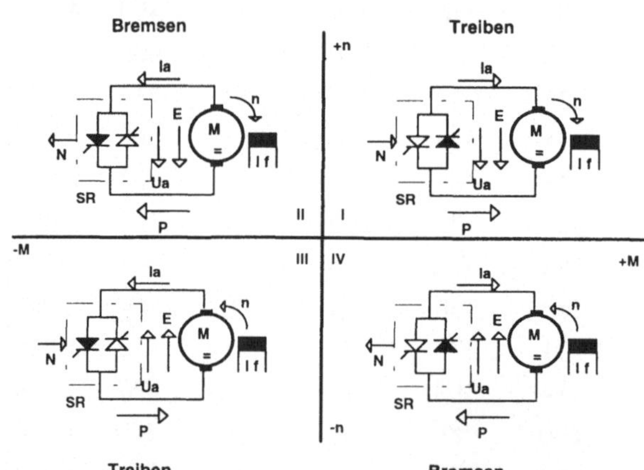

Mit der Umkehr des Drehmoments ist auch ein Wechsel der Stromrichtung verbunden. Da Thyristoren aber nur in einer Richtung Strom leiten können, sind in den 4-Q-Geräten zwei vollgesteuerte Brücken gegenparallel geschaltet.

In der folgenden Darstellung ist ein dynamischer Reversierantrieb gezeigt. Die Drehzahl wird mittels einer linearen Rampe geführt. Die Drehrichtung wird reversiert. Wir nehmen an, daß das konstante Lastdrehmoment $M_l = 1$ Einheit und das Beschleunigungsmoment $M_a = 2$ Einheiten beträgt.

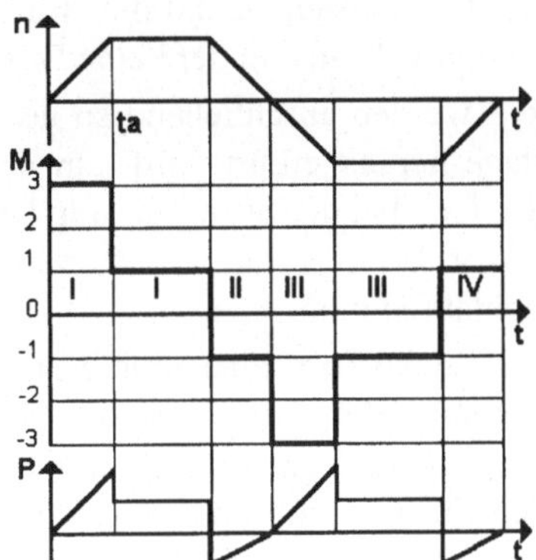

Wir ermitteln nun den Drehmomenten- und den Leistungsverlauf über der Zeit. Über einen Zyklus durchläuft der Antrieb alle 4 Quadranten. Bei positiven Vorzeichen der Leistung wird dem Versorgungsnetz Energie entnommen und zum Antreiben gebraucht. Kehrt sich das Vorzeichen um, arbeitet der Motor als Generator. In diesem Falle wird Energie in das Versorgungsnetz zurückgespeist.

$$M_l = 1 \text{ Einheit}$$

$$M_a = 2 \text{ Einheiten}$$

$$M_a = \frac{d}{dt}\omega \cdot J = 2 \cdot \pi \cdot J \cdot \frac{d}{dt} n = 2 \cdot \pi \cdot \frac{n}{t_a} \cdot J$$

$$P = \omega \cdot M = 2 \cdot \pi \cdot n \cdot M = 2 \cdot \pi \cdot n \cdot (M_a + M_l)$$

5.1.1 Kreisstromfreier 4-Quadrantenantrieb

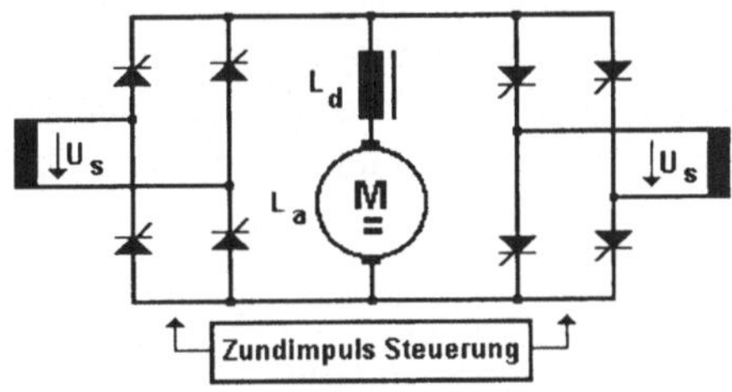

Bei kreisstromfreien Reglern ist jeweils nur ein Stromrichter im Eingriff. Zur Umsteuerung wird von Brücke 1 auf Brücke 2 umgeschaltet. Dies wird von einer übergeordneten Umschaltlogik gesteuert und überwacht. Die Richtung des Drehmomentes wird vom Drehzahlregler vorgegeben. Bei jedem Nulldurchgang des Drehzahlreglers wird zuerst der Stromsollwert auf Null gesetzt. Dadurch laufen die Zündimpulse in die Wechselrichtergrenzlage, und der Strom wird abgebaut. Erreicht der Strom den Wert

Null, wird die Brücke 1 gesperrt und anschließend die Brücke 2 freigegeben. Hierdurch entsteht eine stromlose Pause von ca. 10 ms, in der keine Brücke Strom führt.

Die Zündimpulse der Brücke 2 werden anschließend so gesteuert, daß der Stromrichter aus der Wechselrichtergrenzlage herausgeführt wird, um dann den vorgegebenen Sollwert zu erreichen. Diese Anregelzeit bei der Stromführung kann ein vielfaches der stromlosen Pause betragen. Sie entsteht dadurch, daß der Stromregler über seinen I-Anteil auf seinen neuen Arbeitspunkt hochlaufen muß.

Die Stromregelstrecke weist im Lückbetrieb eine andere Struktur als bei nichtlückendem Strom auf. Bei lückendem Strom folgt der Strom der Spannung. Dadurch wird die Ankerzeitkonstante sehr klein, und die Verstärkung nimmt stark ab. Die Folge hiervon ist, daß ein auf nichtlückenden Strom optimierter Drehzahlregler bei lückendem Strom eine zu lange Anregelzeit aufweist. Gravierend tritt dies bei kleinen Ankerströmen auf. Abhilfe kann geschaffen werden, indem die Ankerdrossel so ausgelegt wird, daß entweder der Stromrichter ausschließlich im nichtlückendem Betrieb arbeitet, oder man verwendet das adaptive Regelverfahren.

5.1.2 Kreisstrombehafteter 4-Quadrantenantrieb

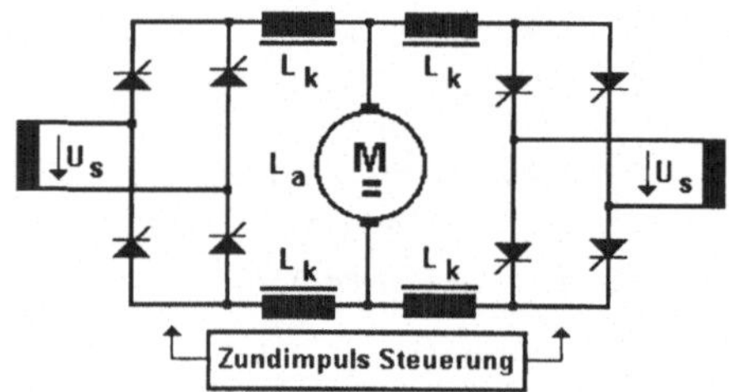

Bei kreisstrombehafteten 4-Q-Reglern sind ständig beide vollgesteuerte Brücken im Eingriff. Jeweils eine Brücke arbeitet im Gleichrichter-, die andere im Wechselrichterbetrieb. Der zwischen den Brücken fließende Kreisstrom wird durch den Einsatz von 4 Kreisstromdrosseln auf Werte zwischen 5% und 15% vom Gerätenennstrom begrenzt. Durch den Kreisstrom sind stetige Drehmomenten- und Drehrichtungsumkehr ohne Umschaltpause gewährleistet.

5.2 Berechnung von Trägheitsmomenten

Definition:

$$1 \cdot kg \cdot m^2 = 10^4 \cdot kg \cdot cm^2$$

Vollzylinder

$$J = \frac{m}{2} \cdot r^2 = \frac{\pi}{2} \cdot l \cdot \rho \cdot r^4$$

Hohlzylinder

$$J = \frac{m}{2} \cdot \left(r_a^2 + r_i^2\right) = \frac{\pi}{2} \cdot l \cdot \rho \cdot \left(r_a^4 + r_i^4\right)$$

Zahlenwertgleichungen für: J in kgm^2; d und l in mm

$$J = \frac{m}{8 \cdot 10^6} \cdot d^2 \qquad J = \frac{m}{8 \cdot 10^6} \cdot \left(d_a^2 + d_i^2\right)$$

Falls die Masse nicht bekannt ist, kann man mit dem spez. Gewicht rechnen: Stahl hat eine Dichte von:

$$\rho := 7.85 \cdot \frac{gm}{cm^3}$$

$$J = 7.7 \cdot 10^{-13} \cdot d^4 \cdot l \qquad J = 7.7 \cdot 10^{-13} \cdot \left(d_a^4 - d_i^4\right) \cdot l$$

Beispiel zur Berechnung des Trägheitsmomentes einer Vollwalze aus Stahl in kgm^2 mit $l = 1000$ mm:

$$l := 1000 \cdot mm \qquad d := 100 \cdot mm, 150 \cdot mm..1000 \cdot mm$$

$$J(d) := \frac{\pi}{32} \cdot l \cdot \rho \cdot d^4 \quad J(d) \text{ in } kgm^2; \text{ d und l in mm}$$

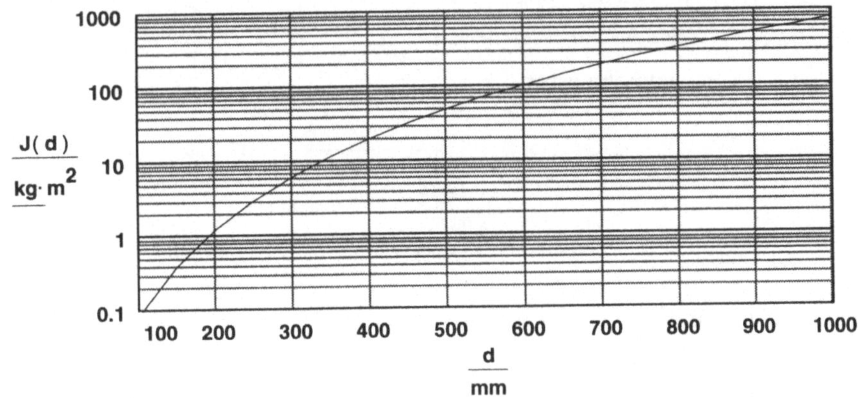

Bewegung einer Masse über eine Transportwalze

$$J = m \cdot r^2$$

Umrechnung von Translation auf Rotation:

$$J = m \cdot r^2 = m \cdot \left(\frac{v}{\omega}\right)^2 = \frac{m}{4 \cdot \pi^2} \cdot \left(\frac{v}{n}\right)^2$$

Transformation über ein Getriebe:

$$i = \frac{n_1}{n_2} = \frac{M_2}{M_1} = \sqrt{\frac{J_2}{J_1}}$$

$$J_2 = J_1 \cdot i^2$$

5.3 Wickler

Wir untersuchen zuerst die mathematischen Verhältnisse beim Aufbau eines Wickels. Die tatsächlich gewickelte Länge ergibt sich mit

S = Materialdicke der Folie

d_{max} = Außendurchmesser

d_{min} = Innendurchmesser

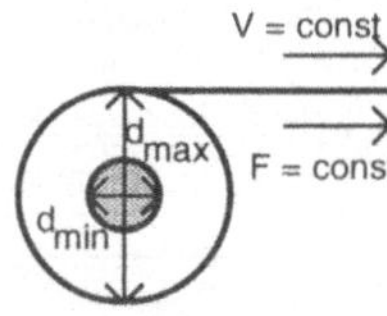

Die Länge einer archimedischen Spirale:

$$L = \frac{\pi}{4 \cdot S} \cdot \left(d_{max}^2 - d_{min}^2\right)$$

Die Anzahl der Lagen w ergibt sich zu:

$$w = \frac{d_{max} - d_{min}}{2 \cdot S}$$

Damit ergibt sich für die Formel der Gesamtlänge:

$$L = \pi \cdot \left(w^2 \cdot S + w \cdot d_{min}\right)$$

In der Literatur ist es üblich, mit dem Wickelverhältnis q zu arbeiten:

$$q = \frac{d_{max}}{d_{min}}$$

Dann erhalten wir:

$$L = \frac{\pi}{4 \cdot S} \cdot d_{max}^2 \cdot \left(1 - \frac{1}{q^2}\right)$$

Die größtmögliche Wickellänge beträgt:

$$L_m = \frac{\pi}{4 \cdot S} \cdot d_{max}^2$$

Mit dieser Definition ergibt sich:

$$L = L_m \cdot \left(1 - \frac{1}{q^2}\right) \qquad l = \frac{L}{L_m} = \left(1 - \frac{1}{q^2}\right)$$

Wir untersuchen den Wickel im Bereich:

$$q := 1, 1.2..10$$

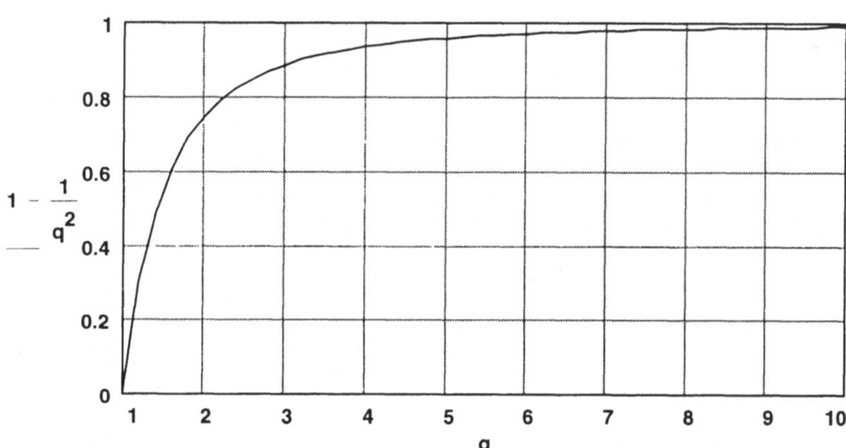

Das Diagramm zeigt, daß Wickelverhältnisse von $q > 5$ unwirtschaftlich sind, da bei $q = 5$ bereits $l = 96\%$ erreicht wird. Bei Zentralwicklern mit großem Durchmesserbereich ist zu beachten, daß der Preis des Antriebs wensentlich vom Wickelverhältnis abhängt.

Zur Vervollständigung seien hier auch die Formeln für Rundmaterial angegeben:

b =Materialbreite, ds = Materialdurchmesser

$$L = \frac{\pi \cdot b}{2 \cdot \sqrt{3} \cdot d_s^2} \cdot \left(d_{max}^2 - d_{min}^2\right)$$

$$d_{max} = \sqrt{\frac{2 \cdot \sqrt{3} \cdot L \cdot d_s^2}{\pi \cdot b} + d_{min}^2}$$

$$L_m = \frac{\pi \cdot b \cdot d_{max}^2}{2 \cdot \sqrt{3} \cdot d_s^2}$$

In der Wickeltechnik ist es üblich, die Parameter Geschwindigkeit v und Zugkraft F konstant zu halten. Mit dieser nützlichen Annahme formulieren wir die Antriebsgleichung:

$$P = F \cdot v = \text{const}$$
$$P = 2 \cdot \pi \cdot n \cdot M = \text{const}$$

Definition: $N \equiv \text{newton}$

Beispiel: $F := 100 \cdot N$ $\quad v := 20 \cdot \frac{m}{min}$

Wir untersuchen im Bereich: $n := 100 \cdot min^{-1}, 120 \cdot min^{-1} .. 1500 \cdot min^{-1}$

$$M(n) := \frac{F \cdot v}{2 \cdot \pi \cdot n}$$

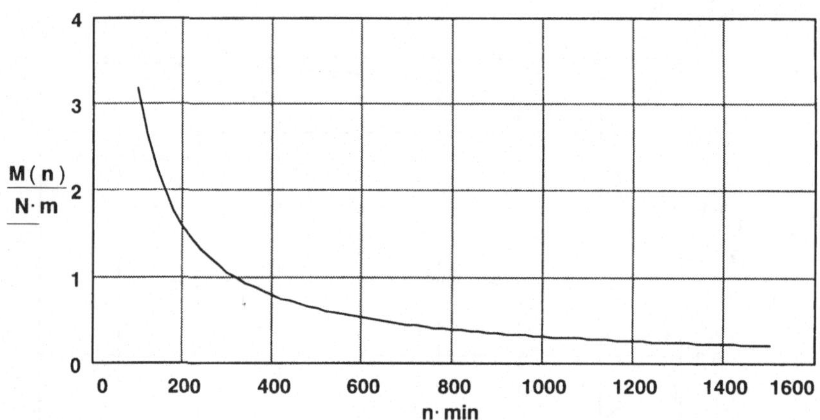

Es ergibt sich die typische Wickelhyperbel: Mit wachsender Drehzahl nimmt das Drehmoment ab.

Um die Zusammenhänge besser darstellen zu können, rechnen wir mit Daten eines praktischen Falles:

Materialgeschindigkeit: $v := 60 \cdot \frac{m}{min}$

Hochlaufzeit: $t_a := 3 \cdot sec$

Spezifisches Gewicht: $\rho := 2.6 \cdot 10^{-3} \cdot \frac{kg}{cm^3}$

Hülsendurchmesser: $d_{min} := 100 \cdot mm$

Materialbreite: $b := 1100 \cdot mm$

Gesamtträgheitsmoment der leeren Hülse: $J_r := 70 \cdot kg \cdot m^2$

Wickelwellendrehzahl: $n_2 := \frac{v}{d_{min} \cdot \pi}$ $n_2 = 190.99 \cdot min^{-1}$

Motordrehzahl: $n_1 := 1500 \cdot min^{-1}$

Getriebeübersetzung: $i := \frac{\pi \cdot d_{min} \cdot n_1}{v}$ $i = 7.85$

Wir beschleunigen vom Stillstand auf Nenngeschwindigkeit und betrachten die Drehmomente im Durchmesserbereich:

$d := d_{min}, 1.2 \cdot d_{min} .. 12 \cdot d_{min}$

Zugkraft: $F := 500 \cdot N$

Drehmoment: $M(d) := F \cdot \frac{d}{2}$

Masse: $G_1(d) := \frac{\pi \cdot b \cdot \rho}{4} \cdot \left(d^2 - d_{min}^2\right)$

Beschleunigungsmoment: $M_a(d) := \frac{2 \cdot v}{d \cdot t_a}\left[J_r + \frac{G_1(d)}{8} \cdot \left(d^2 + d_{min}^2\right)\right]$

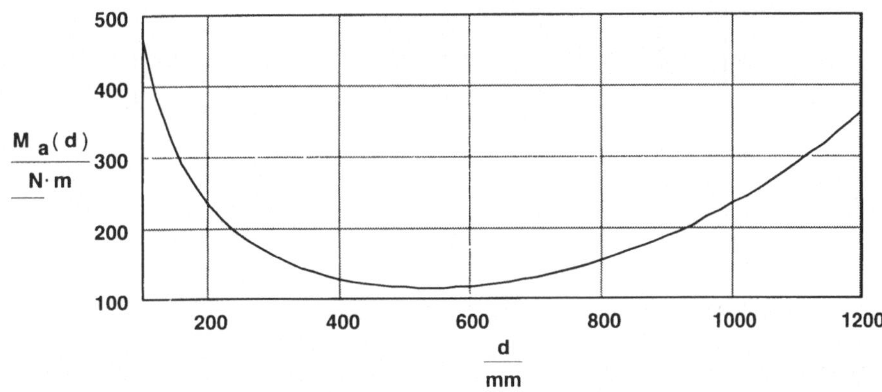

Interessant ist das ausgeprägte Minimum, das sich bei dieser Datenkonstellation ergibt! Das gesamte erforderliche Drehmoment ergibt sich aus den Einzeldrehmomenten bei Berücksichtigung folgender Größen:

Masse der leeren Wickelhülse: $G_0 := 200 \cdot kg$

Reibdrehmoment der leeren Hülse: $M_0 := 50.5 \cdot N \cdot m$

$$M(d) := F \cdot \frac{d}{2} + M_0 \cdot \left(\frac{G_1(d)}{G_0} + 1 \right) + M_a(d)$$

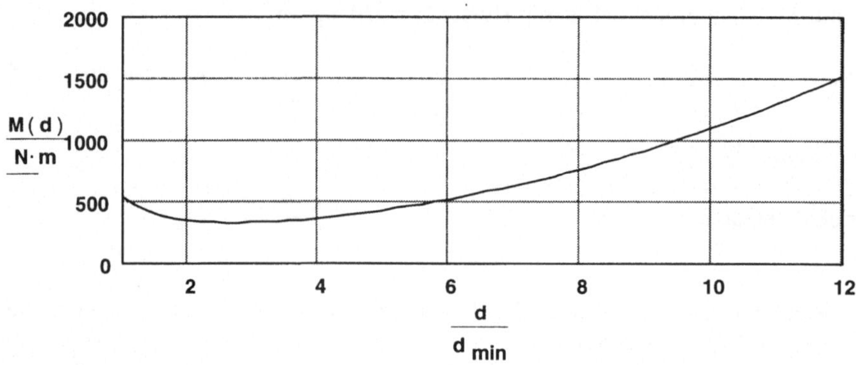

Statische Wickelleistung: $P := F \cdot v \qquad P = 0.5 \cdot kW$

Die gesamte Wickelleistung ergibt sich zu: $P(d) := 2 \cdot \pi \cdot n_2 \cdot M(d)$

oder umgeformt: $P(d) := 2 \cdot \frac{v}{d} \cdot M(d)$

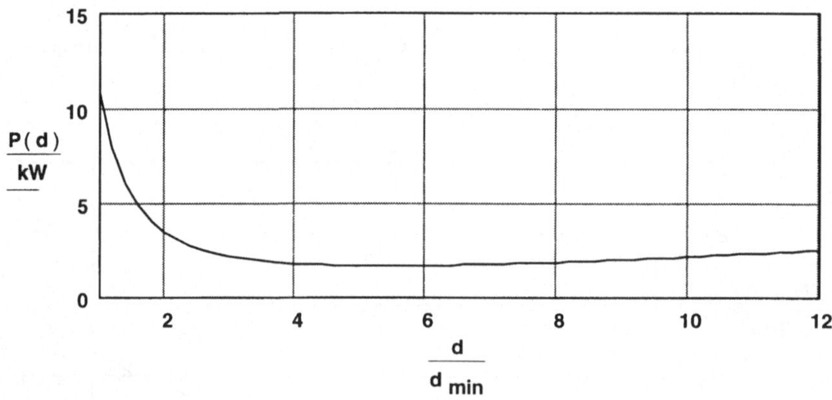

Das Verhalten der Wickelparameter abhängig von der Zeit:

Wickelzeit: $t = \frac{L}{v}$

Drehmoment: $M = \frac{F}{2} \cdot \sqrt{d_{min}^2 + \frac{4 \cdot S \cdot v \cdot t}{\pi}}$

Wickeldrehzahl: $n = \frac{v}{\pi \cdot \sqrt{d_{min}^2 + \frac{4 \cdot S \cdot v \cdot t}{\pi}}}$

Wickeldurchmesser: $d = \sqrt{d_{min}^2 + \frac{4 \cdot S \cdot v \cdot t}{\pi}}$

5.4 Aufgaben

Aufgabe 1

Wie verhält sich der Durchmesser eines Wickels abhängig von der Zeit?

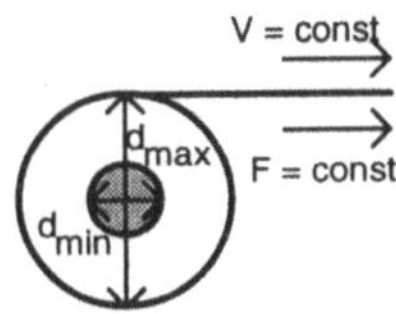

Allgemein gilt für eine archimedische Spirale:

$$L = \frac{\pi}{4 \cdot S} \cdot \left(d_{max}^2 - d_{min}^2\right)$$

Materialstärke: $S := 0.1 \cdot mm$

Hülsendurchmesser: $d_{min} := 100 \cdot mm$

Geschwindigkeit: $v := 1 \cdot \frac{m}{sec}$

$t := 30 \cdot min \qquad L := v \cdot t \qquad L = 1800 \cdot m$

$$d_{max} := \sqrt{d_{min}^2 + \frac{4 \cdot S \cdot v \cdot t}{\pi}} \qquad d_{max} = 489.06 \cdot mm$$

Wie groß ist der Durchmesser nach der Hälfte der Zeit?

$t := 15 \cdot min \qquad L := v \cdot t \qquad L = 900 \cdot m$

$$d := \sqrt{d_{min}^2 + \frac{4 \cdot S \cdot v \cdot t}{\pi}} \qquad d_{max} = 352.98 \cdot mm$$

Im Bereich $t := 0 \cdot min, 0.5 \cdot min..30 \cdot min$ gilt:

$$d(t) := \sqrt{d_{min}^2 + \frac{4 \cdot S \cdot v \cdot t}{\pi}}$$

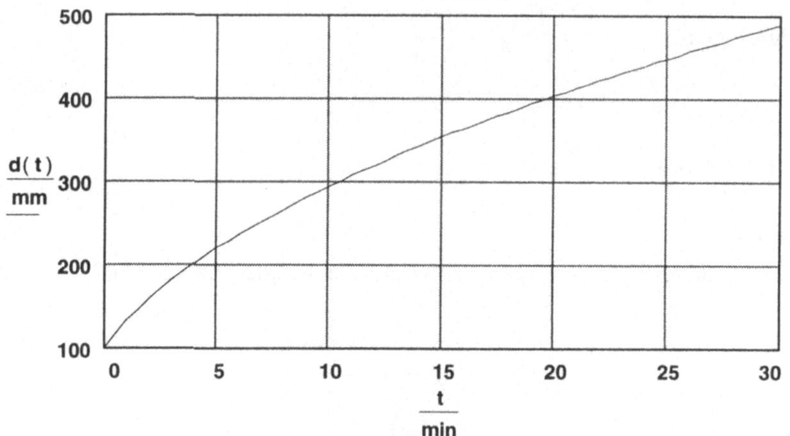

Aufgabe 2

Es sollen verschiedene Größen beim Aufbau eines Wickels ermittelt werden.

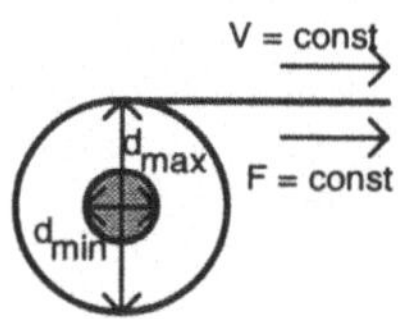

Materialstärke: $S := 0.05 \cdot mm$

Hülsendurchmesser: $d_{min} := 200 \cdot mm$

Geschwindigkeit: $v := 2 \cdot \frac{m}{sec}$

Zugkraft: $F := 100 \cdot newton$

Länge der Bahn: $L := 1000 \cdot m$

Archimedische Spirale: $L = \frac{\pi}{4 \cdot S} \cdot \left(d_{max}^2 - d_{min}^2\right)$

a) Wie groß ist die Wickelzeit?

$$t := \frac{L}{v} \qquad t = 500 \cdot sec$$

b) Wie groß ist der volle Ballendurchmesser?

$$d_{max} := \sqrt{d_{min}^2 + \frac{4 \cdot S \cdot v \cdot t}{\pi}} \qquad d_{max} = 321.97 \cdot mm$$

c) Wie groß ist der Durchmesser nach einem Viertel der Wickelzeit?

$$t_1 := \frac{t}{4} \qquad t_1 = 125 \cdot sec$$

$$d := \sqrt{d_{min}^2 + \frac{4 \cdot S \cdot v \cdot t_1}{\pi}} \qquad d = 236.46 \cdot mm$$

d) Verlauf des Durchmessers abhängig von der Wickelzeit:

Im Bereich $t := 0 \cdot sec, 10 \cdot sec..t$

$$d(t) := \sqrt{d_{min}^2 + \frac{4 \cdot S \cdot v \cdot t}{\pi}}$$

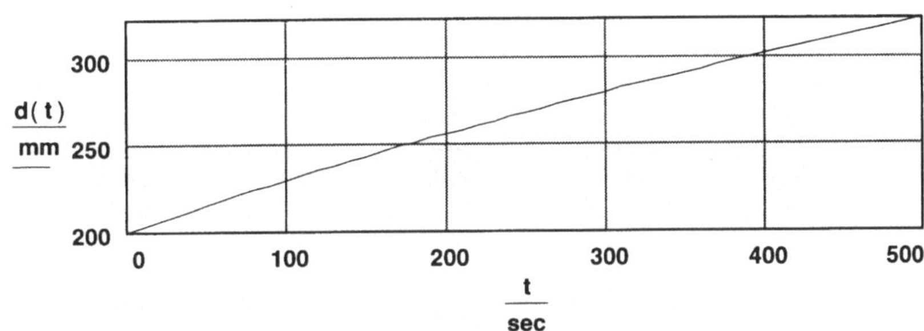

e) Verlauf des Drehmomentes abhängig vom Durchmesser:

Im Bereich $d := d_{min}, 1.05 \cdot d_{min} .. d_{max}$

$$M(d) := F \cdot \frac{d}{2} \qquad N \equiv newton$$

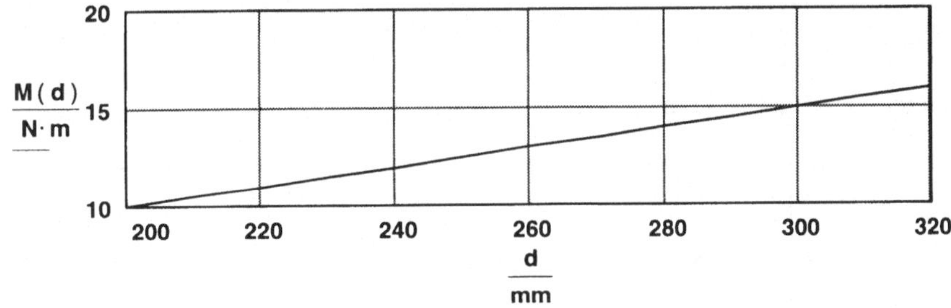

f) Verlauf des Drehmomentes abhängig von der Zeit:

$$M(t) := F \cdot \frac{\sqrt{d_{min}^2 + \frac{4 \cdot S \cdot v \cdot t}{\pi}}}{2}$$

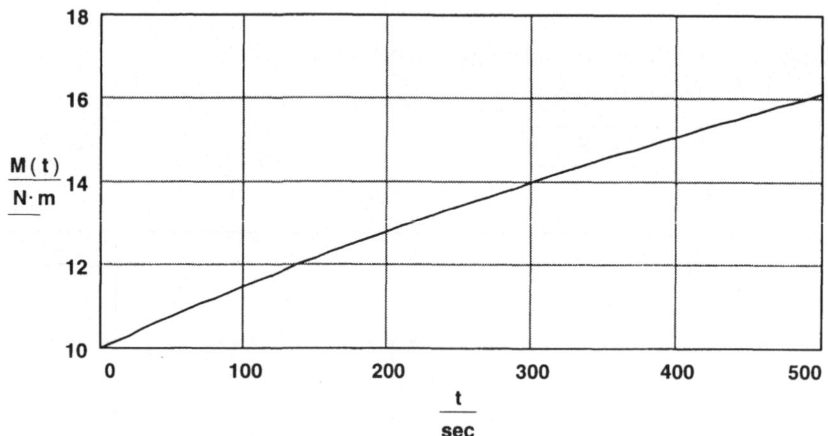

g) Verlauf des Drehmomentes abhängig von der Drehzahl:

$$P = F \cdot v = 2 \cdot \pi \cdot M \cdot n \qquad v = d \cdot \pi \cdot n$$

$$M(n) := \frac{F \cdot v}{2 \cdot \pi \cdot n}$$

$$n_{max} := \frac{v}{d_{min} \cdot \pi} \qquad n_{max} = 190.99 \cdot min^{-1}$$

$$n_{min} := \frac{v}{d_{max} \cdot \pi} \qquad n_{min} = 118.64 \cdot min^{-1}$$

Im Bereich $n := n_{min}, 1.05 \cdot n_{min} .. n_{max}$

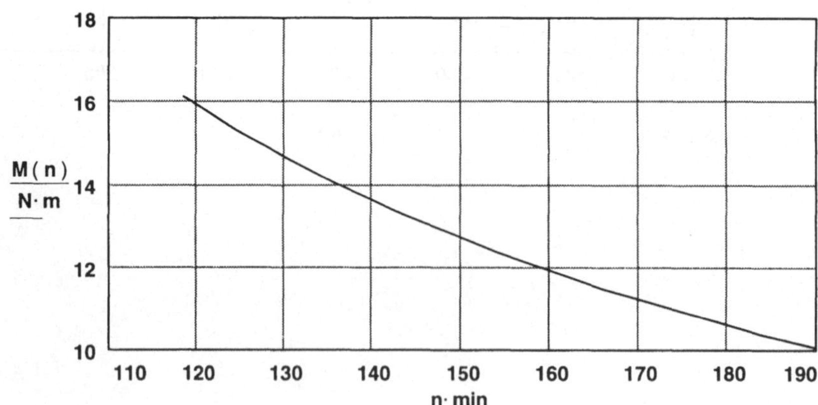

5.5 Großkaulenwickler

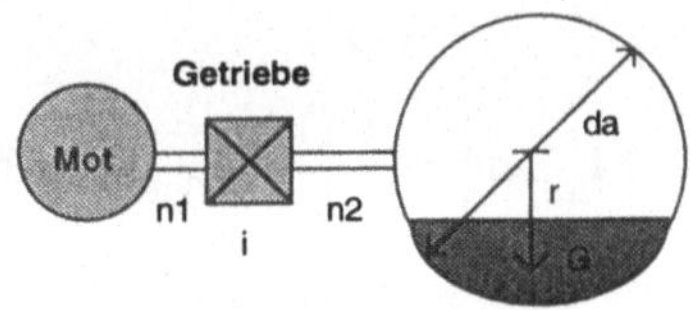

Eine Textilbahn wird nach dem Färben und Waschen von einem Großkaulenwickler aufgewickelt. Nachdem der Ballen einige Zeit gestanden hat, bildet sich ein Wassersack. Durch das Gewicht des Ballens entsteht ein Reibmoment

$$M_r := 400 \cdot N \cdot m$$

Der Wassersack hat eine Masse von

$$G := 100 \cdot kg$$

und läßt sich auf einen Punkt mit dem Radius r reduzieren:

$$r := 1000 \cdot mm .$$

Die Abtriebsdrehzahl beträgt:

$$n_2 := 60 \cdot min^{-1}$$

Definition: $N \equiv newton$ $\qquad g = 9.81 \cdot \frac{m}{sec^2}$

Aufgabe:

Stellen Sie den Drehmomentenverlauf über der Zeit dar! Welche Antriebsleistung ist erforderlich? In welchen Quadranten arbeitet der Antrieb?

$$M_g := G \cdot g \cdot r \qquad M_g = 980.66 \cdot N \cdot m$$

$$\omega := 2 \cdot \pi \cdot n_2 \qquad \omega = 376.99 \cdot min^{-1}$$

Im Bereich $t := 0 \cdot sec, 0.01 \cdot sec .. \frac{1}{n_2}$

$$M(t) := M_r + M_g \cdot \sin(\omega \cdot t)$$

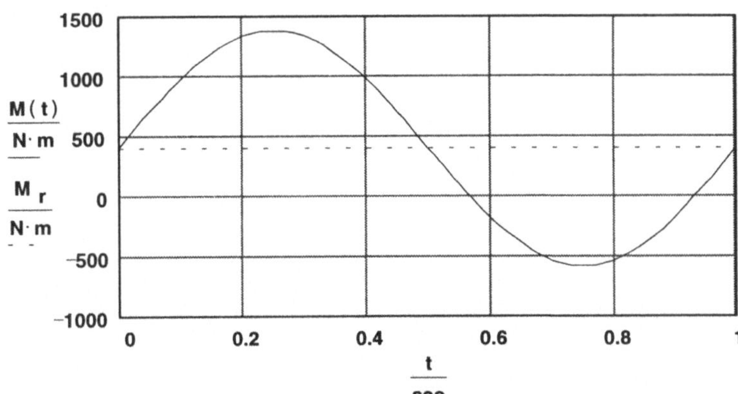

$$P_{max} := 2 \cdot \pi \cdot n_2 \cdot \left(M_r + M_g \cdot \sin\left(\frac{\pi}{2}\right)\right) \qquad P_{max} = 8.67 \cdot kW$$

$$P_{min} := 2 \cdot \pi \cdot n_2 \cdot \left(M_r + M_g \cdot \sin\left(3 \cdot \frac{\pi}{2}\right)\right) \qquad P_{min} = -3.65 \cdot kW$$

Es wird ein Antrieb benötigt, der im 1. und 2. Quadranten arbeitet!

Unter der Annahme, daß sich das Wasser nach 10 Umdrehungen im Ballen vollständig verteilt hat, ist der Drehmomentenverlauf darzustellen! Dabei soll eine lineare bzw. exponentielle Verteilung zugrunde gelegt werden.

$$n := 10$$

$$\varphi := 0, 0.5..(n+1) \cdot 2 \cdot \pi$$

Lineare Verteilung

$$M(\varphi) := \text{if}\left[\varphi < n \cdot 2 \cdot \pi, M_r + M_g \cdot \left(1 - \frac{\varphi}{n \cdot 2 \cdot \pi}\right) \cdot \sin(\varphi), M_r\right]$$

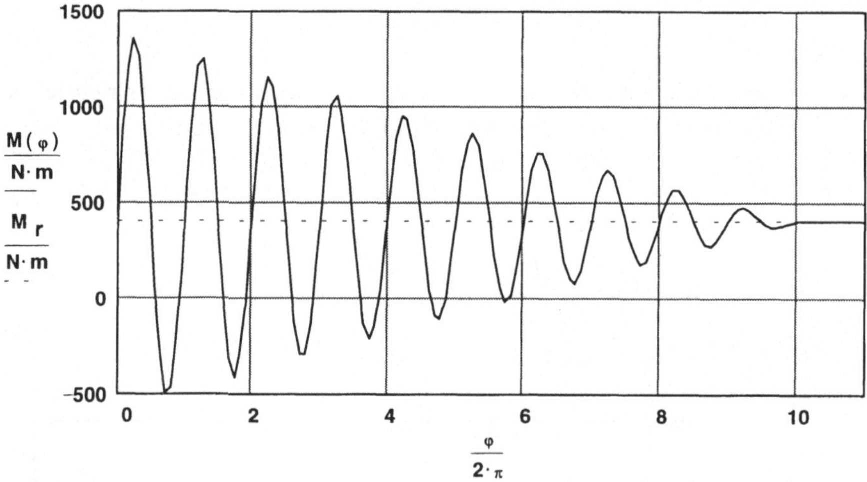

Exponentielle Verteilung

$\tau := 5 \cdot \pi$

$M(\varphi) := M_r + M_g \cdot \exp\left(-\frac{\varphi}{\tau}\right) \cdot \sin(\varphi)$

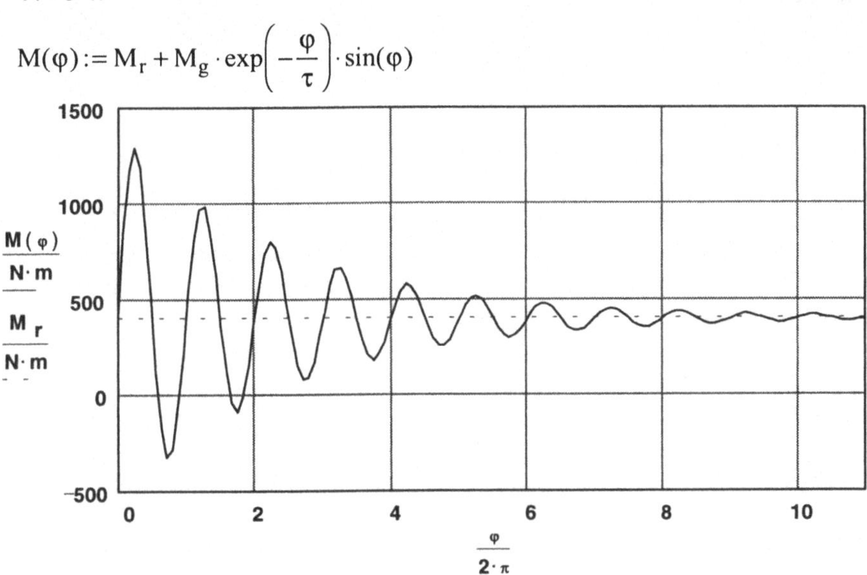

5.6 Reversierantrieb für eine Siebdruckmaschine

Mit Hilfe einer einfachen Anwendung soll die Funktion eines Reversierantriebs dargestellt werden.

Die Rakel einer Textil-Siebdruckmaschine soll mit einem Gleichstrom-Reversierantrieb ausgerüstet werden. Nach dem Hinlauf soll die Rakel schnellstmöglich wieder an den Ausgangspunkt zurückkehren. Diese Forderung läuft auf einen Sägezahn-Verlauf der Geschwindigkeit hinaus.

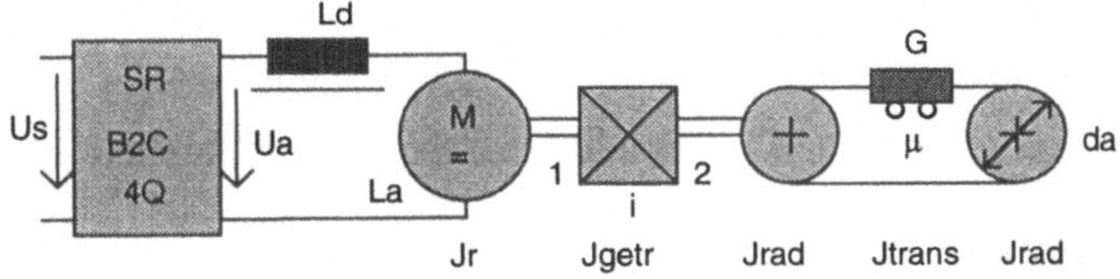

Definitionen: $ms \equiv \frac{sec}{1000}$ $N \equiv newton$ $mH \equiv \frac{henry}{1000}$

Transporträder: $d_a := 100 \cdot mm$ $d_i := 75 \cdot mm$ $b := 20 \cdot mm$

Reibungskoeffizient: $\mu := 0.6$

Masse: $G := 100 \cdot kg$

Motordrehzahl: $n_1 := 1500 \cdot min^{-1}$

Rakelhub s: $s := 3 \cdot m$

Zeit für den Hub s: $t_g := 2.7 \cdot sec$

$t_a := \frac{t_g}{2}$ $t_a = 1.35 \cdot sec$

$v_0 := 2 \cdot \frac{s}{t_g}$ $v_0 = 2.22 \cdot m \cdot sec^{-1}$

Der Verlauf der Geschwindigkeit $v(t)$ wird in drei Bereiche unterteilt. Jeder Bereich wird für sich allein untersucht und abschließend zum Gesamtgeschwindigkeits-Profil wieder zusammengesetzt. Der Verlauf des Weges über der Zeit wird durch Integration der Geschwindigkeit berechnet. Ansonsten wird anlalog zur Geschwindigkeit verfahren. Beim Erstellen des Geschwindigkeitsprofils wird das Verfahren des geknickten Linienzuges eingesetzt. Hier eine kurze Erläuterung:

Man erstellt die Geschwindigkeitsgleichung des ersten Bereiches. Die Steigung ist

$$s_1 = \frac{v_0}{t_a}.$$

Ab dem Zeitpunkt t_a soll die Geschwindigkeit mit gleicher Steigung, jedoch negativem Vorzeichen, abfallen. Dies erreicht man dadurch, daß zum Zeitpunkt t_a eine zweite Geschwindigkeitsfunktion startet, die der ersten überlagert wird. Die Steigung der zweiten Funktion s_2 wird so bemessen, daß sie die erste kompensiert und gleichzeitig die resultierende Steigung erzeugt:

$$s_1 + s_2 = s_{res}.$$

Mit der Steigung

$$s_2 = -2 \cdot \frac{v_0}{t_a}$$

ergibt sich

$$s_{res} = -\frac{v_0}{t_a}$$

Im dritten Bereich verfährt man wie oben. Das Starten einer Funktion wird mittels der Heaviside-Step-Funktion zu einem bestimmten Zeitpunkt eingeleitet. Definition der Heaviside-Step-Function:

$$\Phi(t) = 1 \quad \text{für } t \geq 0 \quad \text{und} \quad \Phi(t) = 0 \quad \text{für } t < 0.$$

Geschwindigkeit	Wegposition durch Integration

Bereich $0 \le t < t_a$:

$v_1(t) := \frac{v_0}{t_a} \cdot t$ $\qquad$ $s_1(t) := \frac{v_0}{2 \cdot t_a} \cdot t^2$

Bereich $t_a \le t < t_g + t_a$:

$v_2(t) := \frac{-2 \cdot v_0}{t_a} \cdot (t - t_a) \cdot \Phi(t - t_a)$ $\qquad$ $s_2(t) := \frac{-v_0}{t_a} \cdot (t - t_a)^2 \cdot \Phi(t - t_a)$

Bereich $t_g + t_a \le t < 2 \cdot t_g$:

$v_3(t) := 2 \cdot \frac{v_0}{t_a} \cdot (t - t_g - t_a) \cdot \Phi(t - t_g - t_a)$ $\qquad$ $s_3(t) := \frac{v_0}{t_a} \cdot (t - t_g - t_a)^2 \cdot \Phi(t - t_g - t_a)$

Die jeweilige Summe wird bezogen auf den Endwert dargestellt.

$v(t) := \frac{(v_1(t) + v_2(t) + v_3(t))}{v_0}$ $\qquad$ $s(t) := \frac{(s_1(t) + s_2(t) + s_3(t))}{s}$

Darstellung der Geschwindigkeit und des Weges im Bereich $t := 0 \cdot sec, 0.05 \cdot sec..2 \cdot t_g$:

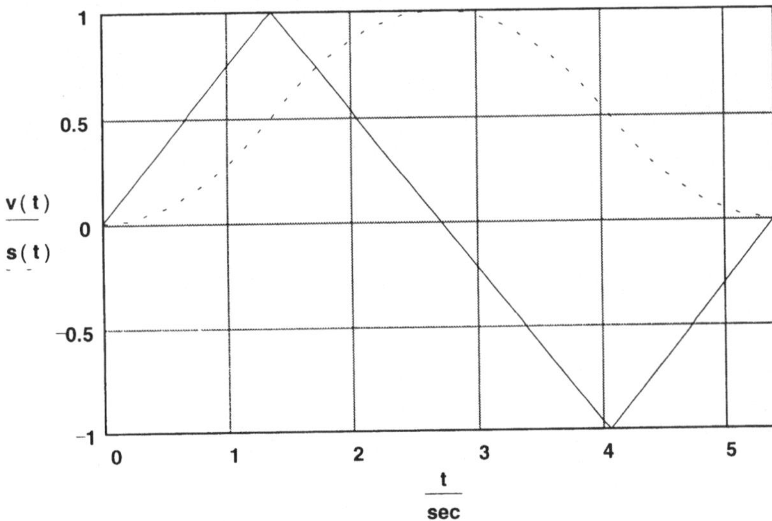

Weg- und Geschwindigkeitsverlauf über der Zeit

Berechnung der Antriebsdaten:

$F := G \cdot \mu \cdot g \qquad F = 588.4 \cdot N$

$i := d_a \cdot \pi \cdot \frac{n_1}{v_0} \qquad i = 3.53$

$n_2 := \frac{n_1}{i} \qquad n_2 = 424.41 \cdot min^{-1}$

Lastdrehmoment:

$M_{1r} := F \cdot \frac{d_a}{2 \cdot i} \qquad M_{1r} = 8.32 \cdot N \cdot m$

Reibleistung:

$P_r := 2 \cdot \pi \cdot n_1 \cdot M_{1r} \qquad P_r = 1.31 \cdot kW$

Aus dem Fahrdiagramm kann abgeleitet werden, daß wir im 1. und 3. Quadranten arbeiten (dies gilt nur, wenn das Verzögerungsmoment M_a kleiner ist, als das Lastdrehmoment M_{1r}). Wegen der geringen Leistung ist ein 2pulsiger 4-Quadranten Stromrichter vorgesehen.

Berechnung

Annahme: Die Beschleunigungsleistung liegt in der Größenordnung der Reibleistung. Wir suchen also aus dem Katalog einen Motor, der ca. die doppelte Nennleistung hat. In den technischen Unterlagen des Herstellers findet sich ein Motor mit folgenden Daten:

Motor Typ: GF 112-2

Technische Daten:

$P_n := 2.2 \cdot kW \qquad n_1 = 1500 \cdot min^{-1} \qquad J_r := 109 \cdot kg \cdot cm^2$

$U_a := 160 \cdot volt \qquad I_a := 18.1 \cdot amp \qquad L_a := 12 \cdot mH$

Wenn die Ankerspannung 160 Volt beträgt, wird die Netzspannung 230 V betragen.

$U_S := 230 \cdot volt$

Zuerst berechnen wir die Trägheitsmomente.

Dichte für Stahl: $\rho := 7.85 \cdot gm \cdot cm^{-3}$

$J_{rad} := \frac{\pi}{32} \cdot b \cdot \rho \cdot \left(d_a^4 - d_i^4\right) \qquad J_{rad} = 10.54 \cdot kg \cdot cm^2$

Das Trägheitsmoment für das Getriebe wird angenommen mit:

$J_{getr} := 75 \cdot kg \cdot cm^2$

Das translatorische Trägheitsmoment der Last beträgt:

$$J_{trans} := \frac{G}{4} \cdot d_a^2 \qquad J_{trans} = 2500 \cdot kg \cdot cm^2$$

Das gesamte Trägheitsmoment bezogen auf die Motorwelle beträgt:

$$J_g := J_r + J_{getr} + \frac{1}{i^2} \cdot (2 \cdot J_{rad} + J_{trans}) \qquad J_g = 385.83 \cdot kg \cdot cm^2$$

Gesamt-Beschleunigungsmoment:

$$M_a := 2 \cdot \pi \cdot J_g \cdot \frac{n_1}{t_a} \qquad M_a = 4.49 \cdot N \cdot m$$

$$P := 2 \cdot \pi \cdot n_1 \cdot (M_a + M_{1r}) \qquad P = 2.01 \cdot kW \qquad \text{Motorauswahl OK!}$$

Betrachtung der einzelnen Drehmomentkomponenten abhängig von n_1:

$$n_1 := 500 \cdot min^{-1}, 600 \cdot min^{-1} .. 3000 \cdot min^{-1}$$

Primäres Beschleunigungsmoment:

$$M_{b1}(n_1) := 2 \cdot \pi \cdot \frac{n_1}{t_a} \cdot (J_r + J_{getr})$$

Sekundäres Beschleunigungsmoment:

$$M_{b2}(n_1) := 2 \cdot \pi \cdot \frac{n_1}{t_a} \cdot \frac{(2 \cdot J_{rad} + J_{trans})}{i^2}$$

Erweitern mit v_0^2:

$$M_{b2}(n_1) := 2 \cdot \frac{\pi}{t_a} \cdot \frac{n_2^2}{n_1} \cdot \frac{v_0^2}{d_a^2 \cdot \pi^2 \cdot n_2^2} \cdot (2 \cdot J_{rad} + J_{trans})$$

$$M_{b2}(n_1) := \frac{2 \cdot v_0^2}{t_a \cdot n_1 \cdot d_a^2 \cdot \pi} \cdot (2 \cdot J_{rad} + J_{trans})$$

Lastdrehmoment:

$$M_l(n_1) := F \cdot \frac{d_a}{2 \cdot i}$$

Durch Erweitern:

$$M_l(n_1) := F \cdot \frac{d_a}{2} \cdot \frac{n_2}{n_1} \cdot \frac{v_0}{d_a \cdot \pi \cdot n_2}$$

$$M_l(n_1) := F \cdot \frac{v_0}{2 \cdot \pi \cdot n_1}$$

$$M(n_1) := M_{b1}(n_1) + M_{b2}(n_1) + M_l(n_1)$$

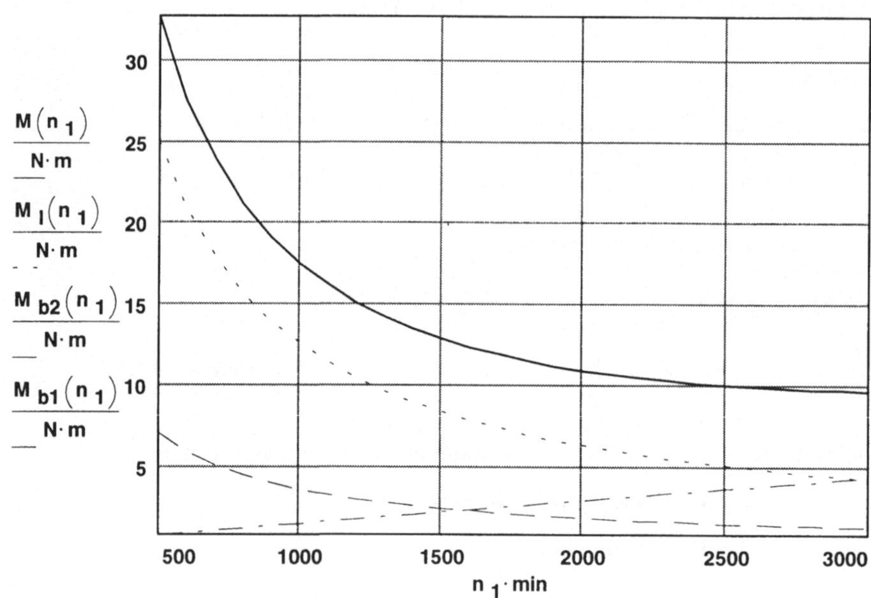

Ankerdrossel für eine vollgesteuerte Einphasenbrücke B2C

Zuerst versuchen wir, ohne Ankerdrossel auszukommen, d.h.: $L_d := 0 \cdot \mathrm{mH}$.

Daten:

$$U_s = 230 \cdot \mathrm{volt} \qquad I_a = 18.1 \cdot \mathrm{amp} \qquad L_a = 12 \cdot \mathrm{mH}$$

Allgemein gilt:

$$L_d = C \cdot \frac{U_s}{I_a} \cdot \mathrm{ms} - L_a$$

Durch Umformen:

$$C := (L_a + L_d) \cdot \frac{I_a}{U_s} \cdot \frac{1}{\mathrm{ms}} \qquad C = 0.94$$

Zur Ermittlung des Formfaktors starten wir mit dem Vorschlag:

$$F_F := 1.3$$

Für eine vollgesteuerte Einphasenbrücke B2C gilt die Konstante:

Given

$$C = 5.4 \cdot F_F^{-5.67}$$

$$F_F := \mathrm{find}(F_F) \qquad F_F = 1.36 \qquad \text{Der Strom lückt!}$$

Bei einer Einphasenbrücke am 50 Hz Netz beträgt die halbe Periodenzeit $T := 10 \cdot ms$. Es soll nun die Stromflußzeit ermittelt werden.

$$\tau := \frac{T}{8} \cdot \frac{\pi^2}{F_F^2} \qquad \tau = 6.67 \cdot ms$$

Diese Stromwelligkeit ist für die vorliegende Applikation nicht ausreichend. Gesucht wird daher eine Ankerdrossel, mit der der Strom auf die Grenze des nicht-lückenden Betriebs eingestellt werden kann. Für diesen Fall ist die Pulsdauer gleich der halben Periodenzeit T.

$$\tau := 10 \cdot ms \qquad F_F := \sqrt{\frac{\pi^2 \cdot T}{8 \cdot \tau}} \qquad F_F = 1.11$$

Die B2C-Brücke:

$$C = 5.4 \cdot F_F^{-5.67} \qquad L_d = C \cdot \frac{U_s}{I_a} \cdot ms - L_a \qquad L_d = 25.83 \cdot mH$$

$$L_d(F_F) := 5.4 \cdot F_F^{-5.67} \cdot \frac{U_s}{I_a} \cdot sec - L_a \cdot 1000 \quad \text{in mH}$$

Die Graphik zeigt die Abhängigkeit der Ankerdrossel vom Formfaktor im Bereich

$F_F := 1, 1.02..1.35$.

Für $F_F > 1.11$ haben wir Lück-Betrieb!

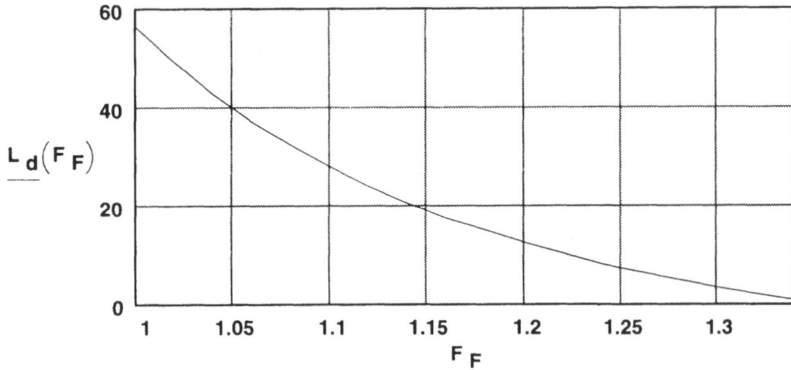

5.7 Optimale Getriebeübersetzung

In diesem Kapitel wird gezeigt, in welcher Weise die einzelnen Antriebsparameter aufeinander wirken. An einem einfachen, überschaubaren Beispiel wird dargestellt, welche Gesetzmäßigkeiten anzuwenden sind, um Drehmoment und Antriebsleistung zu optimieren. Diese Erkenntnisse werden dann von Nutzen sein, wenn bei beschleunigungsorientierten Antrieben Drehmomente optimal eingesetzt werden müssen.

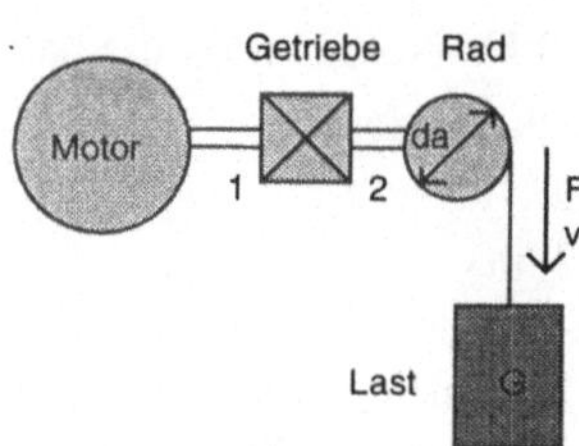

Masse:

$G := 100 \cdot kg \qquad N \equiv newton$

Motorträgheitsmoment:

$J_r := 300 \cdot kg \cdot cm^2$

Geschwindigkeit:

$v := 1 \cdot \frac{m}{sec} \qquad t_a := 1 \cdot sec$

Treibscheibe:

$d_a := 600 \cdot mm \qquad b := 100 \cdot mm$

Getriebewirkungsgrad:

$\eta_1 := 0.9$

Abtriebsdrehzahl:

$n_2 := \frac{v}{d_a \cdot \pi} \qquad n_2 = 31.83 \cdot min^{-1}$

Die Drehzahl des Motors wird vorläufig angenommen mit:

$n_1 := 3000 \cdot min^{-1}$

Daraus folgt:

$i := \frac{n_1}{n_2} \qquad i = 94.25$

$F := G \cdot g \qquad F = 980.66 \cdot N$

$M_{21} := F \cdot \frac{d_a}{2} \qquad M_{21} = 294.2 \cdot N \cdot m$

$M_{11} := \frac{M_{21}}{i \cdot \eta_1} \qquad M_{11} := F \cdot d_a \cdot \frac{n_2}{2 \cdot n_1 \cdot \eta_1} \qquad M_{11} = 3.47 \cdot N \cdot m$

Bestimmung der Beschleunigungsmomente

Das Trägheitsmoment für das Getriebe wird angenommen mit:

$J_{getr} := 225 \cdot kg \cdot cm^2$

Daraus folgt:

$J_1 := J_r + J_{getr} \qquad J_1 = 525 \cdot kg \cdot cm^2$

$$M_{b1} := 2 \cdot \frac{\pi \cdot n_1}{t_a} \qquad M_{b1} = 16.49 \cdot N \cdot m$$

Es wird eine Treibscheibe aus massivem Stahl eingesetzt. Dichte für Stahl:

$$\rho := 7.85 \cdot gm \cdot cm^{-3}$$

$$J_{rad} := \frac{\pi}{32} \cdot b \cdot \rho \cdot d_a^4 \qquad J_{rad} = 9.99 \cdot kg \cdot m^2$$

Das translatorische Trägheitsmoment der Last beträgt:

$$J_{trans} := \frac{G}{4} \cdot d_a^2 \qquad J_{trans} = 9 \cdot kg \cdot m^2$$

$$J_2 := J_{rad} + J_{trans} \qquad J_2 = 18.99 \cdot kg \cdot m^2$$

Hieraus ergibt sich das Beschleunigungsmoment auf der Abtriebsseite M_{b2}:

$$M_{b2} := 2 \cdot \pi \cdot \frac{n_1}{t_a} \cdot \frac{J_2}{i^2 \cdot \eta_l} \qquad M_{b2} = 0.75 \cdot N \cdot m$$

Das gesamte Trägheitmoment bezogen auf die Motorwelle beträgt:

$$J_g := J_r + J_{getr} + \frac{1}{i^2} \cdot \left(J_{rad} + J_{trans}\right) \qquad J_g = 546.38 \cdot kg \cdot cm^2$$

Gesamt-Beschleunigungsmoment:

$$M_a := M_{b1} + M_{b2} \qquad M_a = 17.24 \cdot N \cdot m$$

Beschleunigungsleistung:

$$P_a := 2 \cdot \pi \cdot n_1 \cdot M_a \qquad P_a = 5.42 \cdot kW$$

Statisches Lastmoment:

$$M_{l1} := \frac{M_{2l}}{i \cdot \eta_l} \qquad M_{l1} = 3.47 \cdot N \cdot m$$

Reibleistung:

$$P_l := 2 \cdot \pi \cdot n_1 \cdot M_{l1} \qquad P_l = 1.09 \cdot kW$$

Gesamtleistung:

$$P := P_a + P_l \qquad P = 6.51 \cdot kW$$

Betrachtung der einzelnen Drehmomentkomponenten

$$M_{b1}(n_1) := 2 \cdot \pi \cdot \frac{n_1}{t_a} \cdot J_1$$

Alle Drehmomente, die über das Getriebe gewandelt werden, sind dem Wirkungsgrad unterworfen.

$$M_{b2}(n_1) := 2 \cdot \pi \cdot \frac{n_1}{t_a} \cdot \left(\frac{n_2}{N_1}\right)^2 \cdot \frac{J_2}{\eta_l}$$

$$M_{l1}(n_1) := F \cdot d_a \cdot \frac{n_2}{2 \cdot n_1 \cdot \eta_1}$$

$$M(n_1) := M_{b1}(n_1) + M_{b2}(n_1) + M_{l1}(n_1)$$

Bei der Betrachtung der 3 Drehmomentenkomponenten fällt auf, daß dem primären Beschleunigungsmoment M_{b1} besondere Bedeutung zukommt. Dieser Drehmomentenanteil, in dem das Rotorträgheitsmoment wirkt, hat prägende Wirkung auf den gesamten Drehmomentenverlauf: Je stärker der Anteil des Rotorträgheitsmoments, desto ausgeprägter das Minimum! Bei beschleunigungsorientierten Servoantrieben sollte daher darauf geachtet werden, das Rotorträgheitsmoment so klein wie möglich zu halten. Wenn Trägheitsmomente unvermeidbar sind, dann sollten sie konstruktiv auf die Abtriebsseite des Getriebes gebracht werden. Der Einfluß wird durch das Getriebe quadratisch reduziert.

Wir untersuchen den Bereich: $n_1 := 500 \cdot \min^{-1}, 600 \cdot \min^{-1} .. 3000 \cdot \min^{-1}$

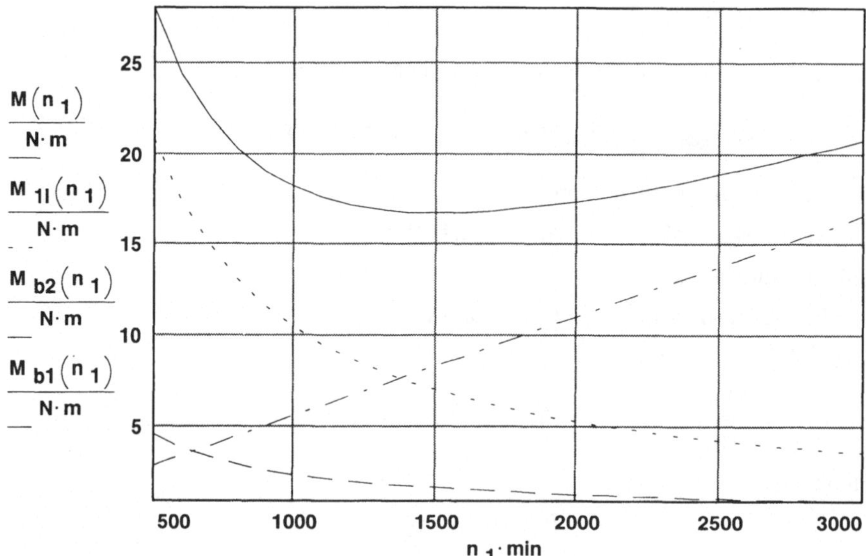

Es soll nun festgestellt werden, wo das Gesamtdrehmoment ein Minimum aufweist. Das Drehmoment an der Motorwelle stellt sich wie folgt dar:

$$M_1(n_1) = 2 \cdot \pi \cdot \frac{n_1}{t_a} \cdot J_1 + 2 \cdot \pi \cdot \frac{n_2^2}{t_a \cdot n_1} \cdot \frac{J_2}{\eta_1} + F \cdot d_a \cdot \frac{n_2}{2 \cdot n_1 \cdot \eta_1}$$

Die Ableitung setzen wir zu Null:

$$\frac{d\,M_1(n_1)}{d\,n_1} = \frac{1}{2} \cdot \frac{\left(4 \cdot \pi \cdot J_1 \cdot n_1^2 \cdot \eta_1 - 4 \cdot \pi \cdot n_2^2 \cdot J_2 - F \cdot d_a \cdot n_2 \cdot t_a\right)}{n_1^2 \cdot t_a \cdot \eta_1} = 0$$

Lösung:

$$n_1 := \frac{\sqrt{n_2}}{2\cdot\sqrt{\eta_1\cdot\pi\cdot J_1}}\cdot\sqrt{4\cdot\pi\cdot n_2\cdot J_2+F\cdot d_a\cdot t_a} \qquad n_1 = 1516.5\cdot \text{min}^{-1}$$

Das Optimum der Motordrehzahl liegt deutlich unter der Nenndrehzahl. An dieser Stelle wäre zu überprüfen, ob die Rechnung noch einmal iterativ vorgenommen werden soll. Dies tun wir hier nicht und führen stattdessen eine Vereinfachung ein, indem wir F = 0 setzen.

$$M_1(n_1) = 2\cdot\pi\cdot\frac{n_1}{t_a}\cdot J_1 + 2\cdot\pi\cdot\frac{n_1}{t_a}\left(\frac{n_2}{n_1}\right)^2\cdot\frac{J_2}{\eta_1}$$

Die Ableitung setzen wir zu Null und erhalten eine einfache Lösung:

$$\frac{d\,M_1(n_1)}{d\,n_1} = 2\cdot\pi\cdot\frac{J_1\cdot n_1^2 - n_2^2\cdot\frac{J_2}{\eta_1}}{t_a\cdot n_1^2} = 0 \qquad n_1 := n_2\cdot\sqrt{\frac{J_2}{J_1\cdot\eta_1}} \qquad n_1 = 638.1\cdot\text{min}^{-1}$$

Diese Gleichung ist in der Antriebsliteratur hinreichend bekannt. Wir sehen aber auch, daß der Einfluß des statischen Drehmomentes M_{11} auf die Lage der optimalen Drehzahl erheblich ist.

5.8 Bestimmung der Quadranten für einen Aufzug

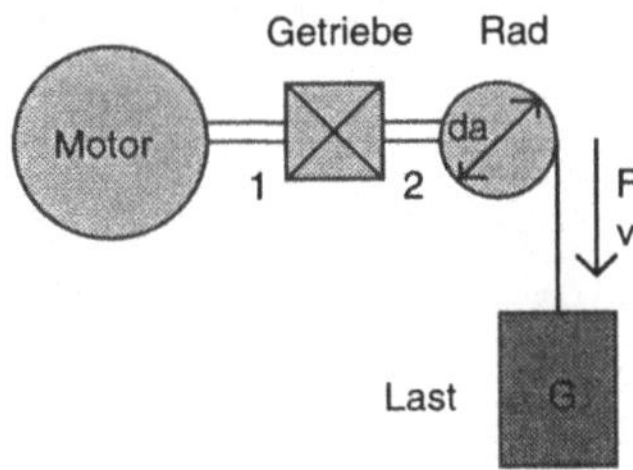

Der Antrieb eines Aufzuges soll berechnet werden. Gegeben sind:

Masse der Last incl. Kabine: $G := 500\cdot kg$ $\qquad N \equiv newton$

Die Beschleunigung der Massen soll in dieser Aufgabe aus Zeitgründen nicht gerechnet werden. Vereinfachend nehmen wir den *Betrag* des Beschleunigungsmomentes an mit

$$M_{2a} := 1000\cdot N\cdot m$$

Es soll ein Gleichstromotor eingesetzt werden mit einer Drehzahl von:

$$n_1 := 1500\cdot\text{min}^{-1}$$

Geschwindigkeit der Kabine:

$$v := 1\cdot\frac{m}{sec}$$

Durchmesser der Treibscheibe:

$$d_a := 600 \cdot mm$$

Gesamtwirkungsgrad:

$$\eta := 0.8$$

Aufgabe

a) Ermitteln Sie die erforderliche Leistung des Gleichstrommotors!

b) Welcher Stromrichter muß eingesetzt werden?

c) Stellen Sie Drehzahl und Drehmoment in der n-M-Ebene grafisch dar!

Lösung

$$F := G \cdot g \qquad F = 4903.32 \cdot N$$

$$M_{21} := F \cdot \frac{d_a}{2} \qquad M_{21} = 1471 \cdot N \cdot m$$

Abtriebsdrehzahl:

$$n_2 := \frac{v}{d_a \cdot \pi} \qquad n_2 = 31.83 \cdot min^{-1}$$

Getriebeübersetzung:

$$i := \frac{n_1}{n_2} \qquad i = 47.12$$

Es gibt 7 wichtige Eckwerte für den Antrieb, die in Vektoren dargestellt werden:

- 3 für aufwärts mit $+n_1$,
- 1 für Stopp,
- 3 für abwärts mit $-n_1$.

In beiden Drehrichtungen:

- Beschleunigunsphase mit $M_{21} + M_a$,
- stationäre Phase mit M_{21},
- Verzögerungsphase mit $M_{21} - M_a$.

Zu beachten ist, daß das Drehmoment M_{21} immer in *eine* Richtung wirkt.

$$n := \begin{bmatrix} n_1 \\ n_1 \\ n_1 \\ 0 \cdot min^{-1} \\ -n_1 \\ -n_1 \\ -n_1 \end{bmatrix} \qquad M_2 := \begin{bmatrix} M_{21} + M_{2a} \\ M_{21} \\ M_{21} - M_{2a} \\ M_{21} \\ M_{21} - M_{2a} \\ M_{21} \\ M_{21} + M_{2a} \end{bmatrix} \qquad M_2 = \begin{bmatrix} 2471 \\ 1471 \\ 471 \\ 1471 \\ 471 \\ 1471 \\ 2471 \end{bmatrix} \cdot N \cdot m$$

Per Definition ist

$$\eta = \frac{P_{ab}}{P_{zu}}$$

Treiben:

$$M_2 = M_1 \cdot i \cdot \eta$$

Gen. Bremsen:

$$M_1 = \frac{M_2}{i} \cdot \eta$$

Wenn das Produkt aus Drehzahl und Drehmoment negativ wird, kehrt sich die Energierichtung um. Bei der Einrechnung des Wirkungsgrades ist dies zu berücksichtigen.

Wirkungsgrad $\eta_1 := \begin{bmatrix} \eta \\ \eta \\ \eta \\ \eta \\ \eta^{-1} \\ \eta^{-1} \\ \eta^{-1} \end{bmatrix}$

Drehmoment $M_1 := \frac{\overrightarrow{\left(\frac{M_2}{\eta_1}\right)}}{i}$ $M_1 = \begin{bmatrix} 65.55 \\ 39.02 \\ 12.49 \\ 39.02 \\ 8 \\ 24.97 \\ 41.95 \end{bmatrix} \cdot N \cdot m$

Leistung $P := 2 \cdot \pi \cdot (\overrightarrow{n \cdot M_1})$ $P = \begin{bmatrix} 10.3 \\ 6.13 \\ 1.96 \\ 0 \\ -1.26 \\ -3.92 \\ -6.59 \end{bmatrix} \cdot kW$

Der Motor muß eine Leistung von mindestens 10,3 kW haben.

Der Antrieb arbeitet in den Quadranten I und IV. Wegen der Energierückspeisung in der Abwärtsbewegung wird ein vollgesteuerter Stromrichter benötigt. Die Vektoren n und M_1 stellen die Eckpunkte des Antriebs dar.

$i := 0..6$

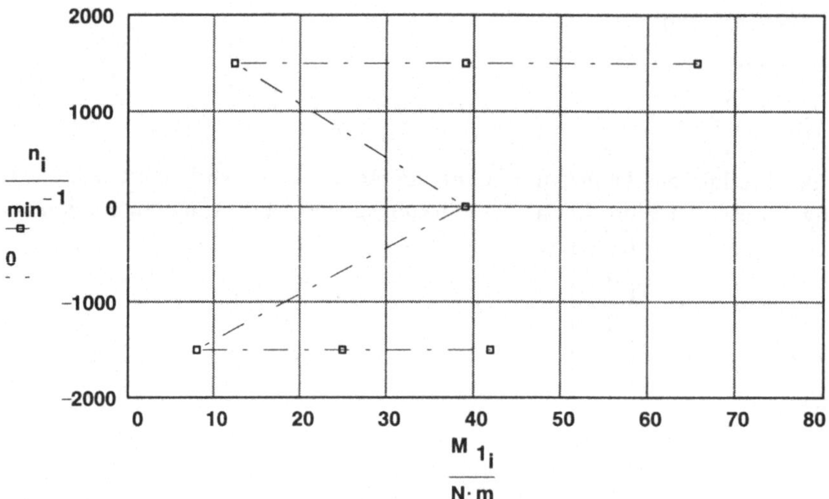

5.9 Auslegung eines Aufzugsantriebs

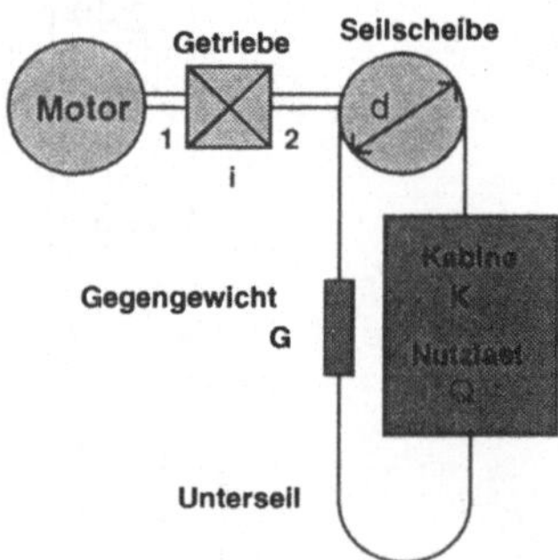

Zunächst einige Daten für eine Aufzugsanlage.

Definition:

$$N \equiv newton \qquad Hz \equiv \frac{1}{sec} \qquad g = 9.81 \cdot m \cdot sec^{-2}$$

Netzfrequenz:

$$f := 50 \cdot Hz$$

Personenzahl:

$$Pers := 45$$

Nutzlast:

$$Q := Pers \cdot 75 \cdot kg \qquad Q = 3375 \cdot kg$$

Kabinengewicht:

$$K := 2000 \cdot kg$$

Das Gegengewicht G errechnet sich aus halber Nutzlast Q + Kabinengewicht K.

Gegengewicht:

$$G := \frac{Q}{2} + K \qquad G = 3687.5 \cdot kg$$

Seilgewicht:

$$S := 250 \cdot kg$$

Wenn ein Unterseil vorgesehen ist, muß das Seilgewicht nur beim Trägheitsmoment berücksichtigt werden.

Resultierende Belastung:

$$Q_{ges} := Q + K + S - G \qquad Q_{ges} = 1937.5 \cdot kg$$

Wirkungsgrad-Getriebe:

$$\eta_{getr} := 0.7$$

Wirkungsgrad-Schacht:

$$\eta_{schacht} := 0.8$$

Wirkungsgrad-Umlenk:

$$\eta_{umlenk} := 0.95$$

Gesamtwirkungsgrad:

$$\eta_{ges} := \eta_{getr} \cdot \eta_{schacht} \cdot \eta_{umlenk} \qquad \eta_{ges} = 0.53$$

5.9.1 Geregelter Antrieb

Wegen des Fahrkomforts darf die Anfahrbeschleunigung und die Bremsverzögerung nicht zu groß sein. Folgende Erfahrungswerte sollten verwendet werden:

$$v := \begin{bmatrix} 0.63 \\ 1.0 \\ 1.6 \\ 2.0 \end{bmatrix} \cdot \frac{m}{sec} \qquad a := \begin{bmatrix} 0.5 \\ 0.8 \\ 1.0 \\ 1.1 \end{bmatrix} \cdot \frac{m}{sec^2}$$

Für einen hohen Fahrkomfort wird eine sanfte Beschleunigung und Verzögerung empfohlen. Die Beschleunigung a sollte $1\,m/sec^2$ nicht nennenswert überschreiten. Der Index j gibt an, welcher Wert aus den Vektoren v und a gewählt werden soll.

$$j := 1 \qquad v_j = 1 \cdot \frac{m}{sec} \quad \text{und} \quad a_j = 0.8 \cdot \frac{m}{sec^2}$$

Bei Ziehl-Abegg Motoren wird mit einem Nennschlupf von 8% gearbeitet. Dies berücksichtigen wir bei der Wahl der Getriebeübersetzung.

Polpaarzahl des Motors:

$$p := 2$$

Nennschlupf:

$$s_n := 8 \cdot \%$$

Synchrondrehzahl:

$$n_0 := \frac{f}{p} \qquad n_0 = 1500 \cdot \text{min}^{-1}$$

Nenndrehzahl:

$$n_n := n_0 \cdot (1 - s_n) \qquad n_n = 1380 \cdot \text{min}^{-1}$$

Seilübersetzung:

$$i_s := 1$$

Treibscheibendurchmesser:

$$d := 570 \cdot \text{mm}$$

$$i := n_n \cdot d \cdot \frac{\pi}{v_j \cdot i_s} \qquad i = 41.19$$

Ausgewählt wird ein Schneckengetriebe mit $i := 42$. Die tatsächliche Fahrgeschwindigkeit beträgt:

$$v_n := n_n \cdot \frac{d \cdot \pi}{i \cdot i_s} \qquad v_n = 0.98 \cdot \frac{\text{m}}{\text{sec}}$$

Damit ergibt sich für das Vollast-Hubmoment:

$$M_{VLH} := Q_{ges} \cdot g \cdot \frac{d}{2} \cdot \frac{1}{i \cdot i_s \cdot \eta_{ges}} \qquad M_{VLH} = 242.35 \cdot \text{N} \cdot \text{m}$$

Translatorisches Trägheitsmoment:

$$J_{trans} := \left(\frac{d}{2 \cdot i \cdot i_s} \right)^2 \cdot \frac{Q + K + S + G}{\eta_{getr}} \qquad J_{trans} = 0.61 \cdot \text{kg} \cdot \text{m}^2$$

Der Aufzug soll mit einem Spannungsregler betrieben werden. Hierunter versteht man eine Dreiphasen-Wechselwegschaltung W3-3 (nach DIN 41761). Die Schaltung bewirkt, daß das Drehmoment des Motors durch die Änderung der Spannung beeinflußt wird. Aus den Datenblättern des Herstellers wählen wir versuchsweise folgenden Motor aus:

Motortyp:

RZU 225.60-4/BW

Nenndrehmoment:

$$M_n := 221 \cdot \text{N} \cdot \text{m}$$

Nennleistung:

$$P_n := 32 \cdot kW$$

Trägheitsmoment des Motors:

$$J_{mot} := 0.48 \cdot kg \cdot m^2$$

Trägheitsmoment des Getriebes:

$$J_{getr} := 0.57 \cdot kg \cdot m^2$$

Trägheitsmoment des Handrades:

$$J_{hrad} := 0.03 \cdot kg \cdot m^2$$

Gesamtträgheitsmoment:

$$J_{ges} := J_{trans} + J_{mot} + J_{getr} + J_{hrad} \qquad J_{ges} = 1.69 \cdot kg \cdot m^2$$

Der Drehmomentenbedarf für die Beschleunigung des Aufzuges ist:

$$M_a := 2 \cdot \pi \cdot n_n \cdot \frac{a_j}{v_j} \cdot J_{ges} \qquad M_a = 195.68 \cdot N \cdot m$$

Das erforderliche maximale Drehmoment des Motors beträgt:

$$M_{max} := M_{VHL} + M_a \qquad M_{max} = 438.03 \cdot N \cdot m$$

Das maximale zulässige Drehmoment des gewählten Motors wird bei Abwärtsfahrt ermittelt. Es beträgt:

$M_{max\,zul} := 2.2 \cdot M_n \qquad M_{max\,zul} = 486.2 \cdot N \cdot m$, dieses ist ausreichend!

Zur Errechnung des erforderlichen Motor-Bremsmomentes wird die Abwärtsfahrt zugrundegelegt. Wenn man sich der vereinfachenden Annahme bedient, daß der Gesamtwirkungsgrad von der Belastung unabhängig ist, dann gilt für den Wirkungsgrad in Rückwärtsrichtung

$$\eta_{rges} := 2 - \frac{1}{\eta_{ges}} \qquad \eta_{rges} = 0.12$$

Mit $M_{VLH} = C \cdot \frac{Q_{ges}}{\eta_{ges}}$ und $M_{rVHL} = C \cdot Q_{ges} \cdot \eta_{rges}$

errechnet sich das Drehmoment, mit dem die ziehende Last bestrebt ist, den Motor zu beschleunigen:

$$M_{rVHL} := \frac{\eta_{rges}}{\eta_{ges}} \cdot M_{VHL} \qquad M_{rVHL} = 54.8 \cdot N \cdot m$$

Unter der genannten Vereinfachung wird der Wirkungsgrad des Getriebes in Rückwärtsrichtung:

$$\eta_{rgetr} := 2 - \frac{1}{\eta_{getr}} \qquad \eta_{rgetr} = 0.57$$

Damit wird

$$J_{rtrans} := \frac{\eta_{rgetr}}{\eta_{getr}} \cdot J_{trans} \qquad J_{rtrans} = 0.5 \cdot kg \cdot m^2$$

$$J_{rges} := J_{rtrans} + J_{getr} + J_{mot} + J_{hrad} \qquad J_{rges} = 1.58 \cdot kg \cdot m^2$$

Erforderliches Verzögerungsmoment bei Leistungsfluß vom Aufzug zum Motor:

$$M_{rvz} := 2 \cdot i \cdot \frac{i_s}{d} \cdot J_{rges} \cdot (-a)_j \qquad M_{rvz} = -186.28 \cdot N \cdot m$$

Erforderliches Motor-Bremsmoment:

$$M_B := M_{rVHL} + M_{rvz} \qquad M_B = -131.48 \cdot N \cdot m$$

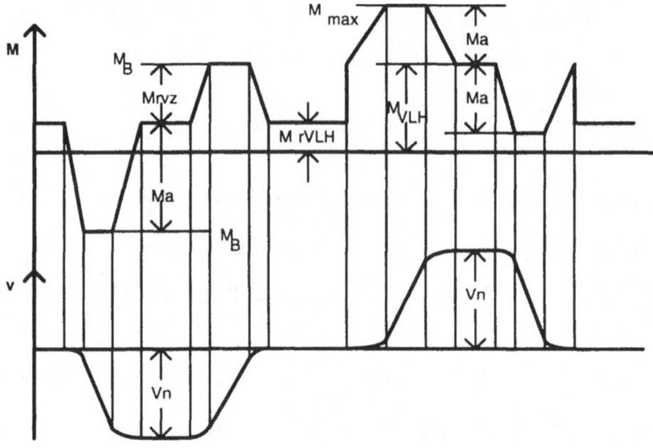

Für den Fall, daß der Aufzugsmotor mit einem feldorientierten Frequenzumrichter betrieben werden soll, sind Motoren mit einer steileren Kennlinie, also geringerem Nennschlupf, einzusetzten. Von Ziehl-Abegg kommt die Motorreihe VFD hierfür infrage. Das zulässige maximale Drehmoment dieser Motoren ist:

$$M_{max\,zul} := 2 \cdot M_n$$

also für das Beispiel ebenfalls ausreichend, zumal das Trägheitsmoment der VDF-Motoren kleiner ist als das der RZU-Motoren.

5.9.2 Gesteuerter Antrieb

Aufzugsmotoren für gesteuerten Antrieb werden meistens mit einer zweiten, hochpoligen Wicklung ausgerüstet, weil die Einfahrgeschwindigkeit wegen der genauen Halteposition nicht zu groß sein darf. Diese Wicklung reduziert die Geschwindigkeit vor dem Einfahren. Um die gewünschte Haltegenauigkeit zu erreichen, sollte erfahrungsgemäß die Fahrgeschwindigkeit der zweiten Wicklung v = 0,25 m/sec nicht überschreiten. Bei einer Aufzugsgeschwindigkeit von v = 1 m/sec ist ein Polzahlverhältnis von 1:4 erforderlich. Die zweite Wicklung bringt zusätzlich den Vorteil, daß man den Aufzug auf eine kleine

Drehzahl abbremsen kann, damit die mechanische Bremse eine geringere Bremsarbeit leisten muß. Da das generatorische Bremsmoment immer größer als das motorische Anfahrmoment ist, muß dies bei der weiteren Auslegung berücksichtigt werden. Die Begrenzung der Verzögerung wird durch die Beeinflussung des Trägheitsmomentes erreicht. Bereits vorhanden sind die rotatorischen Trägheitsmomente vom Motor, Getriebe, Treibscheibe, Kupplung sowie das translatorische Trägheitsmoment der bewegten Massen. Wie die Rechnung zeigt, wird meist jedoch noch eine zusätzliche Schwungmasse benötigt. Für die Berechnung des notwendigen Summenträgheitsmoments muß das elektrische Bremsmoment M_B dieser hochpoligen Wicklung herangezogen werden. Dieses steht in einem festen Verhältnis zum Anzugsmoment dieser Wicklung. Da als Anzugsmoment im Minimum das 1,6fache Nennmoment gebraucht wird, ist das entsprechende Bremsmoment das 2,4-fache Nennmoment bei der 16poligen Wicklung.

$$M_B := -2.4 \cdot M_n \qquad M_B = -530.4 \cdot N \cdot m$$

Zur Erzielung eines guten Fahrkomforts sollten folgende Werte der maximalen Bremsverzögerung nicht überschritten werden. Hierzu gelten folgende Erfahrungswerte:

$$v := \begin{pmatrix} 0.63 \\ 1.0 \end{pmatrix} \cdot \frac{m}{sec} \qquad a := \begin{pmatrix} -0.78 \\ -0.95 \end{pmatrix} \cdot \frac{m}{sec^2}$$

Für $j = 1$ ergibt sich:

$$v_j = 1 \cdot \frac{m}{sec} \quad \text{und} \quad a_j = -0.95 \cdot \frac{m}{sec^2}$$

Motortyp und Baugröße sind aus dem Ziehl-Abegg Katalog zu entnehmen:

ZU 225.60 - 4/16

$$P_n := 32 \cdot kW \qquad J_{mot} := 0.48 \cdot kg \cdot m^2 \qquad J_{getr} := 0.57 \cdot kg \cdot m^2$$

$$M_n := 221 \cdot N \cdot m$$

$$M_A := 2.3 \cdot M_n \qquad M_A = 508.3 \cdot N \cdot m$$

$$M_B := -2.4 \cdot M_n \qquad M_B = -530.4 \cdot N \cdot m$$

Um die Bremsverzögerung a_j bei ungeregelten Maschinen für den ungünstigsten Fall auf ein erträgliches Maß zu begrenzen, wird mit einer Zusatzschwungmasse gearbeitet. Das maximale Verzögerungsmoment entsteht bei Vollast in der Kabine bei Aufwärts-Fahrt. Hier bremst nicht nur das Bremsmoment des Motors M_B, sondern auch die Last mit ihrem Vollast-Hubmoment M_{VLH}.

$$M_{VZmax} := M_B - M_{VLH} \qquad M_{VZmax} = -772.75 \cdot N \cdot m$$

Das erforderliche Gesamtträgheitsmoment wird dann:

$$J_{ges} := \frac{M_{VZmax} \cdot d}{2 \cdot i \cdot i_s \cdot a_j} \qquad J_{ges} = 5.52 \cdot kg \cdot m^2$$

$$J_{diff} := J_{ges} - J_{mot} - J_{getr} - J_{trans} \qquad J_{diff} = 3.86 \cdot kg \cdot m^2$$

Dieses Trägheitsmoment ist durch eine separate Zusatzschwungscheibe aufzubringen. Mit der Bestimmung des erforderlichen Differenzträgheitsmoments ist die dynamische Dimensionierung des Antriebs abgeschlossen. Entsprechend dem vorhandenen Anzugsmoment M_A und Bremsmoment M_B ergeben sich je nach Belastung und Fahrtrichtung des Aufzugs unterschiedliche Beschleunigungs- und Verzögerungswerte. Ihr Betrag wird jedoch in allen Fällen niediger sein als der maximal zulässige Betrag a_j. Wenn diese Werte trotzdem zumindest näherungsweise berechnet werden sollen, kann man sich auch hier der vereinfachenden Annahme bedienen, daß der Gesamtwirkungsgrad von der Last unabhängig ist. Mit den bereits errechneten Werten für:

$$M_{VLH} = 242.35 \cdot N \cdot m \qquad M_{rVLH} = 54.8 \cdot N \cdot m$$

$$M_A = 508.3 \cdot N \cdot m \qquad M_B = -530.4 \cdot N \cdot m$$

ergeben sich folgende Beschleunigungs- und Verzögerungsdrehmomente:

Vollast abwärts

Beschleunigen:

$$M_{ra} := -M_A - M_{rVLH} \qquad M_{ra} = -563.1 \cdot N \cdot m$$

Verzögern:

$$M_{rvz} := -M_B - M_{rVLH} \qquad M_{rvz} = 475.6 \cdot N \cdot m$$

Vollast aufwärts

Beschleunigen:

$$M_a := M_A - M_{VLH} \qquad M_a = 265.95 \cdot N \cdot m$$

Verzögern:

$$M_{vz} := M_B - M_{VLH} \qquad M_{vz} = -772.75 \cdot N \cdot m$$

Geht der Leistungsfluß vom Aufzug zum Motor, dann ist das Gesamtträgheitsmoment:

$$J_{rges} := J_{rtrans} + J_{getr} + J_{mot} + J_{diff} \qquad J_{rges} = 5.41 \cdot kg \cdot m^2$$

Die Werte der Beschleunigung bzw. Verzögerung werden nun:

Vollast abwärts

Bei *Beschleunigen* ist der Leistungsfluß vom Motor zum Aufzug, deshalb schreiben wir J_{ges} statt J_{rges}. Bei *Verzögern* ist der Leistungsfluß vom Aufzug zum Motor, deshalb schreiben wir J_{rges} statt J_{ges}.

Beschleunigen:

$$a := \frac{d}{2 \cdot i \cdot i_s} \cdot \frac{M_{ra}}{J_{ges}} \qquad a = -0.69 \cdot \frac{m}{sec^2}$$

Verzögern:

$$a := \frac{d}{2 \cdot i \cdot i_s} \cdot \frac{M_{rvz}}{J_{rges}} \qquad a = 0.6 \cdot \frac{m}{sec^2}$$

Vollast aufwärts

Beschleunigen:

$$a := \frac{d}{2 \cdot i \cdot i_s} \cdot \frac{M_a}{J_{ges}} \qquad a = 0.33 \cdot \frac{m}{sec^2}$$

Verzögern:

$$a := \frac{d}{2 \cdot i \cdot i_s} \cdot \frac{M_{vz}}{J_{rges}} \qquad a = -0.97 \cdot \frac{m}{sec^2}$$

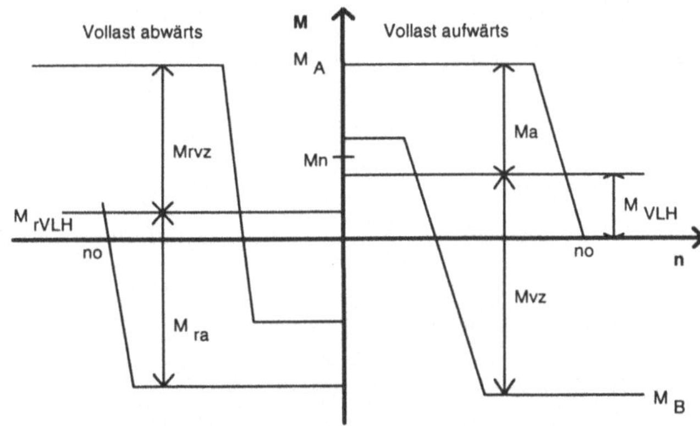

An dieser Stelle möchte ich Herrn Dr. Kirchenmayer von der Firma Ziehl-Abegg für die beratende Unterstützung bei diesem Kapitel danken.

5.10 Antrieb für eine Verpackungsmaschine

Die Materialzufuhr an einer Verpackungsmaschine soll über einen regelbaren Drehstrommotor erfolgen.

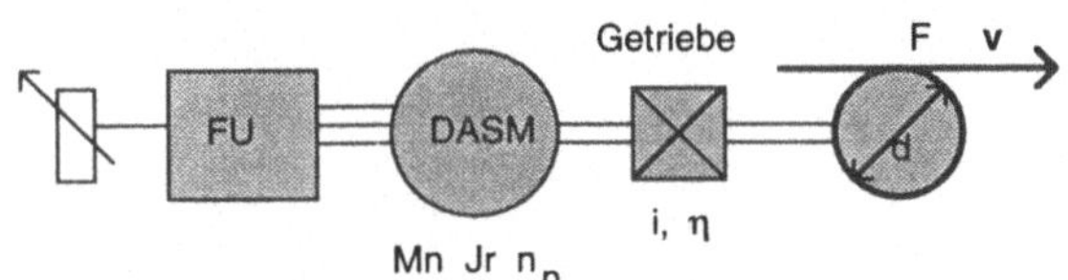

Definitionen

$$ms \equiv 10^{-3} \cdot sec \qquad N \equiv newton$$

Daten

Geschwindigkeit:

$$v_{min} := 4 \cdot \frac{m}{min} \qquad v_{max} := 25 \cdot \frac{m}{min}$$

Zugkraft:

$$F_{max} := 3000 \cdot N$$

Hochlaufzeit:

$$t_a := 1 \cdot sec$$

Gummiwalze mit:

$$d := 200 \cdot mm$$

Masse der Walze:

$$m := 14 \cdot kg$$

Trägheitsmoment der Walze:

$$J_w := \frac{m}{8} \cdot d^2 \qquad J_w = 700 \cdot kg \cdot cm^2$$

Lösung

$$n_2 := \frac{v_{max}}{d \cdot \pi} \qquad n_2 = 39.79 \cdot \frac{1}{min} \qquad m \equiv 1000 \cdot mm$$

$$M_l := F_{max} \cdot \frac{d}{2} \qquad M_l = 300 \cdot N \cdot m$$

Abschätzung der erforderlichen Leistung:

$$P := F_{max} \cdot v_{max} \qquad P = 1.25 \cdot kW$$

Zu dieser Leistung ist noch die Beschleunigungsleistung hinzuzurechnen. Wir schlagen versuchsweise 50% auf und wählen einen gängigen Motor und Getriebe aus. Der Anwender wünscht die Gesamtbauform B3 in Schutzart IP 21.

4-poliger Motor:

D 112.17-4 mit $n_1 := 1400 \cdot \frac{1}{min}$

Nennleistung:

$$P_n := 3 \cdot kW$$

Motor-Nennmoment:

$$M_n := \frac{P_n}{2 \cdot \pi \cdot n_1} \qquad M_n = 20.46 \cdot N \cdot m$$

Motor-Trägheitsmoment:

$$J_r := 0.009 \cdot kg \cdot m^2$$

Bestimmung der Getriebeübersetzung:

$$i := \frac{n_1}{n_2} \qquad i = 35.19$$

Gewählt wird eine Übersetzung mit $i := 31$.

Da die Reibungsverhältnisse der Maschine nicht bekannt sind, runden wir den Getriebewirkungsgrad nach unten ab.

Getriebewirkungsgrad:

$$\eta := 0.75$$

Getriebe-Trägheitsmoment:

$$J_g := 60 \cdot kg \cdot cm^2$$

Die Lastberechnung beziehen wir auf die Getriebeausgangsseite.

Gesamt-Trägheitsmoment:

$$J_2 := J_w + (J_r + J_g) \cdot i^2 \qquad J_2 = 1.45 \cdot 10^5 \cdot kg \cdot cm^2$$

Beschleunigungsdrehmoment:

$$M_a = J_2 \cdot 2 \cdot \pi \cdot \frac{d}{dt_a} n_2 = J_2 \cdot 2 \cdot \pi \cdot \frac{n_2}{t_a}$$

In der Beschleunigungsphase steht durch den FU nur das Nennmoment des Motors M_n zur Verfügung. Auf der Getriebeausgangsseite können wir daher folgendes Drehmoment erwarten:

$$M_2 := M_n \cdot i \cdot \eta \qquad M_2 = 475.76 \cdot N \cdot m$$

Dieses Drehmoment wird eingesetzt für das statische Drehmoment M_l und das Beschleunigungsmoment M_a.

$$M_a := M_2 - M_l \qquad M_a = 175.76 \cdot N \cdot m \qquad M_l = 300 \cdot N \cdot m$$

Durch Gleichsetzen der beiden M_a-Gleichungen erhalten wir:

$$M_n \cdot i \cdot \eta - M_{lmax} = J_2 \cdot 2 \cdot \pi \cdot \frac{n_2}{t_a}$$

$$M_{lmax} := M_n \cdot i \cdot \eta - 2 \cdot J_2 \cdot \pi \cdot \frac{n_2}{t_a} \qquad M_{lmax} = 415.41 \cdot N \cdot m$$

$$M_{reserve} := M_{lmax} - M_l \qquad M_{reserve} = 115.41 \cdot N \cdot m$$

Der ausgewählte Motor ist ausreichend. Die Hochlaufzeit t_a wird am Gerät eingestellt.

5.11 Antrieb für einen Transporteur

Ein Transporteur ist mit einem Drehstrom-Getriebemotor Typ D 80 N4 - Z1s ausgerüstet und arbeitet im intermittierenden Betrieb. Die Hochlaufzeit beträgt ca. 0,5 s. Weitere Daten sind unbekannt. Es soll nun die Drehzahl mittels FU im Verhältnis 1:15 einstellbar gemacht werden. Der Getriebemotor hat sich bewährt, falls möglich, möchte der Kunde den Motor beibehalten. Unter welchen Bedingungen kann dieser Wunsch erfüllt werden?

Lösung

Definition:

$$N \equiv newton$$

Zuerst besorgen wir uns die Daten des Motors D 80 N4:

$$P_n := 0.75 \cdot kW \qquad n_n := 1390 \cdot \frac{1}{min} \qquad t_a := 0.5 \cdot sec$$

Nennddrehmoment:

$$M_n := \frac{P_n}{2 \cdot \pi \cdot n_n} \qquad M_n = 5.15 \cdot N \cdot m$$

Synchrondrehzahl:

$$n_0 := 1500 \cdot \frac{1}{min}$$

Verstellbereich:

$$v := 15$$

Das Getriebe Z1s hat eine Übersetzung von:

$$i := 34.2$$

Wir schätzen den Gesamtwirkungsgrad auf:

$$\eta := 0.85$$

An der Getriebeabtriebswelle messen wir einen statischen Drehmomentbedarf von:

Abtriebsdrehmoment:

$$M_{l2} := 50 \cdot N \cdot m$$

Motordrehmoment:

$$M_l := \frac{M_{l2}}{i \cdot \eta} \qquad M_l = 1.72 \cdot N \cdot m$$

Beschleunigungsdrehmoment:

$$M_a = J_l \cdot 2 \cdot \pi \cdot \frac{d}{dt_a} n_n = J_l \cdot 2 \cdot \pi \cdot \frac{n_n}{t_a}$$

Wir nehmen vereinfachend an, daß ohne Frequenzumrichter in der Beschleunigungsphase vom Motor kurzfristig das doppelte Drehmoment abverlangt wird.

Angenommenes Beschleunigungsmoment:

$$M_a := 2 \cdot M_n - M_l$$

Auf die Motorseite transformiertes Trägheitsmoment:

$$J_1 := \frac{M_a}{2 \cdot \pi \cdot n_n} \cdot t_a \qquad J_1 = 294.89 \cdot kg \cdot cm^2$$

Wenn ein FU eingesetzt wird, dann wird im Bereich unterhalb der Netzfreqeunz das Anfahr- und Kippmoment abgeschnitten und das abgegebene Drehmoment auf das Nenn-Drehmoment M_n begrenzt. Das resultierende Beschleunigungsmoment beträgt in diesem Fall:

$$M_a = M_n - M_l .$$

Hochlaufzeit:

$$t_a := \frac{J_1 \cdot 2 \cdot \pi \cdot n_n}{M_n - M_l} \qquad t_a = 1.25 \cdot sec$$

Der Getriebemotor kann eingebaut bleiben, wenn diese Hochlaufzeit akzeptiert werden kann.

Im Folgenden wird dargestellt, wie sich beim Einsatz eines Frequenzumrichters die Drehzahl-Drehmomenten-Kurve errechnet.

Ermittlung des Drehzahlbereiches

Wenn ohne Tacho gearbeitet wird, dann muß zur Ermittlung der minimalen Drehzahl die Steigung der Motorkennlinie, also der Schlupf, berücksichtigt werden. Im Verstellbereich unterhalb der Netzfrequenz wird die Motorkennlinie parallel verschoben. Die minimale Drehzahl ergibt sich nun dadurch, daß bei Nennmoment M_n die Drehzahl Null ist. Entlastet man den Motor – Drehmoment = Null – dann schneidet die Kennlinie die x-Achse bei der Schlupfdrehzahl n_s .

Schlupfdrehzahl:

$$n_s := n_0 - n_n \qquad n_s = 110 \cdot min^{-1}$$

Minimale Drehzahl:

$$n_{min} := n_s \qquad n_{min} = 110 \cdot min^{-1}$$

Maximale Drehzahl:

$$n_{max} := v \cdot n_{min} \qquad n_{max} = 1650 \cdot min^{-1}$$

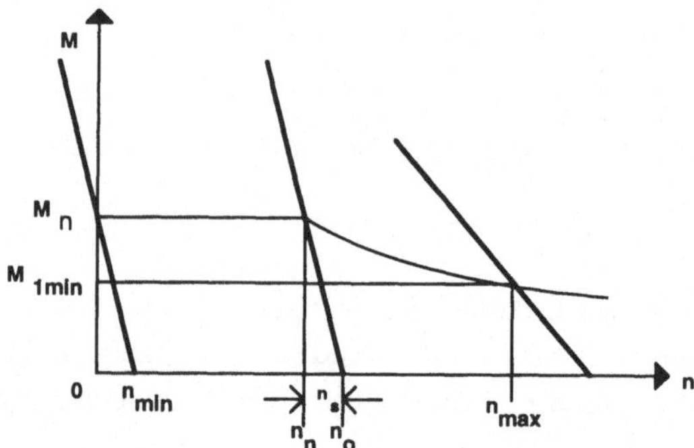

Im Bereich von Minimaldrehzahl bis Nenndrehzahl liefert der Motor konstantes Drehmoment M_n.

$$M_n := \frac{P_n}{2 \cdot \pi \cdot n_n} \qquad M_n = 5.15 \cdot N \cdot m$$

Im Bereich von Nenndrehzahl bis Maximaldrehzahl liefert der Motor konstante Leistung, d.h. das Drehmoment nimmt mit wachsender Drehzahl hyperbolisch ab.

$$M_{1min} := \frac{P_n}{2 \cdot \pi \cdot n_{max}} \qquad M_{1min} = 4.34 \cdot N \cdot m$$

Diese Werte sind auf die Motorabtriebsseite bezogen.

5.12 Drehzahl-, Beschleunigungs- und Wegprofil eines Antriebs

Es soll der Hochlauf eines Servo-Antriebs dargestellt werden. Wenn der Hochlauf kontrolliert geführt werden soll, muß die relevante Führungsfunktion vorgegeben werden. Dies kann in Form eines Polynom n-ten Grades geschehen oder mittels Stützstellen. Die Vorgabe über Stützstellen ist dann sinnvoll, wenn der Anwender interaktiv bestimmte Werte vorgeben muß. Eine Stützstelle besteht aus dem Wertepaar Drehzahl und Zeit. In diesem Beispiel wird mit 6 Stützstellen gearbeitet. Mit Hilfe der Spline-Methode wird daraus eine geglättete Funktion n(t) errechnet. Die Funktion n(t) wird differenziert, um die Winkelbeschleunigung a(t) zu erhalten. Durch Integration der Funktion n(t) wird der Verfahrweg s(t) errechnet. Beide Ergebnisse werden graphisch dargestellt.

Definition:

$$ms \equiv 10^{-3} \cdot sec$$

Transportraddurchmesser:

$$d := 120 \cdot mm$$

$$\text{Zeit} \qquad vx := \begin{bmatrix} 0 \\ 50 \\ 90 \\ 125 \\ 150 \\ 200 \end{bmatrix} \cdot \text{ms} \qquad \text{Drehzahl} \qquad vy := \begin{bmatrix} 0 \\ 500 \\ 1500 \\ 2500 \\ 2800 \\ 3000 \end{bmatrix} \cdot \text{min}^{-1}$$

In MATHCAD werden 3 verschiedene Glättungsmethoden (Splines) angeboten, die nach den jeweiligen Erfordernissen eingesetzt werden können:

- linearer Spline (ispline), erzeugt eine Gerade an den Endpunkten,
- parabolischer Spline (pspline), erzeugt eine Parabel an den Endpunkten,
- kubischer Spline (cspline), erzeugt einen kubischen Verlauf an den Endpunkten.

Für diesen Fall wird der parabolische Spline gewählt:

$$vs := \text{pspline}(vx, vy)$$

Die so erzeugten Datenpunkte werden mit Hilfe einer linearen Interpolation verbunden:

$$n(t) := \text{int erp}(vs, vx, vy, t)$$

$$i := \text{length}(vx) - 1 \qquad k := 0..i \qquad t := 0 \cdot \text{ms}, \frac{vx_i}{20} .. vx_i$$

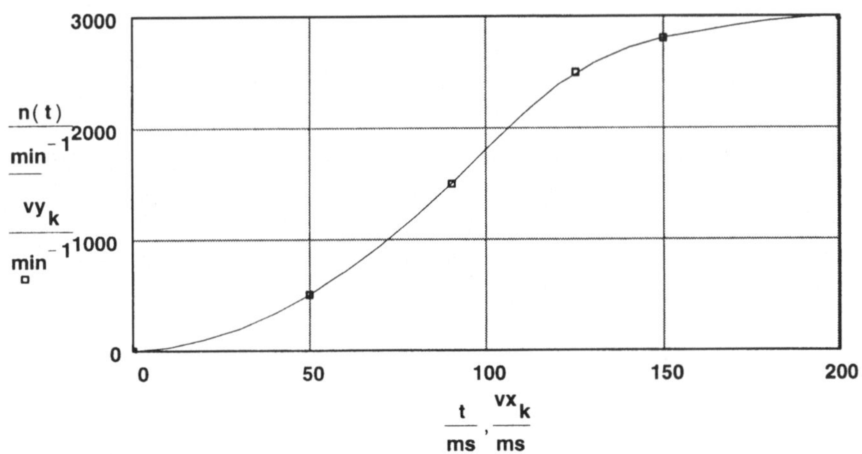

Winkelbeschleunigung a(t): $a(t) := 2 \cdot \pi \cdot \frac{d}{dt} n(t)$

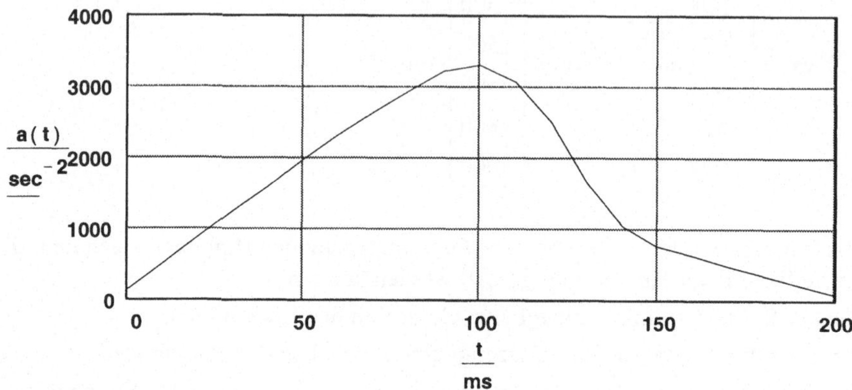

Durch Integration von v(t) ergibt sich hieraus der gesamte Verfahrweg:

$v(t) := d \cdot \pi \cdot n(t)$

$\text{Verfahrweg} := \int_{0 \cdot \text{sec}}^{vx_1} v(t)\, dt \qquad \text{Verfahrweg} = 2083.85 \cdot \text{mm}$

Um den Verfahrweg als Funktion der Zeit graphisch darzustellen, ist eine iterative Integration erforderlich.

$l := 50 \qquad j := 1..l \qquad t_j := \frac{j}{l} \cdot vx_i$

$s_0 := 0 \cdot \text{mm} \qquad s_{j+1} := s_j + \int_{t_{j-1}}^{t_j} v(t)\, dt \qquad s_{l+1} = 2083.85 \cdot \text{mm}$

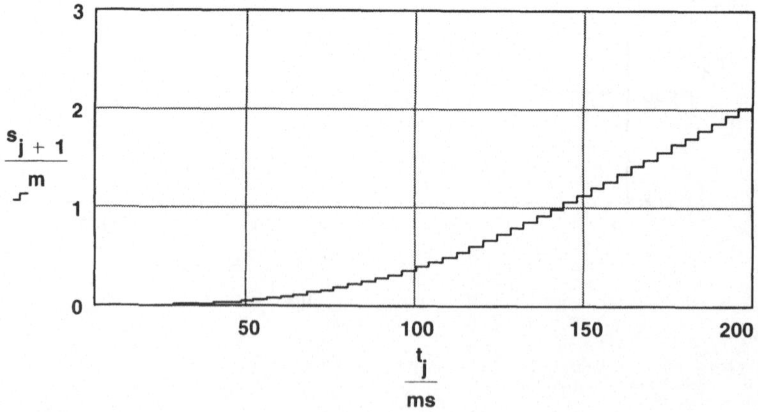

Die Darstellung wurde in einer Treppenfunktion gewählt, damit man die einzelnen Inkremente erkennen kann.

5.13 Servoantrieb für eine Verpackungsmaschine

Auslegung eines Servoantriebs für den Transporteur einer Becher-Füll- und Verschließmaschine (Servotherm 182AS von Gasti/Jagenberg)

Definitionen:

$$ms \equiv \frac{sec}{1000} \qquad N \equiv newton$$

Ritzeldurchmesser:

$$d_a = 389 \cdot mm \qquad d_i := 0 \cdot mm \qquad b := 1 \cdot mm \qquad \eta_{rad} := 0.95$$

Dichte für Stahl:

$$\rho := 7.85 \cdot gm \cdot cm^{-3}$$

$$J_{rad} := \frac{\pi}{32} \cdot b \cdot \rho \cdot \left(d_a^4 - d_i^4\right) \qquad J_{rad} = 176.47 \cdot kg \cdot cm^2$$

Reibungskoeffizient:

$$\mu := 0.15$$

Zu bewegende Masse:

$$G := 1400 \cdot kg$$

Reibkraft:

$$F := 2060.1 \cdot N$$

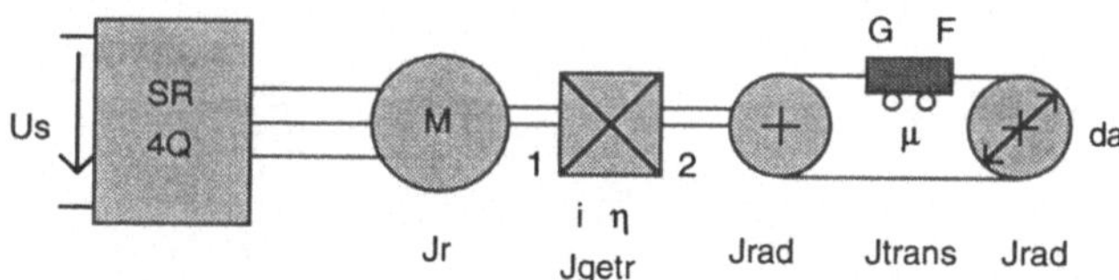

Technische Daten

Motor + Stromrichter: Bosch SE - B5.440.020 + SM 35/70

Motor:

$$n_1 := 2000 \cdot min^{-1} \qquad M_0 := 50 \cdot N \cdot m \qquad Jr := 0.0181 \cdot kg \cdot m^2$$

Getriebe:

$$i := 62 \qquad \eta_{getr} := 0.6 \qquad J_{getr} := 0.0022 \cdot kg \cdot m^2$$

Weg/Takt:

$$s := 203.2 \cdot mm$$

Beschleunigungszeit:

$$t_a := 0.375 \cdot sec$$

Zeit für einen Hub:

$$t_g := 2 \cdot t_a \qquad t_g = 0.75 \cdot sec$$

Max. Geschwindigkeit:

$$v_{max} := 2 \cdot \frac{s}{t_g} \qquad v_{max} = 32.51 \cdot \frac{m}{min}$$

Max. Drehzahl:

$$n_{max} := \frac{v_{max} \cdot i}{d_a \cdot \pi} \qquad n_{max} = 1649.44 \cdot min^{-1}$$

$$n_2 := \frac{n_1}{i} \qquad n_2 = 32.26 \cdot min^{-1}$$

Ausnutzung der Nenndrehzahl:

$$A := \frac{n_{max}}{n_1} \qquad A = 82.47 \cdot \%$$

Mit der Heaviside-Step-Funktion läßt sich der Bewegungsablauf des Antriebs unter Anwendung des geknickten Linienzuges darstellen.

Definition der Heaviside-Step-Funktion:

$\Phi(t) = 1$ für $t \geq 0$ und $\Phi(t) = 0$ für $t < 0$.

Geschwindigkeit	Wegposition durch Integration
Bereich $0 \leq t < t_a$:	
$v_1(t) := \frac{v_{max}}{t_a} \cdot t$	$s_1(t) := \frac{v_{max}}{2 \cdot t_a} \cdot t^2$
Bereich $t_a \leq t < t_g + t_a$:	
$v_2(t) := \frac{-2 \cdot v_{max}}{t_a} \cdot (t - t_a) \cdot \Phi(t - t_a)$	$s_2(t) := \frac{v_{max}}{t_a} \cdot (t - t_a)^2 \cdot \Phi(t - t_a)$

Die jeweilige Summe wird bezogen auf den Endwert dargestellt.

$$v(t) := \frac{(v_1(t) + v_2(t))}{v_{max}} \qquad s(t) := \frac{(s_1(t) + s_2(t))}{s}$$

Darstellung der Geschwindigkeit und des Weges im Bereich $t := 0 \cdot sec, \frac{t_g}{20} .. t_g$:

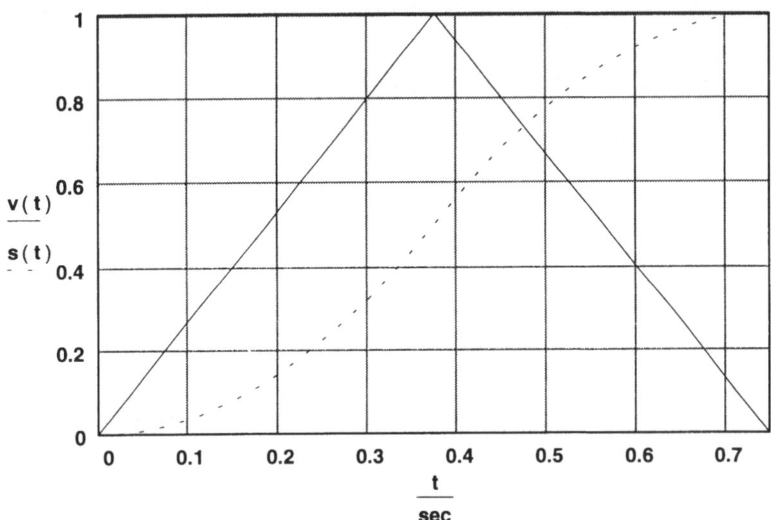

Lastdrehmoment:

$$M_{lr} := F \cdot \frac{d_a}{2 \cdot i \cdot \eta_{getr} \cdot \eta_{rad}} \qquad M_{lr} = 11.34 \cdot N \cdot m$$

Reibleistung:

$$P_r := 2 \cdot \pi \cdot n_{max} \cdot M_{lr} \qquad P_r = 1.96 \cdot kW$$

Trägheitsmoment des Ritzels:

$$J_{rad} = 176.47 \cdot kg \cdot cm^2$$

Das Trägheitsmoment des Getriebes:

$$J_{getr} := 0.000346 \cdot kg \cdot m^2$$

Translatorisches Trägheitsmoment:

$$J_{trans} := \frac{G}{4} \cdot d_a^2 \qquad J_{trans} = 52.96 \cdot kg \cdot m^2$$

Das gesamte Trägheitsmoment bezogen auf die Motorwelle beträgt:

$$J_g := J_r + J_{getr} + \frac{1}{i^2} \cdot (2 \cdot J_{rad} + J_{trans}) \qquad J_g = 0.03 \cdot kg \cdot m^2$$

Gesamt-Beschleunigungsmoment:

$$M_a := 2 \cdot \pi \cdot J_g \cdot \frac{n_{max}}{t_a} \qquad M_a = 14.85 \cdot N \cdot m$$

Gesamtdrehmoment Treiben:

$$M := M_{1r} + M_a \qquad M = 26.19 \cdot N \cdot m$$

Gesamtdrehmoment Bremsen:

$$M_b := M_{1r} - M_a \qquad M_b = -3.51 \cdot N \cdot m$$

Reserve-Drehmoment:

$$M_{reserve} := M_0 - M \qquad M_{reserve} = 23.81 \cdot N \cdot m$$

Max. Kraft Abtriebsseite:

$$F_2 := 2 \cdot M \cdot \frac{i}{d_a} \qquad F_2 = 8346.89 \cdot N$$

Beschleunigungsleistung:

$$P_a := 2 \cdot \pi \cdot n_{max} \cdot M_a \qquad P_a = 2.56 \cdot kW$$

Gesamtleistung:

$$P := P_r + P_a \qquad P = 4.52 \cdot kW$$

Darstellung der Arbeitspunkte in der Drehzahl-Drehmomenten-Ebene:

$$n := \begin{bmatrix} 0 \cdot min^{-1} \\ n_{max} \\ n_{max} \\ 0 \cdot min^{-1} \\ 0 \cdot min^{-1} \end{bmatrix} \qquad M_1 := \begin{bmatrix} M_{1r} + M_a \\ M_{1r} + M_a \\ M_{1r} - M_a \\ M_{1r} - M_a \\ M_{1r} \end{bmatrix}$$

$$j := 0..4$$

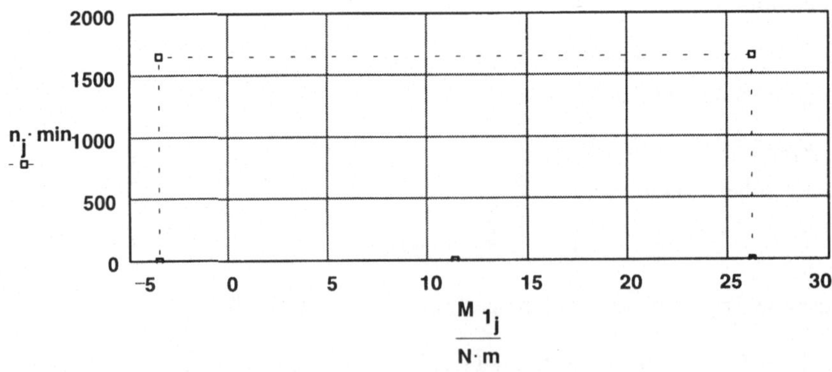

Betrachtung der einzelnen Drehmomentkomponenten abhängig von n_1:

$$n_1 := 500 \cdot \min^{-1}, 550 \cdot \min^{-1} .. n_1$$

Primäres Beschleunigungsmoment:
$$M_{b1}(n_1) := 2 \cdot \pi \cdot \frac{n_1}{t_a} \cdot \left(J_r + J_{getr}\right)$$

Sekundäres Beschleunigungsmoment:
$$M_{b2}(n_1) := 2 \cdot \pi \cdot \frac{n_1}{t_a} \cdot \frac{(2 \cdot J_{rad} + J_{trans})}{i^2}$$

Erweitern mit v_0^2:

$$M_{b2}(n_1) := 2 \cdot \frac{\pi}{t_a} \cdot \frac{n_2^2}{n_1} \cdot \frac{v_{max}^2}{d_a^2 \cdot \pi^2 \cdot n_2^2} \cdot (2 \cdot J_{rad} + J_{trans})$$

$$M_{b2}(n_1) := \frac{2 \cdot v_{max}^2}{t_a \cdot n_1 \cdot d_a^2 \cdot \pi} \cdot (2 \cdot J_{rad} + J_{trans})$$

Lastdrehmoment:
$$M_l(n_1) := F \cdot \frac{d_a}{2 \cdot i \cdot \eta_{getr} \cdot \eta_{rad}}$$

Durch Erweitern ergibt sich:
$$M_l(n_1) := F \cdot \frac{d_a}{2} \cdot \frac{n_2}{n_1} \cdot \frac{v_{max}}{d_a \cdot \pi \cdot n_2} \cdot \frac{1}{\eta_{getr} \cdot \eta_{rad}}$$

$$M_l(n_1) := F \cdot \frac{v_{max}}{2 \cdot \pi \cdot n_1} \cdot \frac{1}{\eta_{getr} \cdot \eta_{rad}}$$

$$M(n_1) := M_{b1}(n_1) + M_{b2}(n_1) + M_l(n_1)$$

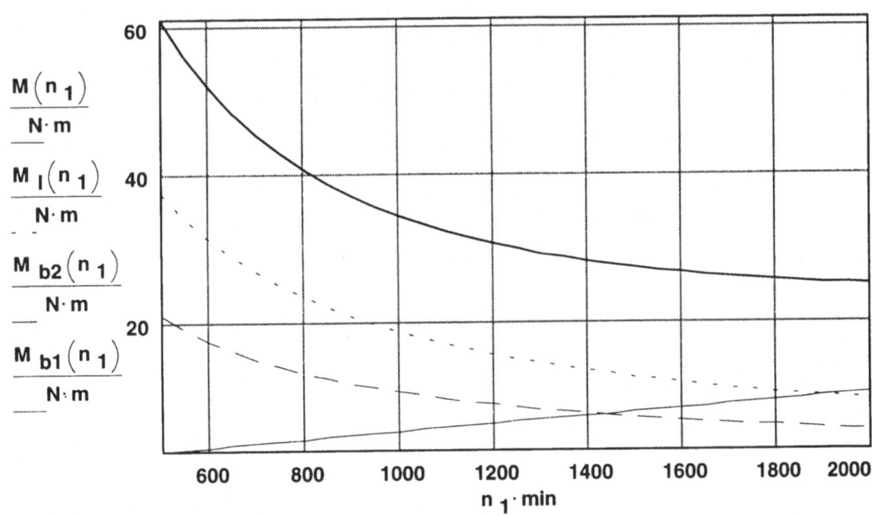

Darstellung der Drehmomentkomponenten abhängig von der Motordrehzahl n_1

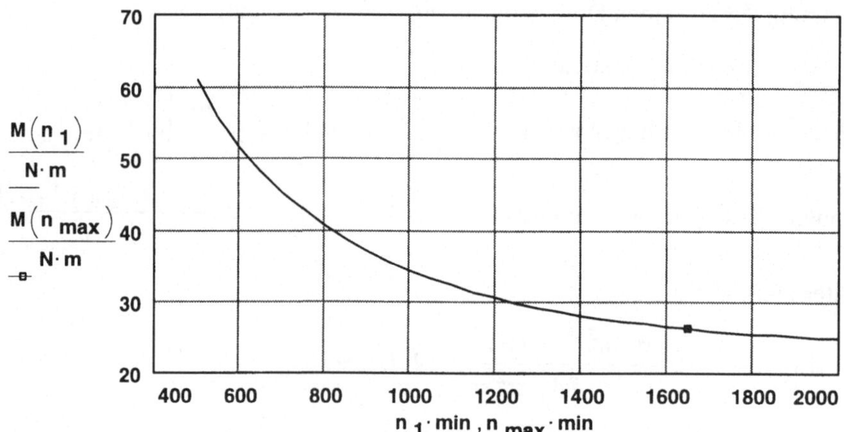

Darstellung des Arbeitspunktes des Motors

Wir untersuchen nun die Drehmomentenfunktion $M(n_1)$ auf ein Minimum:

$$M(n_1) = 2\cdot\pi\cdot\frac{n_1}{t_a}\cdot(J_r + J_{getr}) + \frac{2\cdot v_{max}^2}{t_a\cdot n_1\cdot d_a^2\cdot\pi}\cdot(2\cdot J_{rad} + J_{trans}) + F\cdot\frac{v_{max}}{2\cdot\pi\cdot n_1}\cdot\frac{1}{\eta_{getr}\cdot\eta_{rad}}$$

Die Ableitung dieser Funktion setzen wir zu Null und erhalten bei der Motordrehzahl n_1 das Minimum des Drehmoments.

$$n_1 := \frac{\sqrt{8\cdot\eta_{getr}\cdot\eta_{rad}\cdot v_{max}\cdot J_{rad} + 4\cdot\eta_{getr}\cdot\eta_{rad}\cdot v_{max}\cdot J_{trans} + t_a\cdot F\cdot d_a^2}}{2\cdot\pi\cdot d_a\cdot\sqrt{\eta_{getr}}\cdot\sqrt{\eta_{rad}}\cdot\sqrt{J_r + J_{getr}}}\cdot\sqrt{v_{max}}$$

$n_1 = 2379.93\cdot min^{-1}$ $\qquad M(n_1) = 24.52\cdot N\cdot m$

Auf diese Drehzahl sollte die Motordrehzahl n_1 dimensioniert werden, um den Drehmomentenbedarf so gering wie möglich zu halten.

Es soll nun der Hochlauf dieses Servo-Antriebs dargestellt werden. Hierzu wird aus 6 Stützstellen mit den Wertepaaren Drehzahl und Zeit unter Verwendung der Spline-Methode eine geglättete Funktion n(t) errechnet. Hieraus wird durch Differenzierung die Winkelbeschleunigung a(t) und durch Integration der Verfahrweg s_j errechnet und graphisch dargestellt.

Zeit $t_a = 375 \cdot ms$ Drehzahl $n_{max} = 1649.44 \cdot min^{-1}$

$$vx := \begin{bmatrix} 0 \\ 0.2 \\ 0.42 \\ 0.65 \\ 0.85 \\ 1 \end{bmatrix} \cdot t_a \qquad vy := \begin{bmatrix} 0 \\ 0.11 \\ 0.38 \\ 0.7 \\ 0.95 \\ 1 \end{bmatrix} \cdot n_{max}$$

Für diesen Fall wird der parabolische Spline gewählt:

$$vs := pspline(vx, vy)$$

Die so erzeugten Datenpunkte werden mit Hilfe einer linearen Interpolation verbunden:

$$n(t) := interp(vs, vx, vy, t)$$

$$j := length(vx) - 1 \qquad k := 0..j \qquad t := 0 \cdot ms, \frac{vx_j}{20}..vx_j$$

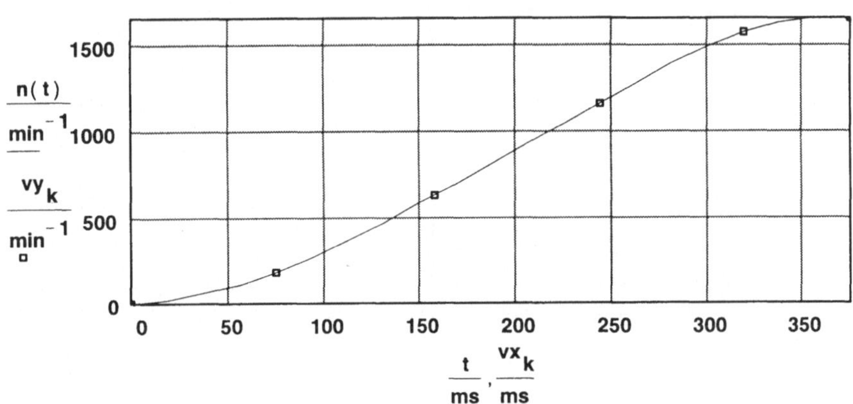

Winkelbeschleunigung auf der Motorseite a(t): $a(t) := 2 \cdot \pi \cdot \frac{d}{dt} n(t)$

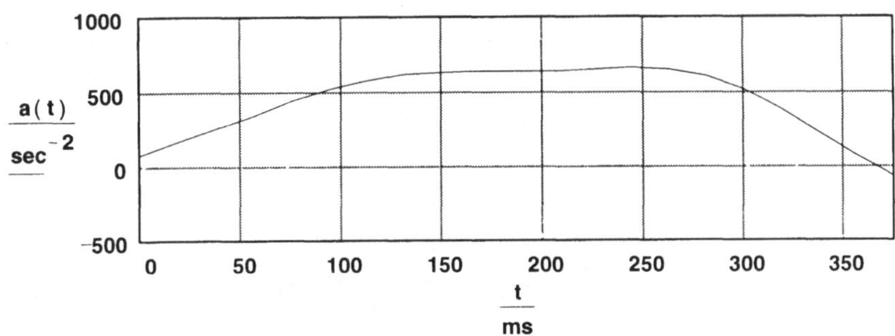

Dieser Graph ist nützlich, weil man auf einfache Weise visuell die maximale Beschleunigung feststellen kann. Gerade bei der Vorgabe des Drehzahlprofils über Stützstellen kann man sonst unliebsame Überraschungen erleben.

Durch Integration von v(t) ergibt sich der gesamte Verfahrweg der Abtriebsseite:

$$v(t) := d_a \cdot \pi \cdot \frac{n(t)}{i} \qquad \text{Verfahrweg} := \int_{0\cdot sec}^{vx_j} v(t)\,dt \qquad \text{Verfahrweg} = 101.52 \cdot mm$$

Um den Verfahrweg als Funktion der Zeit graphisch darzustellen, ist eine iterative Integration erforderlich.

$$l := 50 \qquad i := 1..l \qquad t_i := \frac{i}{l} \cdot vx_j \qquad s_0 := 0 \cdot mm \qquad s_{i+1} := s_i + \int_{t_{i-1}}^{t_i} v(t)\,dt$$

$$s_{i+1} = 101.52 \cdot mm$$

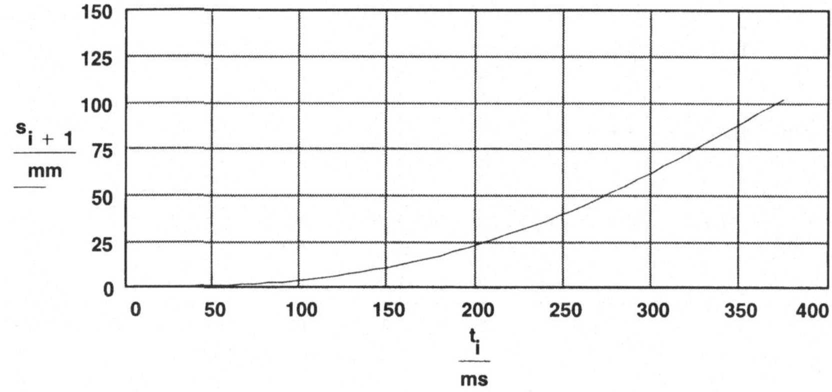

5.14 Positionierantrieb

Der Antrieb soll mit einem linearen Hoch- und Ablauf ausgerüstet sein. Die folgende Figur zeigt das Drehzahl- und Geschwindigkeitsprofil über der Zeit. Mit dieser Annahme und den genannten Beispieldaten ergeben sich einige grundlegende Zusammenhänge.

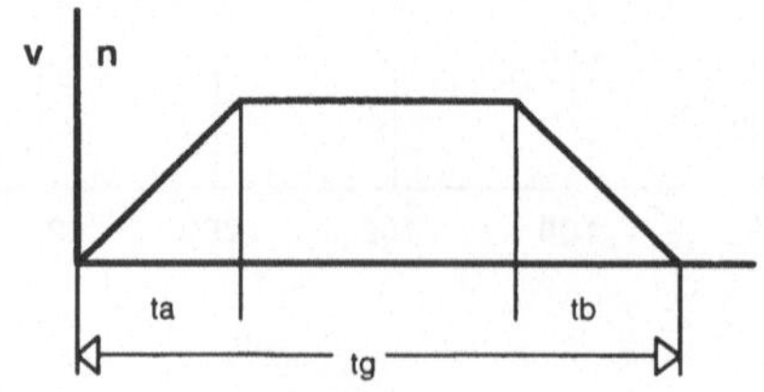

Beispieldaten

Walzendurchmesser:

$$d := 20 \cdot mm$$

Drehzahl:

$$n := 750 \cdot min^{-1}$$

Hochlaufzeit:

$$t_a := 0.1 \cdot sec$$

Ablaufzeit:

$$t_b := 0.2 \cdot sec$$

Gesamtvorschubzeit:

$$t_g := 1.5 \cdot sec$$

Spindelsteigung und Durchmesser eines Laufrades stehen in folgendem Verhältnis:

Spindelsteigung:

$$h := d \cdot \pi \qquad h = 62.83 \cdot mm$$

Geschwindigkeit:

$$v := d \cdot \pi \cdot n \qquad v = 47.12 \cdot \frac{m}{min}$$

Hochlaufweg:

$$s_a := v \cdot \frac{t_a}{2} \qquad s_a = 39.27 \cdot mm$$

Bremsweg:

$$s_b := v \cdot \frac{t_b}{2} \qquad s_b = 78.54 \cdot mm$$

Gesamtvorschubweg:

$$s := \frac{v}{2} \cdot \left(2 \cdot t_g - t_a - t_b\right) \qquad s = 1060.29 \cdot mm$$

Umdrehungen für Bremsen:

$$U_b := \frac{t_b}{2} \cdot n \qquad U_b = 1.25$$

5.15 Schrittmotorantrieb

Schrittmotorantriebe werden dort eingesetzt, wo mit wenig Aufwand eine genaue Position angefahren werden soll. Die Positioniergenauigkeit oder das Weginkrement läßt sich mit Hilfe der mechanischen Übertragungsglieder auf das gewünschte Maß einstellen.

Vorschub über eine Spindel

Definitionen:

$$N \equiv newton \qquad Hz \equiv \frac{1}{sec}$$

Vorschublänge:

$$s := 250 \cdot mm$$

Spindelsteigung:

$$h := 10 \cdot mm$$

Walzendurchmesser:

$$d := 20 \cdot mm$$

Getriebeübersetzung:

$$i := 10$$

Schrittfrequenz:

$$f_z := 400 \cdot Hz$$

Schrittzahl/Motor-Umdrehung:

$$z := 200$$

Reibungskoeffizient:

$$\mu := 0.1$$

Wirkungsgrad des Getriebes:

$$\eta := 0.9$$

Masse des Tisches:

$$G := 100 \cdot kg$$

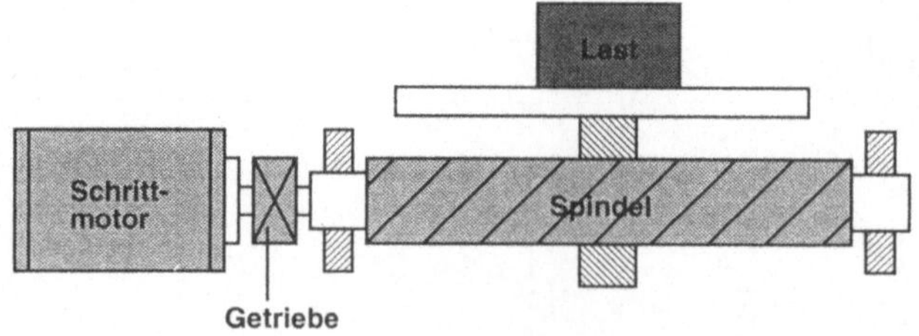

Weginkrement:

$$s_0 := \frac{h}{z \cdot i} \qquad s_0 = 0.01 \cdot mm$$

Vorschubgeschwindigkeit:

$$v := s_0 \cdot f_z \qquad v = 2 \cdot \frac{mm}{sec}$$

Motordrehzahl:

$$n := \frac{f_z}{z \cdot i} \qquad n = 12 \cdot min^{-1}$$

Fahrzeit:

$$t := \frac{s}{s_0 \cdot f_z} \qquad t = 125 \cdot sec$$

Zugkraft:

$$F := \mu \cdot g \cdot G \qquad F = 98.07 \cdot N$$

Lastdrehmoment:

$$M_{12} := \frac{h}{2 \cdot \pi} \cdot F \qquad M_{12} = 0.16 \cdot N \cdot m$$

Auf Schrittmotorwelle reduziert:

$$M_{11} := \frac{M_{12}}{i \cdot \eta} \qquad M_{11} = 0.02 \cdot N \cdot m$$

Die Trägheitsmomente werden in einem separaten Kapitel behandelt.

- **Vorschub über eine Transportwalze**

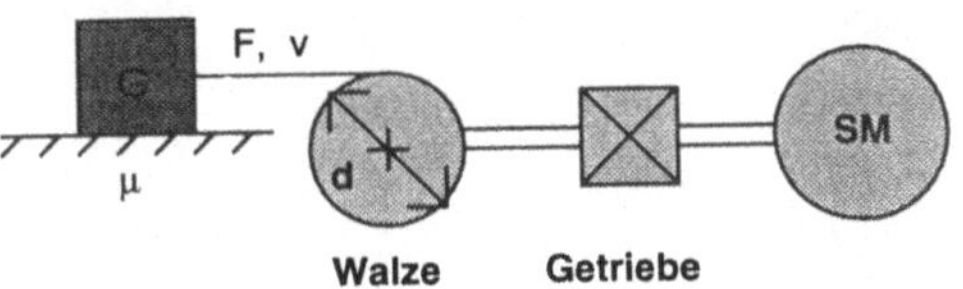

Weginkrement: $s_0 := \frac{d \cdot \pi}{z \cdot i}$ $\qquad s_0 = 0.03 \cdot mm$

Vorschubgeschwindigkeit: $v := \frac{f_z \cdot d \cdot \pi}{z \cdot i}$ $\qquad v = 12.57 \cdot \frac{mm}{sec}$

Motordrehzahl:

$$n := \frac{f_z}{z \cdot i} \qquad n = 12 \cdot min^{-1}$$

Fahrzeit:

$$t := \frac{s \cdot z \cdot i}{d \cdot \pi \cdot f_z} \qquad t = 19.89 \cdot sec$$

Zugkraft:

$$F := \mu \cdot g \cdot G \qquad F = 98.07 \cdot N$$

Lastdrehmoment:

$$M_{12} := \frac{d}{2} \cdot F \qquad M_{12} = 0.98 \cdot N \cdot m$$

Auf Motorwelle reduziert:

$$M_{11} := \frac{M_{12}}{i \cdot \eta} \qquad M_{11} = 0.11 \cdot N \cdot m$$

Zeitoptimales Positionieren mit Schrittmotoren

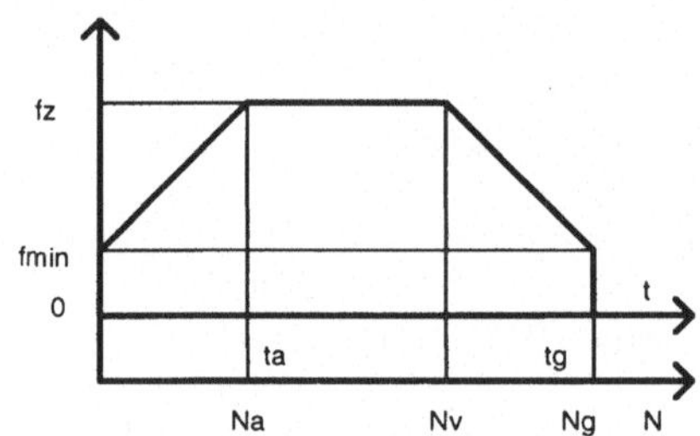

Weginkrement:

$$s_0 := 0.01 \cdot mm$$

Verfahrweg:

$$s = 250 \cdot mm$$

Hochlaufzeit:

$$t_a := 0.1 \cdot sec$$

Vorschubzeit:

$$t_g := 1 \cdot sec$$

Trägheitsmoment:

$$J := 0.005 \cdot kg \cdot m^2$$

min. Schrittfrequenz:

$$f_{min} := 100 \cdot Hz$$

Schrittzahl im Hochlauf:

$$N_a := \frac{t_a}{2} \cdot (f_z + f_{min}) \qquad N_a = 25$$

Gesamtschrittzahl:

$$N_g := \frac{s}{s_0} \qquad N_g = 2.5 \cdot 10^4$$

Vorstoppunkt:

$$N_v := N_g - N_a \qquad N_v = 2.5 \cdot 10^4$$

Beschleunigung:

$$a := \frac{f_z - f_{min}}{t_a} \qquad a = 3000 \cdot sec^{-2}$$

Beschleunigungsmoment:

$$M_a := \frac{2 \cdot \pi}{z} \cdot J \cdot a \qquad M_a = 0.47 \cdot N \cdot m$$

5.16 Elektronisch kommutierter Motor

5.16.1 Rationelle Energienutzung bei elektrischen Antrieben für die Lufttechnik

Es gibt eine Reihe von Kriterien, die über den Energiebedarf eines elektrischen Antriebssystems entscheiden. An erster Stelle steht die Auswahl eines geeigneten Verfahrens zum Verstellen der Drehzahl und des Drehmomentes. Ein weiterer wichtiger Gesichtspunkt ist die Optimierung des Wirkungsgrades des Antriebsmotors.

Im folgenden soll der Einsatz von EC-Motoren unter besonderer Berücksichtigung der Lufttechnik behandelt werden.

Wird zum Beispiel als Mengenstellverfahren eine Drosselung des Volumenstroms mit Drosselklappe gewählt, so können die physikalisch bedingten Verluste dieses Verfahrens auch mit dem bestmöglichen Motorwirkungsgrad nicht mehr ausgeglichen werden.

Lufttechnisch müssen auf jeden Fall wirkungsgradoptimierte Ventilatoren und Anordnungen mit möglichst geringen Strömungswiderständen und damit geringem Druckverlust gewählt werden. In der Praxis ist hier allerdings wegen der Abmessungen oft ein Kompromiß zu schließen.

5.16.2 Regelverfahren in der Lufttechnik

Mechanische Regelverfahren wie Drossel- oder Drall-Regelung sind in den letzten Jahren weitgehend durch die stufenlose elektronische Drehzahlverstellung abgelöst worden. Damit sind eine bessere Einbindung in Automationsprozesse, großer Stellbereich und Geräuschminderung zu erreichen.

Aus Gründen der Wartungsfreiheit und Verfügbarkeit hat sich dabei die Asynchron-(Kurzschlußläufer)Maschine durchgesetzt. Die Regelung wird mit elektronischen, verschleißfreien Spannungs- oder Frequenzumrichtern realisiert.

Die bewährte Asynchronmaschine hat in letzter Zeit, besonders im unteren Leistungsbereich, aus Energiegründen einen Wettbewerber erhalten, den elektronisch kommutierten (EC)-Motor.

5.16.3 Bezeichnungen für elektronisch kommutierte Motoren

Für EC-Motoren werden die unterschiedlichsten Bezeichnungen verwendet, die alle dasselbe Produkt charakterisieren:

- kollektorloser Gleichstrommotor
- bürstenloser Gleichstrommotor
- elektronisch kommutierter (EC) Motor
- Maschine mit elektronischer Kommutierung (EK - Maschine)
- Brushless DC Motor
- Servomotor mit elektronischer Stromwendung / Kommutierung
- AC - Servo
- Stromrichtermotor
- Elektronik-Motor

5.16.4 EC-Motor im Vergleich zur Asynchronmaschine

Bei Leistungen unter 10 kW sinkt der Wirkungsgrad von Asynchronmaschinen systembedingt stark ab (siehe Bild).

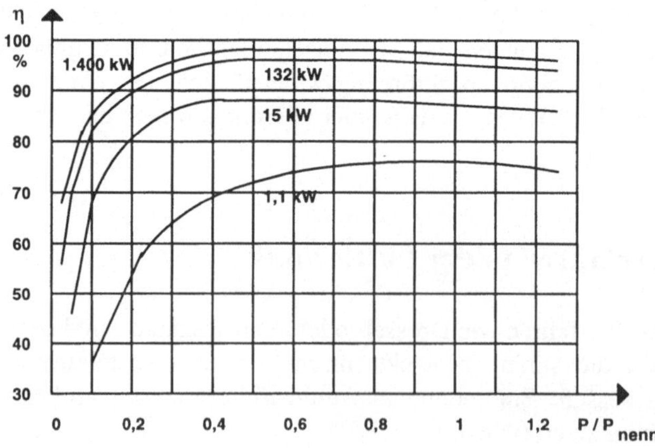

Wirkungsgrad von Asynchronmaschinen

Hier liegt in der Lufttechnik ein sehr großes Energiepotential, da sehr viele RLT- Geräte im Leistungsbereich unter 4 kW eingesetzt werden. Diese Erkenntnis hat zur Entwicklung eines speziell für diese Anwendung optimierten EC-Motors geführt.

Neben einer deutlichen Energieersparnis war die Verknüpfung aller Vorteile des Asynchronmotors, wie Wartungsfreiheit und kostengünstige Herstellung mit konstruktiven lufttechnischen Vorteilen des Außenläuferprinzips, vorrangiges Entwicklungsziel.

Im folgenden sollen die Unterschiede des EC-Motors zum Asynchronmotor kurz dargestellt werden.

Eine drehende elektrische Maschine besitzt zwei Hauptkomponenten: Den ruhenden Ständer und den drehenden, mit der Welle verbundenen Läufer. Im Motorbetrieb wird der Ständerwicklung elektrische Energie zugeführt, die gewandelt über die Welle als mechanische Energie abfließt, d.h. mit der drehenden Welle über das Drehmoment an den „Verbraucher“ übertragen wird.

Ein Energieaustausch tritt dann auf, wenn in Spulen Spannungen induziert werden, die zu Strömen führen. Dabei ist es gleichgültig, ob die Anordnung von Spule und Magnet im Ständer und Läufer ist oder auch umgekehrt. Es sind verschiedene elektromagnetische Mechanismen anwendbar, um den Wandlungsprozeß herbeizuführen; daraus resultiert auch die Vielzahl der ausgeführten elektrischen Maschinen.

Wie bereits aufgeführt wurde, ist die Kraftwirkung zwischen magnetischen Feldern für die Wirkungsweise der elektrischen Maschinen von grundlegender Bedeutung. Die Magnetfelder werden entweder stromerregt oder – neuerdings durch die Fortschritte in der Technologie – durch Dauermagnete erzeugt. Die stromführenden Spulen sind in den Maschinen heute zum Schutz der Leiter in mit Isoliermaterial ausgekleideten Nuten untergebracht; eine Ausnahme bildet nur die Käfigwicklung des Kurzschlußläufers.

Der wartungsfreie Kurzschlußläufer-Asynchronmotor kann direkt (ungeregelt) am Netz betrieben werden. Eine Regeleinheit (Frequenz- oder Spannungsregler) ist nur notwendig, wenn der Motor mit veränderbarer Drehzahl betrieben werden soll.

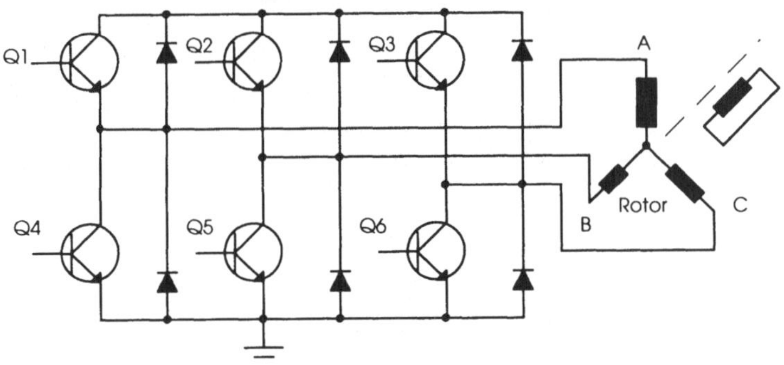

Kurzschlußläufer-Asynchronmotor mit Wechselrichter-Leistungsstufe

Der Elektronik-Motor benötigt in jedem Fall eine elektronische Kommutierungseinheit und kann damit stufenlos geregelt werden. Der Elektronik-Motor entspricht in seinem Betriebsverhalten dem bekannten Gleichstrom-Nebenschlußmotor.

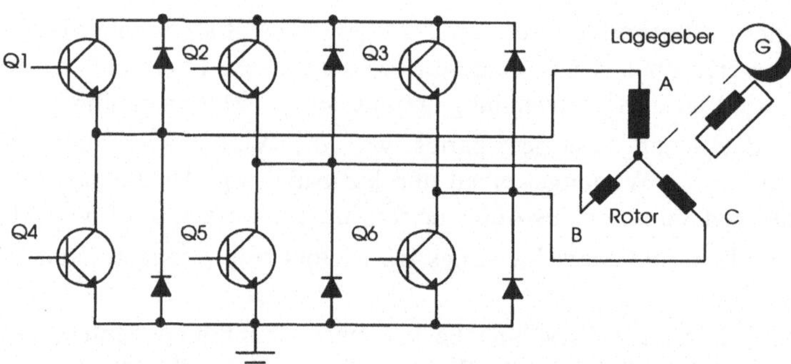

EC-Motor mit Wechselrichter-Leistungsstufe

Die Statoren für Elektronikmotoren sind denen für Kurzschlußläufermotoren ähnlich. Der Unterschied liegt im Rotor. Anstelle des Kurzschlußläufers tritt ein Rotor, der mit Permanentmagneten versehen ist und einen Eisenmantel für den magnetischen Schluß besitzt. Für die elektronische Kommutierung ist ein Lagegeber notwendig, der die Position des Rotors erfaßt. Daraus werden die Schaltbefehle für die Kommutierung abgeleitet (siehe Bild oben).

5.16.5 Energieersparnis, Energiefluß

Der wesentliche Vorteil des elektronisch kommutierten Gleichstrommotors ist die hohe Energieersparnis. Die prinzipiellen Unterschiede des Energieflusses von Asynchronmaschine und EC-Motoren sind in den folgenden Bildern dargestellt. P1 ist dabei die vom Netz aufgenommene Wirkleistung, P2 ist die an der Welle abgegebene Leistung.

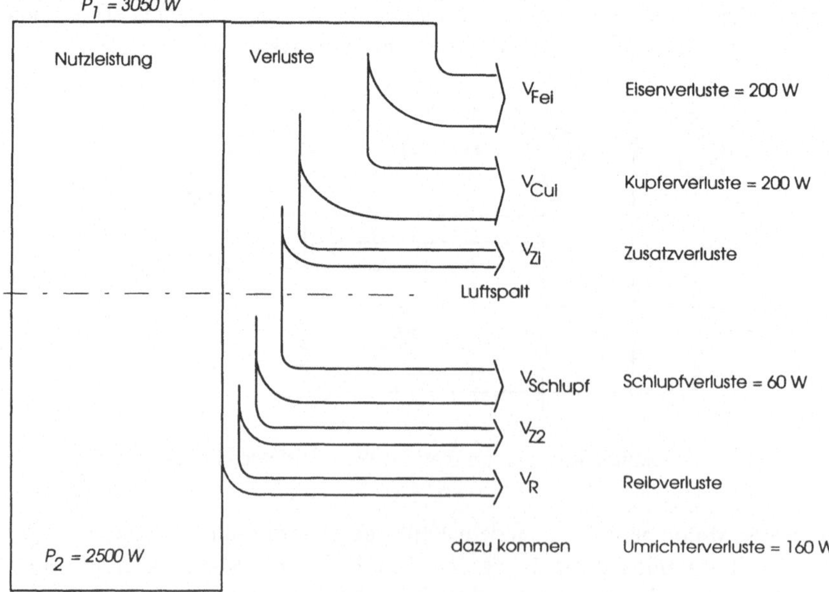

Leistungsfluß durch einen Normmotor

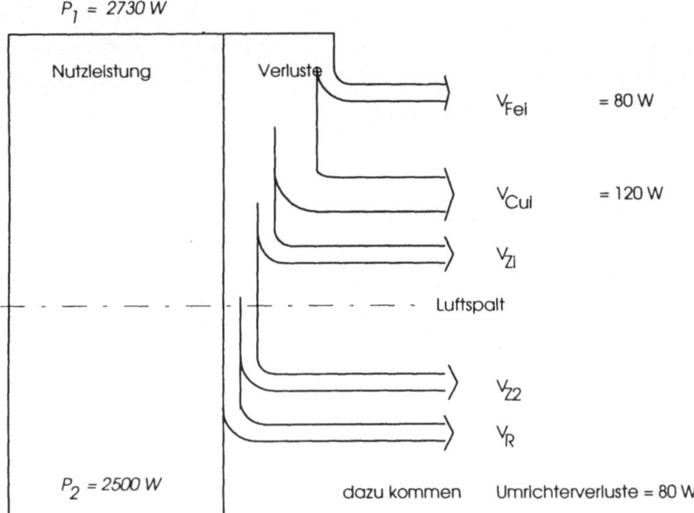

Leistungsfluß durch einen EC-Motor

Im wesentlichen wird die Energieersparnis beim EC-Motor durch Wegfall des Schlupfverlustes, der Erregerleistung und drastisch reduzierte Kupferverluste begründet.

Die Gesamtverluste eines EC-Motors mit elektronischer Kommutierungseinheit (PVEC) sind erheblich geringer, als die des Asynchronmotors mit Frequenzumrichter (PVASM). Folgendes Bild zeigt diesen Unterschied in Abhängigkeit vom Drehmoment (ein Drehmoment von 10 Nm bei 2400 min^{-1} ergibt eine Wellenleistung von ca. 2,5 kW).

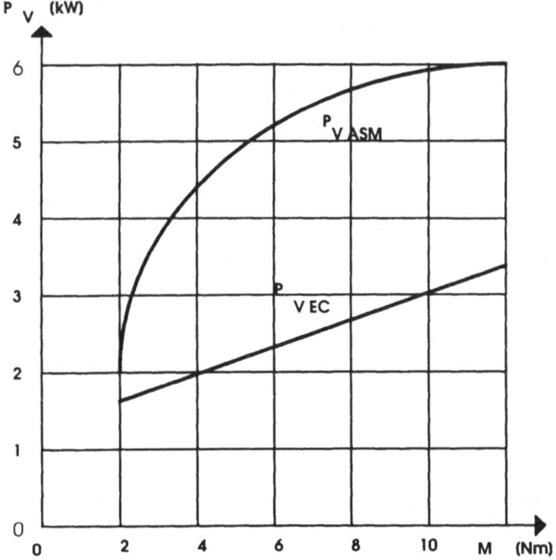

Verlustleistungen in Abhängigkeit vom Drehmoment

Bedingt durch die geringeren Verluste kann der Motor oft eine Baugröße kleiner ausgelegt werden. Ein weiterer Vorteil ist die geringe zusätzliche Erwärmung – im Beispiel werden bei Nennleistung des Ventilators ca. 400 W weniger Verluste ins System eingebracht, wenn ein EC-Motor verwendet wird.

5.16.6 Wirtschaftlichkeitsrechnung

Bei einer Motornennleistung von 2 kW ist eine Energieersparnis von 400 W im Nennpunkt erreichbar. Selbst bei ungeregelten Anlagen, die lange Laufzeiten haben, ist eine Amortisation des relativ aufwendigen Antriebes in kurzer Zeit gegeben.

Annahme

Laufzeit: 8000 Stunden pro Jahr
Arbeitspreis: 0,25 DM/kWh
Energieersparnis: 400 W
Es ergibt sich eine Energieersparnis pro Jahr von DM 800,--.

Der Ersatz eines ungeregelten Normmotors durch einen EC-Motor mit elektronischer Steuerung amortisiert sich erfahrungsgemäß in weniger als 3 Jahren.

Bei geregelten Anlagen ist wegen der ohnehin notwendigen Regeleinheit ein Kapitalrückfluß durch die Energieersparnis sofort gegeben, da keine zusätzlichen Kosten für die Drehzahlregelung entstehen. EC-Motoren sind grundsätzlich regelbar.

In klimatechnischen Anlagen ergibt sich zusätzliche Energieersparnis durch kürzere Laufzeit der Kältemaschine, da gegenüber Asynchronmotoren nur etwa die Hälfte der entstehenden Verluste abgeführt werden müssen.

5.16.7 Eigenschaften des EC-Motors

Elektronikmotoren können sowohl als Innenläufer-, als auch als Außenläufermotoren aufgebaut sein.

Außenläufer-Elektronik-Motoren bieten wegen ihrer kompakten Bauart und konstruktiven Vorteile günstigste Voraussetzungen zur Anwendung in Radialventilatoren. Sie können direkt ins Laufrad integriert werden. Wegen der hohen Leistungsdichte, demzufolge geringen Abmessungen, ergeben sich praktisch keine zusätzlichen Strömungsverluste im Radiallaufrad.

Mechanisch aufwendige Anordnungen mit Keilriemen, Keilriemenscheiben und Spannschienen können entfallen. Es gibt keinen Keilriemenabrieb. Bei vielen Anwendungen kann deshalb auf eine zweite Luft-Filterstufe mit zusätzlichem Druckverlust verzichtet werden.

Motorbaugröße

Für eine bestimmte Motorbaugröße ist nur das Moment maßgeblich. Die Drehzahl kann praktisch beliebig gewählt werden.

Auslegungspunkt

Allgemein gilt beim Elektronik-Motor (mit Permanentmagneten, d.h. konstantem Feld):

$$n \sim U$$

d.h., die Drehzahl ist der angelegten Spannung proportional und

$$M \sim I$$

d.h., das verfügbare Drehmoment ist dem Motorstrom proportional.

Dieses Gleichungspaar ist von der Gleichstrommaschine her bekannt. In der Tat vereinigt der EC-Motor die bekannten guten Eigenschaften der Gleichstrommaschine mit der Robustheit eines kollektorlosen Drehstrommotors.

Ausgelegt wird grundsätzlich auf ein bestimmtes (Dauer-) Moment bei einer durch die (Nenn-) Spannung definierten Drehzahl. Durch Spannungserhöhung über die Nennspannung hinaus sind höhere Drehzahlen möglich. Einschränkungen, wie z.B. eine Momentenreduktion im höheren Drehzahlbereich sind nicht nötig.

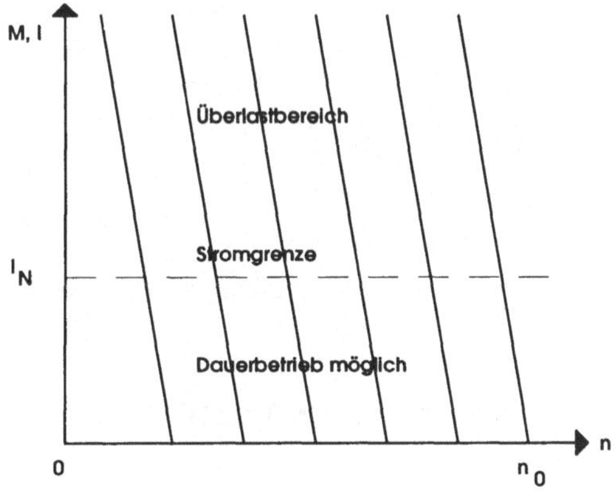

Drehzahl- Drehmomenten- Diagramm eines EC-Motors

Die wichtigsten Motorkennlinien sind in Abhängigkeit vom geforderten Drehmoment in obigem Bild für den Standard-Asynchronmotor und im folgenden Bild für den EC-Motor dargestellt.

Die deutlich niedrigeren Umrichterströme des EC-Motors haben kleinere Umrichter und weniger Umrichterverluste zur Folge.

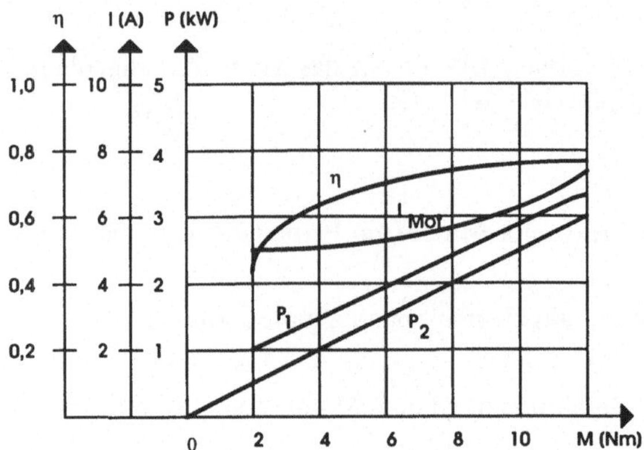

Motorkennlinien eines IEC-Normmotors: BG 90 mit Frequenzumrichter bei n = 2400 min^{-1}

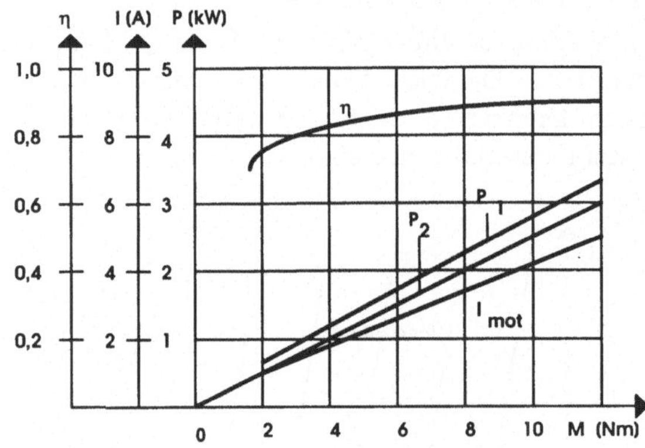

Motorkennlinien eines Außenläufers: Elektronikmotors BG 106 bei n = 2400 min^{-1}

5.16.8 Einsatzfelder und Vorteile für Ventilatoren mit EC-Motoren

Nachfolgend sind beispielhaft einige Einsatzfelder und die dabei nutzbaren Vorteile von Ventilatoren mit EC-Motoren aufgelistet.

Einsatzfeld	**Vorteil**
Direktgetriebene Radialventilatoren, die über der Nenndrehzahl betrieben werden.	kein Keilriemen, kein Abrieb, weniger Filterverschmutzung
Ventilatoren mit langen Betriebszeiten, z.B. in RLT-Anlagen für thermisch hochbelastete Räume, Lüftungsanlagen mit Wärme-Rückgewinnung	Energieersparnis

Anlagen, in denen möglichst wenig zusätzliche Wärme entstehen darf	keine zusätzliche Kühlung für Motor- und Umrichterverluste nötig
Anlagen mit schwachen Netzen, besonders bei Betrieb an Notstromanlagen USV (unterbrechungsfreie Stromversorgung)	geringe Stromaufnahme aus dem Netz
Geräte, die aus Batterien bzw. Akkus versorgt werden, z.B. mobile Anlagen in: Bussen oder Bahnen portablen Lebenserhaltungssystemen (Deko-Anlagen)	längere Betriebszeiten mit gleicher Akkukapazität
Solarversorgte Anlagen, z.B.: Trocknung, Belüftung	weniger Kollektorfläche nötig, da geringere Stromaufnahme

5.16.9 Zusammenfassung

EC-Motoren sind aufgrund ihres hervorragenden Wirkungsgrades auch dann einzusetzen, wenn systembedingt gar keine Regelung notwendig ist, sondern ein Betrieb mit etwa konstanter Drehzahl ausreichen würde.

Gegenüber einem mit Umrichter geregelten Standard-Normmotor ergibt sich schon im Nennbetriebspunkt eine Wirkungsgradverbesserung um ca. 15%. Neben geringerem Energiebedarf ergibt sich als weiterer Vorteil eine um 50% geringere Verlustwärme im System.

EC-Motoren zeichnen sich durch niedrigeres Gewicht, geringere Baugröße und einfachere Einstellung aus.

An dieser Stelle möchte ich Herrn Häussermann von der Firma Ziehl-Abegg für die unterstützende Beratung bei diesem Kapitel danken.

6 Regelungstechnik

6.1 P-Regler, I-Regler, PI-Regler

Die nächsten Kapitel befassen sich mit der Dimensionierung von elektronischen Reglern mit Operationsverstärkern. In diesem Zusammenhang wird auch auf die umfangreiche Literatur über dieses Gebiet verwiesen (siehe Literaturverzeichnis).

P-Regler

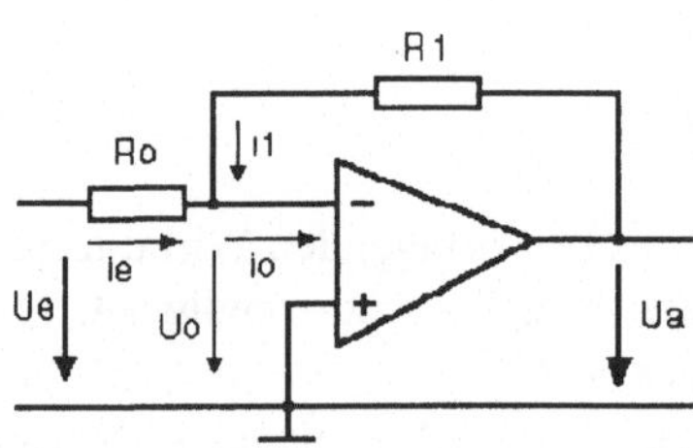

$i_0 = i_1 + i_e$

Annahme:

$U_0 := 0 \cdot \text{volt}$ $\qquad i_0 := 0 \cdot \text{amp}$ $\qquad i_e = -i_1$

$F(s) = \dfrac{-U_a}{U_e} = \dfrac{R_1}{R_0} = V_R$ mit $\qquad V_r$ = Proportionalverstärkung

I-Regler

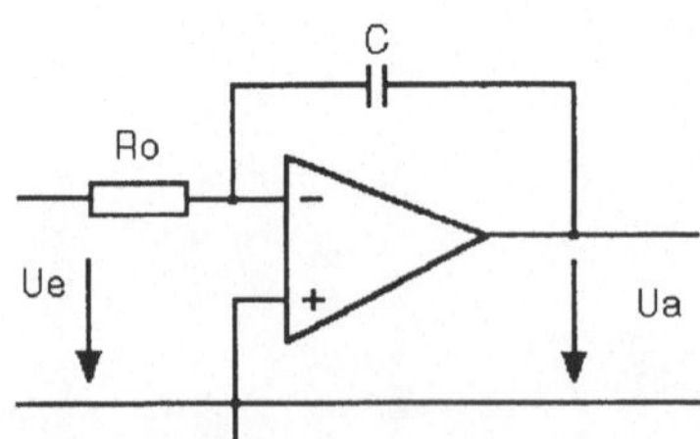

Beispiel:

$ms \equiv 10^{-3} \cdot \text{sec}$ $\qquad R_0 \equiv 1000 \cdot \text{ohm}$ $\qquad C \equiv 10^{-6} \cdot \text{farad}$

$$F(s) = \frac{-U_a}{U_e} = \frac{\frac{1}{s \cdot C}}{R_0} = \frac{1}{s \cdot C \cdot R_0} = \frac{1}{s \cdot T_i}$$

$T_i := C \cdot R_0$ $\quad T_i = 1 \cdot ms \quad$ mit T_i = Integrationszeitkonstante

$$U_a(t) = U_{a0} - \frac{1}{T_i} \cdot \int_{t_0}^{t_1} U_e(t)\,dt$$

Mit einem Rechtecksignal $U_e(t) = U_0$ vereinfacht sich diese Formel.

Zahlenbeispiel:

$U_{a0} := 0 \cdot volt \qquad U_0 := 1 \cdot volt$

$t := 0 \cdot sec, 0.1 \cdot T_i .. 3 \cdot T_i$

$$U_a(t) := U_{a0} - \frac{t}{T_i} \cdot U_0$$

Nach Ablauf der Integrationszeit T_i liegt am Ausgang des Integrators die Eingangsspannung $-U_0$ an. Unter der Annahme, daß der Kondensator beim Einschalten vollständig entladen ist, ergibt sich am Ausgang folgender Potentialverlauf:

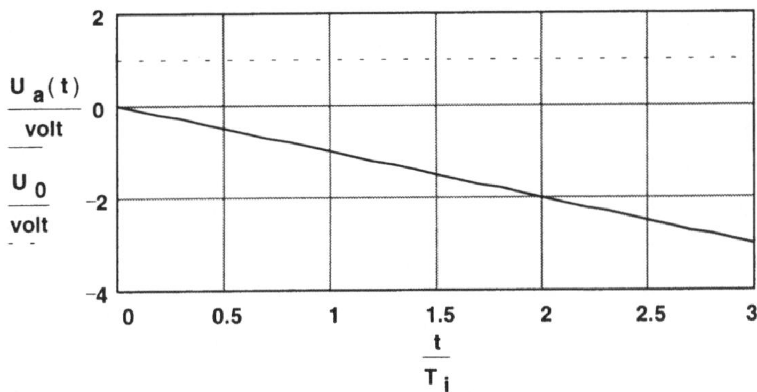

Beispiel für ein Rechtecksignal:

Als Bezugsspannung wählen wir $U_0 = 1\,Volt$, damit man die Verstärkung besser erkennt.

$U_0 := 1 \cdot volt$

$U_e(t) := U_0 \cdot (1 - \Phi(t - 2 \cdot T_i) - 2 \cdot \Phi(t - 3 \cdot T_i) + 2 \cdot \Phi(t - 5 \cdot T_i))$

$t := 0 \cdot sec, 0.02 \cdot T_i .. 6 \cdot T_i$

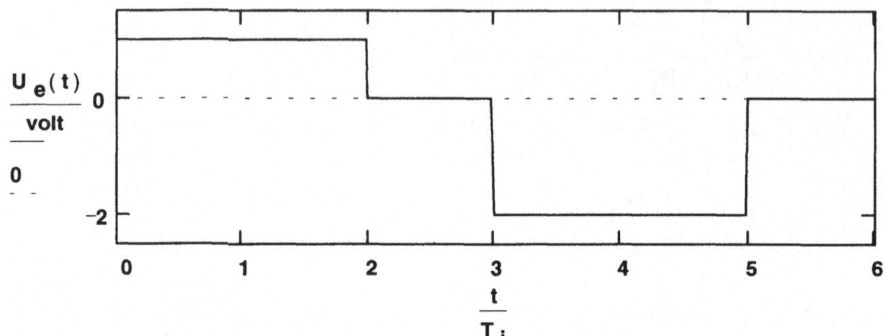

$$U_a(t) := -\frac{U_0}{T_i} \cdot \left[t - (t - 2 \cdot T_i) \cdot \Phi(t - 2 \cdot T_i) - (t - 3 \cdot T_i) \cdot 2 \cdot \Phi(t - 3 \cdot T_i) ... \right.$$
$$\left. + (t - 5 \cdot T_i) \cdot 2 \cdot \Phi(t - 5 \cdot T_i) \right]$$

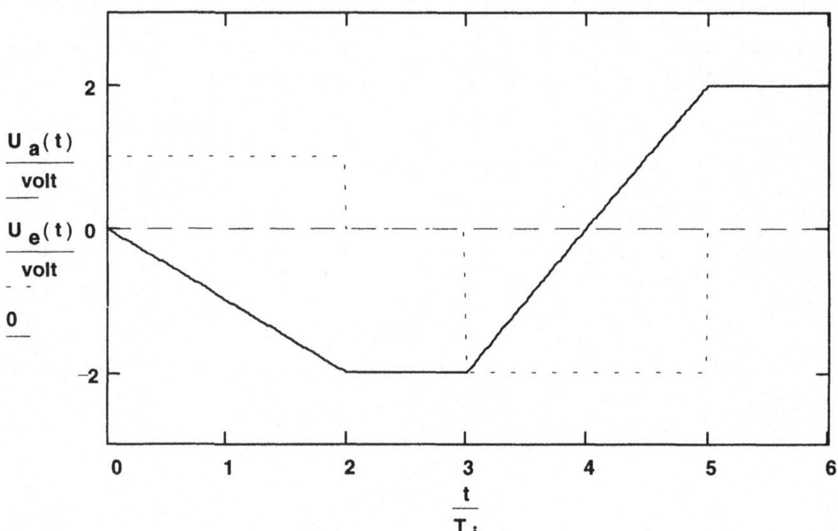

PI-Regler

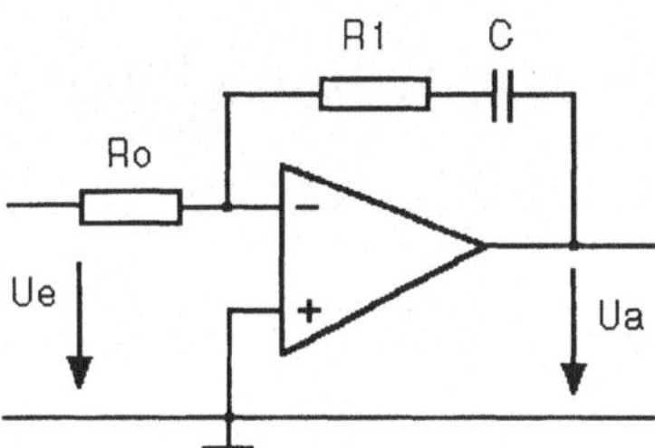

$$F(s) = \frac{-U_a}{U_e} = \frac{R_1 + \frac{1}{s \cdot C}}{R_0} = \frac{1 + s \cdot R_1 \cdot C}{s \cdot R_0 \cdot C}$$

Hieraus ergeben sich drei wichtige Konstanten:

T_i = Integrationszeit T_n = Nachstellzeit V_r = Reglerverstärkung

$T_i := R_0 \cdot C$ $T_n := R_1 \cdot C$ $V_r := \frac{R_1}{R_0}$ oder umgeformt $V_r := \frac{T_n}{T_i}$

Bei der Bearbeitung der Übertragungsfunktion mit Hilfe der Laplace-Transformation geht man von der multiplikativen Form aus:

$$F(s) = \frac{1 + s \cdot R_1 \cdot C}{s \cdot R_0 \cdot C} \cdot V_r \cdot \frac{R_0}{R_1} = V_r \cdot \frac{1 + s \cdot T_n}{s \cdot T_n}$$

Bei der Darstellung der Eingangs- und Ausgangsfunktion im Zeitbereich geht man von der additiven Form aus. Die Übertragungsfunktion in additiver Form lautet:

$$F(s) = V_r \cdot \left(1 + \frac{1}{s \cdot T_n}\right) = V_r + \frac{1}{s \cdot T_i}$$

Hieraus leitet sich die Sprungantwort im Zeitbereich ab:

$$U_a(t) = U_{a0} - V_r \cdot U_e - \frac{V_r}{T_n} \cdot \int_{t_0}^{t_1} U_e(t)\,dt$$

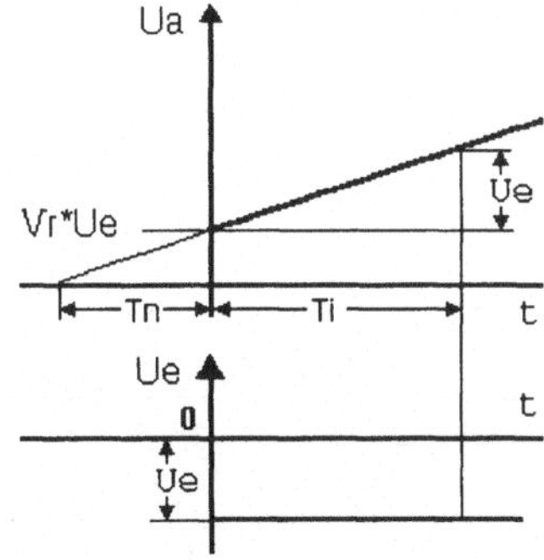

Bei einem Rechtecksignal vereinfacht sich die Rechnung:

Mit $V_r := \frac{T_n}{T_i}$ $\qquad -U_a(t) = -U_{a0} + V_r \cdot U_e(t) + \frac{t}{T_i} \cdot U_e(t)$

Beispiel: Gleiches Eingangssignal wie beim I-Regler

Komponenten:

$$R_0 = 1000 \cdot \text{ohm} \qquad R_1 \equiv 2000 \cdot \text{ohm} \qquad C = 1 \cdot 10^{-6} \cdot \text{farad}$$

$$U_e(t) := U_0 \cdot \left(1 - \Phi(t - 2 \cdot T_i) - 2 \cdot \Phi(t - 3 \cdot T_i) + 2 \cdot \Phi(t - 5 \cdot T_i)\right)$$

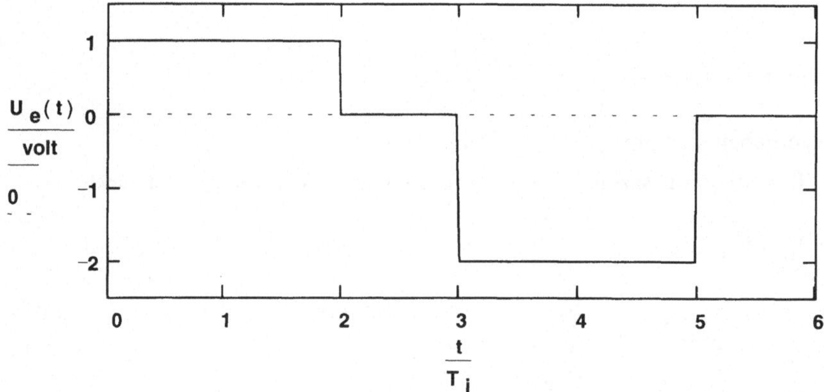

$$U_a(t) := -U_e(t) \cdot V_r - \frac{U_0}{T_i} \cdot \left[t - (t - 2 \cdot T_i) \cdot \Phi(t - 2 \cdot T_i) - (t - 3 \cdot T_i) \cdot 2 \cdot \Phi(t - 3 \cdot T_i) \ldots \right.$$
$$\left. + (t - 5 \cdot T_i) \cdot 2 \cdot \Phi(t - 5 \cdot T_i)\right]$$

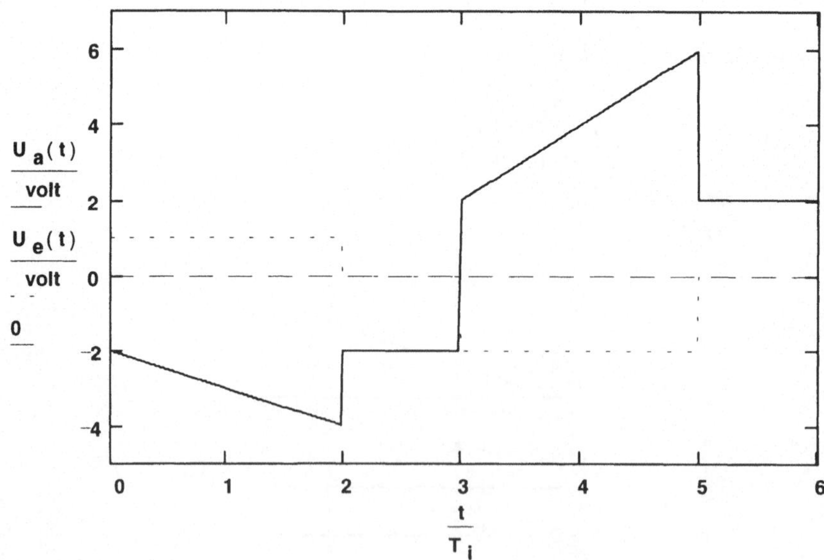

6.2 PD-Regler

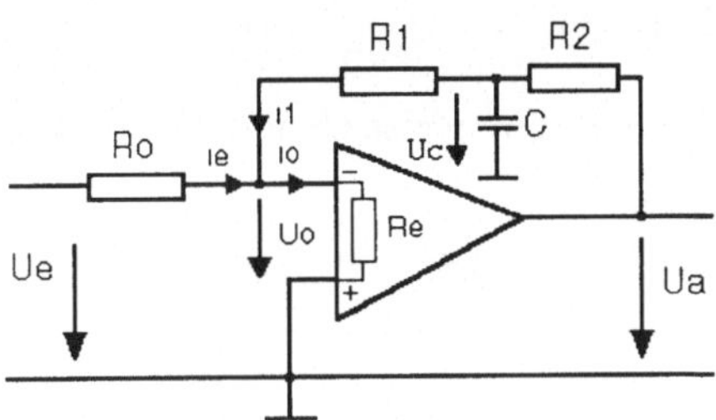

Um die Grundzüge dieser Schaltung zu verstehen, starten wir mit der vereinfachenden Annahme, daß $i_0 = 0$ und $U_0 = 0$. Dann gilt für den Eingangskreis:

$$i_e + i_1 = 0$$

$$i_e = \frac{U_e}{R_0} \qquad i_1 = \frac{U_c}{R_1}$$

Durch Einsetzen erhält man:

$$U_c = -U_e \cdot \frac{R_1}{R_0}$$

Für den Ausgangskreis gilt:

$$U_c = U_a \cdot \frac{\dfrac{\dfrac{R_1}{s \cdot C}}{R_1 + \dfrac{1}{s \cdot C}}}{R_2 + \dfrac{\dfrac{R_1}{s \cdot C}}{R_1 + \dfrac{1}{s \cdot C}}}$$

Vereinfacht folgt hieraus:

$$U_c = R_1 \cdot \frac{U_a}{R_2 \cdot R_1 \cdot s \cdot C + R_2 + R_1}$$

Durch Gleichsetzen der beiden U_c-Gleichungen erhält man:

$$\frac{-U_a}{U_e} = \frac{1}{R_0} \cdot (R_2 \cdot R_1 \cdot s \cdot C + R_2 + R_1)$$

Mit der Regelverstärkung $V_r = \frac{R_1 + R_2}{R_0}$ und der Vorhaltzeit $T_v = \frac{R_1 \cdot R_2}{R_1 + R_2} \cdot C$

lautet die Übertragungsfunktion:

$$F(s) = \frac{-U_a}{U_e} = V_r \cdot (1 + s \cdot T_v)$$

Hieraus leitet sich die Gleichung im Zeitbereich ab, indem wir s = d/dt setzen:

$$-U_a(t) = U_{a0} + V_r \cdot U_e(t) + V_r \cdot T_v \cdot \frac{d}{dt} U_e(t)$$

Nun arbeiten wir diese Gleichung termweise ab, um die Sprungantwort zu konstruieren.

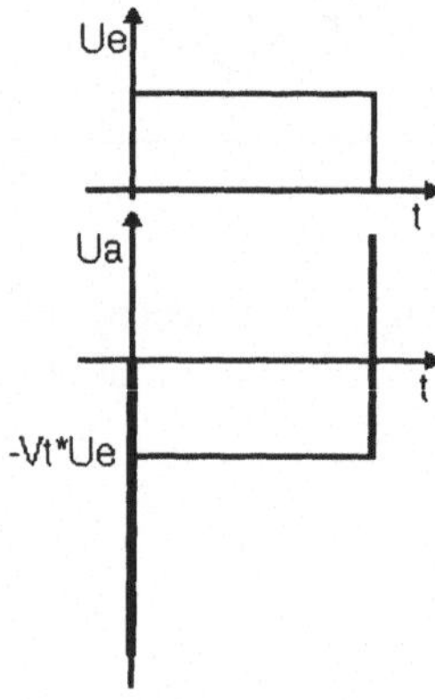

In der Realität erhält man diese Sprungantwort nicht, da einerseits der Operationsverstärker sehr rasch an die Grenze der maximalen Ausgangsspannung kommt und andererseits immer parasitäre Zeitkonstanten mit im Spiel sind.

Besser erkennt man das Verhalten des PD-Reglers an der Rampenantwort. Hier läßt sich die Vorhaltzeit T_v direkt aus dem Potentialverlauf ablesen. Auch hier wird die Gleichung $U_a(t)$ termweise abgearbeitet.

$$-U_a(t) = U_{a0} + V_r \cdot U_e(t) + V_r \cdot T_v \cdot \frac{d}{dt} U_e(t)$$

Der PD-Regler wird mit einer linear ansteigenden Rampe $U_e(t)$ angeregt. Als Ausgangsfunktion erhält man dann die sogenannte Anstiegsantwort. Die Gesamtübertragungsfunktion ist die eines PI-Reglers mit entsprechender Übertragungsfunktion.

Beispiel

$U_0 := 1 \cdot volt \qquad V_r := 2 \qquad T_i := 3 \cdot sec \qquad T_v := 1.5 \cdot sec$

$t := 0 \cdot sec, 0.01 \cdot T_i .. 2.5 \cdot T_i$

$$U_e(t) := \frac{U_0}{T_i} \cdot \left[t - 2 \cdot (t - T_i) \cdot \Phi(t - T_i) + (t - 2 \cdot T_i) \cdot \Phi(t - 2 \cdot T_i) \right]$$

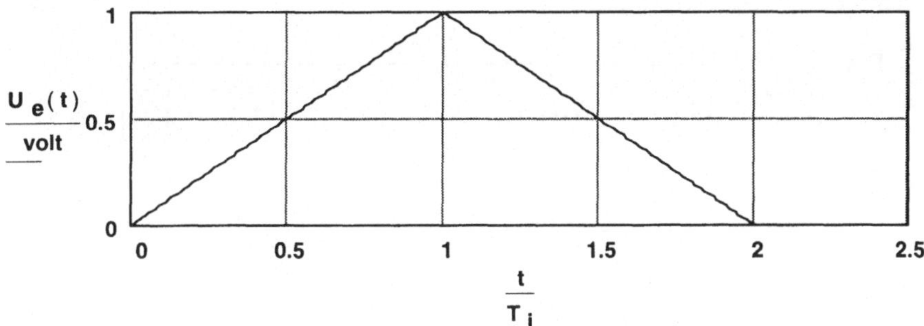

$$U_a(t) := -V_r \cdot U_e(t) - V_r \cdot T_v \cdot \frac{U_0}{T_i} \cdot \left(1 - 2 \cdot \Phi(t - T_i) + \Phi(t - 2 \cdot T_i)\right)$$

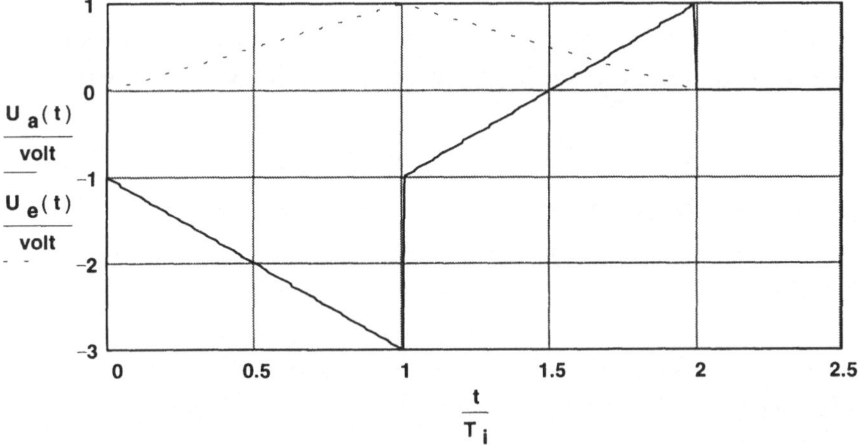

Es soll nun die Sprungantwort unter Berücksichtigung einer parasitären Zeitkonstante T_p abgeleitet werden. Hierzu ist es erforderlich, i_0 und U_0 zu berücksichtigen.

$$i_e + i_1 = i_0$$

$$i_e = \frac{U_e - U_0}{R_0} \qquad i_1 = \frac{U_c - U_0}{R_1} \qquad i_0 = \frac{U_0}{R_e}$$

Interner Verstärkungsfaktor:

$$V = \frac{-U_a}{U_0}$$

Es wurde definiert:

$$V_r = \frac{R_1 + R_2}{R_0} \qquad T_v = \frac{R_1 \cdot R_2}{R_1 + R_2} \cdot C \qquad T_p = T_v \cdot \frac{V_r}{V} \cdot \left(1 + \frac{R_0}{R_1} + \frac{R_0}{R_e}\right)$$

Nach einigen Umrechnungen ergibt sich:

$$F(s)=\frac{-U_a}{U_e}=\frac{V_r\cdot(1+s\cdot T_v)}{1+\frac{1}{V}\cdot\left(1+V_r\left(1+\frac{R_0}{R_e}\right)\right)+s\cdot T_v\cdot\frac{V_r}{V}\cdot\left(1+\frac{R_0}{R_1}+\frac{R_0}{R_e}\right)}$$

Für V >> 1 gilt:

$$F(s)=\frac{-U_a}{U_e}=\frac{V_r\cdot(1+s\cdot T_v)}{1+s\cdot T_v\cdot\frac{V_r}{V}\cdot\left(1+\frac{R_0}{R_1}+\frac{R_0}{R_e}\right)}=V_r\cdot\frac{1+s\cdot T_v}{1+s\cdot T_p}$$

Zum Zeitpunkt des Eingangssprunges $s=\infty$ ergibt sich:

$$-\Delta\cdot U_a=U_e\cdot\frac{V}{1+\frac{R_0}{R_1}+\frac{R_0}{R_e}}$$

An dieser Gleichung erkennt man deutlich, welche Grenzen der Eingangsspannung U_e vorgegeben sind, damit die Ausgangsspannung U_a nicht in die Sättigung kommt. Wir nehmen an:

$$R_e >> R_0 \quad \text{und} \quad R_0=R_1 \quad V=200 \quad \text{sowie} \quad U_{amax}=10\,V$$

Dann ergibt sich $U_{emax}=100\,mV$.

Bei in der Praxis vorkommenden Signalen heißt das, daß der Operationsverstärker in der Sättigung arbeiten wird. Im eingeschwungenen Zustand, also für $s\geq 0$ ergibt sich:

$$-\Delta\cdot U_a=U_e\cdot V_r$$

Der Übergang von der Einschaltflanke zum quasistationären Zustand erfolgt nach einer Verzögerung erster Ordnung mit der parasitären Zeitkonstante T_p:

$$T_p=T_v\cdot\frac{V_r}{V}\cdot\left(1+\frac{R_0}{R_1}+\frac{R_0}{R_e}\right)$$

oder mit den Werten der Bauelemente ausgedrückt:

$$T_p=\frac{R_1\cdot R_2}{R_1+R_2}\cdot C\cdot\frac{R_1+R_0}{R_0\cdot V}\cdot\left(1+\frac{R_0}{R_1}+\frac{R_0}{R_e}\right)$$

Die Parameter V und R_e sind dem Datenblatt des Operationsverstärkers zu entnehmen.

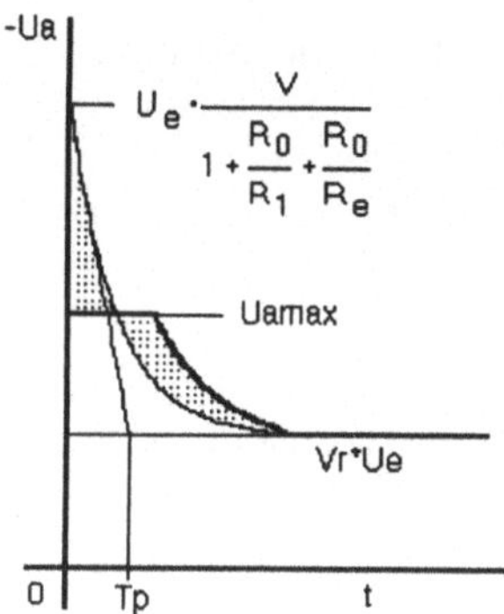

Die markierten Spannungszeitflächen müssen gleich sein.

6.3 PID-Regler

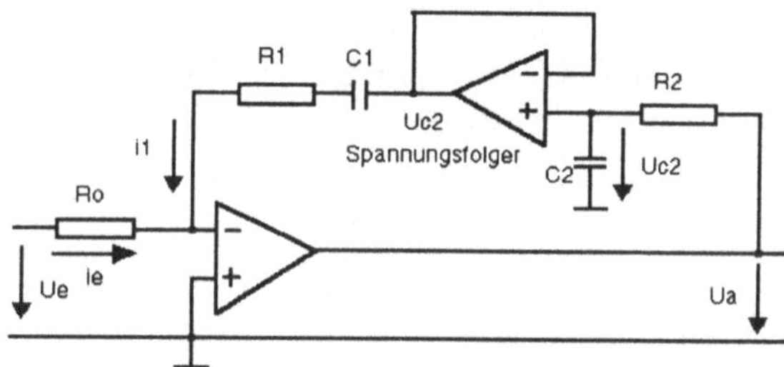

Den Spannungsfolger setzt man zur Entkopplung von U_{c2} zum Eingangskreis ein. Er übernimmt die Funktion eines Impedanzwandlers. In der Eingangsmasche kann man unter Vernachlässigung der Eingangsspannung und des Eingangsstroms des Operationsverstärkers folgende Strombilanz feststellen:

$$i_e = \frac{U_e}{R_0} \qquad i_1 = \frac{U_{c2}}{R_1 + \frac{1}{s \cdot C_1}} \qquad i_e = -i_1$$

$$U_{c2} = \frac{-U_e}{R_0} \cdot \left(R_1 + \frac{1}{s \cdot C_1} \right)$$

Von der Ausgangsseite betrachtet ergibt sich für U_{c2}:

$$U_{c2} = U_a \cdot \frac{\frac{1}{s \cdot C_2}}{R_2 + \frac{1}{s \cdot C_2}} \qquad U_{c2} = \frac{U_a}{R_2 \cdot s \cdot C_2 + 1}$$

Durch Gleichsetzen der beiden U_{c2}-Formeln erhält man:

$$\frac{-U_e}{R_0} \cdot \left(R_1 + \frac{1}{s \cdot C_1} \right) = \frac{U_a}{R_2 \cdot s \cdot C_2 + 1}$$

$$\frac{-U_a}{U_e} = (R_1 \cdot s \cdot C_1 + 1) \cdot \frac{R_2 \cdot s \cdot C_2 + 1}{R_0 \cdot s \cdot C_1}$$

Wenn man folgende Konstanten definiert, erhält man:

$$T_i = R_0 \cdot C_1 \qquad T_v = R_2 \cdot C_2 \qquad T_n = R_1 \cdot C_1 \qquad V_r = \frac{T_n}{T_i} = \frac{R_1}{R_0}$$

Multiplikative Form der Übertragungsfunktion:

$$F(s) = \frac{-U_a}{U_e} = V_r \cdot \frac{(1 + s \cdot T_n) \cdot (1 + s \cdot T_v)}{s \cdot T_n}$$

Durch Umformen erhält man die additive Form der Übertragungsfunktion:

$$F(s) = V_r \cdot \left(\frac{T_n + T_v}{T_n} \right) \cdot \left[1 + \frac{1}{s \cdot (T_n + T_v)} + \frac{s \cdot T_n \cdot T_v}{T_n + T_v} \right]$$

Zur Ableitung der Gleichung für die Sprungantwort wird die folgende genormte Form der Übertragungsfunktion des PID-Reglers verwendet:

$$F(s) = \frac{-U_a}{U_e} = V_{ra} \cdot \left(1 + \frac{1}{s \cdot T_{na}} + s \cdot T_{va} \right)$$

Hierin bedeuten die neuen Konstanten:

$$V_{ra} = V_r \cdot \frac{T_n + T_v}{T_n} \qquad V_{ra} = \frac{R_1 \cdot C_1 + R_2 \cdot C_2}{R_0 \cdot C_1}$$

$$T_{na} = T_n + T_v \qquad T_{na} = R_1 \cdot C_1 + R_2 \cdot C_2$$

$$T_{va} = \frac{T_n \cdot T_v}{T_n + T_v} \qquad T_{va} = \frac{C_1 \cdot R_1 \cdot R_2 \cdot C_2}{R_1 \cdot C_1 + R_2 \cdot C_2}$$

Mit diesen neuen Konstanten erhält man die Sprungantwort im Zeitbereich:

$$-U_a(t) = U_{a0} + V_{ra} \cdot U_e(t) + \frac{V_{ra}}{T_{na}} \cdot \int_{t_0}^{t_1} U_e(t)\,dt + V_{ra} \cdot T_{va} \cdot \frac{d}{dt} U_e(t)$$

Diese Gleichung arbeiten wir termweise ab und erhalten den unten gezeigten Potentialverlauf.

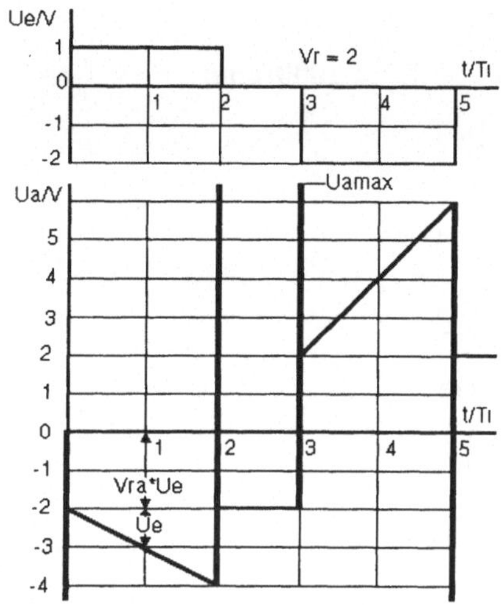

6.4 Tiefpaß 1. und 2. Ordnung

6.4.1 Invertierender Tiefpaß 1. Ordnung

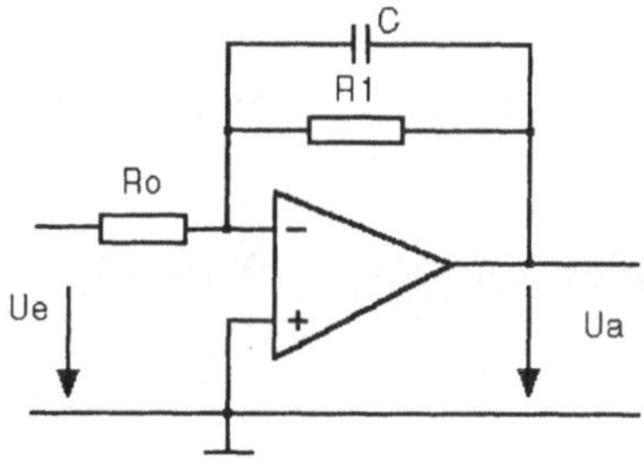

Übertragungsfunktion:

$$F(s) = \frac{-U_a}{U_e} = \frac{\dfrac{\dfrac{R_1}{s \cdot C}}{R_1 + \dfrac{1}{s \cdot C}}}{R_0} \qquad F(s) = \frac{V_r}{1 + s \cdot T_1}$$

$$V_r = \frac{R_1}{R_0} \qquad T_1 = R_1 \cdot C$$

Sprungantwort: $w(s) = \frac{F(s)}{s}$

Definition: $ms \equiv 10^{-3} \cdot sec$

Beispiel:

$$R_0 := 1000 \cdot \text{ohm} \qquad R_1 := 2000 \cdot \text{ohm} \qquad C := 2 \cdot 10^{-6} \cdot \text{farad}$$

Mit $V_r := \dfrac{R_1}{R_0}$ $\quad V_r = 2$

und $T_1 := R_1 \cdot C$ $\quad T_1 = 4 \cdot \text{ms}$

Betrachtung im Zeitbereich:

$:= 0 \cdot \text{ms}, 0.1 \cdot \text{ms}..16 \cdot \text{ms}$

Sprungantwort im Zeitbereich:

$$w(t) := V_r \cdot \left(1 - e^{\frac{-t}{T_1}} \right)$$

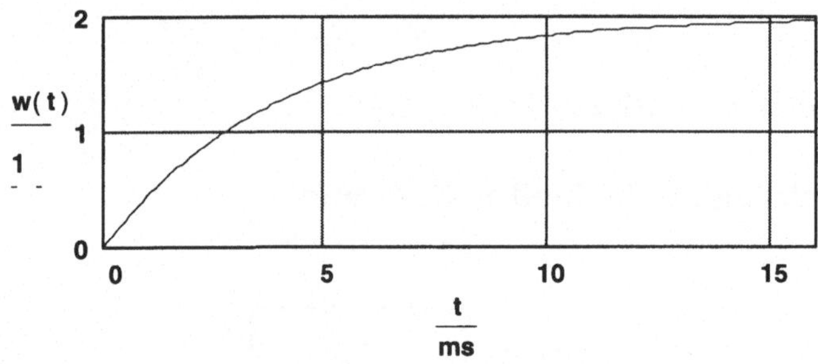

6.4.2 Nicht invertierender Tiefpaß 2. Ordnung

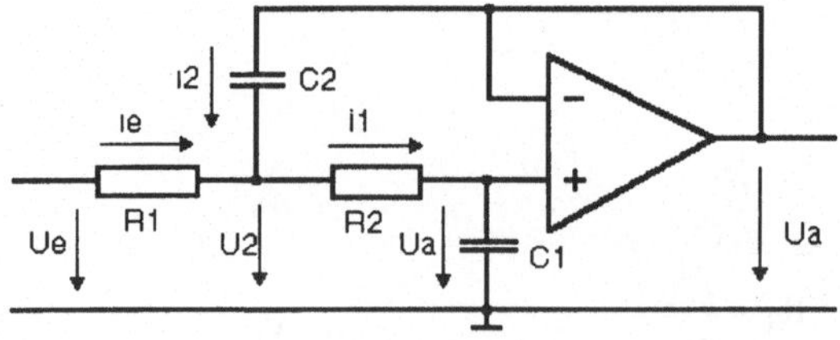

Eingangsstrombilanz:

$$i_1 = i_e + i_2 \qquad i_1 = s \cdot C_1 \cdot U_a = \frac{U_2}{R_2 + \dfrac{1}{s \cdot C_1}}$$

Daraus folgt:

$$U_2 = s \cdot C_1 \cdot U_a \cdot \left(R_2 + \frac{1}{s \cdot C_1} \right)$$

$$i_e = \frac{U_e - U_2}{R_1} \qquad i_2 = (U_a - U_2) \cdot s \cdot C_2$$

Setzt man diese Stöme in o.g. Gleichung ein, erhält man:

$$s \cdot C_1 \cdot U_a = \frac{U_e - U_2}{R_1} + (U_a - U_2) \cdot s \cdot C_2$$

$$s \cdot C_1 \cdot U_a = \frac{U_e - s \cdot C_1 \cdot U_a \cdot \left(R_2 + \frac{1}{s \cdot C_1}\right)}{R_1} + \left[U_a - s \cdot C_1 \cdot U_a \cdot \left(R_2 + \frac{1}{s \cdot C_1}\right)\right] \cdot s \cdot C_2$$

$$\frac{U_e}{U_a} = 1 + s \cdot C_1 \cdot (R_1 + R_2) + s^2 \cdot C_2 \cdot C_1 \cdot R_2 \cdot R_1$$

Damit lautet die Übertragungsfunktion:

$$F(s) = \frac{U_a}{U_e} = \frac{1}{1 + s \cdot C_1 \cdot (R_1 + R_2) + s^2 \cdot C_2 \cdot C_1 \cdot R_2 \cdot R_1}$$

In der normierten Form lautet diese Gleichung:

$$F(s) = \frac{1}{1 + 2 \cdot D \cdot \frac{s}{\omega_0} + \frac{s^2}{\omega_0^2}}$$

Durch Vergleich der Koeffizienten erhält man:

$$\omega_0^2 = \frac{1}{R_1 \cdot R_2 \cdot C_1 \cdot C_2} \quad \text{und} \quad 2 \cdot \frac{D}{\omega_0} = (R_1 + R_2) \cdot C_1 = \frac{D}{\pi \cdot f_0}$$

$$f_0 = \frac{1}{2 \cdot \pi \cdot \sqrt{R_1 \cdot R_2 \cdot C_1 \cdot C_2}} \qquad D = \frac{(R_1 + R_2) \cdot C_1}{2 \cdot \sqrt{R_1 \cdot R_2 \cdot C_1 \cdot C_2}}$$

$$D = \pi \cdot f_0 \cdot C_1 \cdot (R_1 + R_2)$$

6.5 Betragsoptimum

Anwendung: Bei einer Vielzahl in Reihe geschalteter Verzögerungen 1. Ordnung wird man einen I-Regler anwenden wollen.

I-Regler 3 x Verzögerung 1. Ordnung

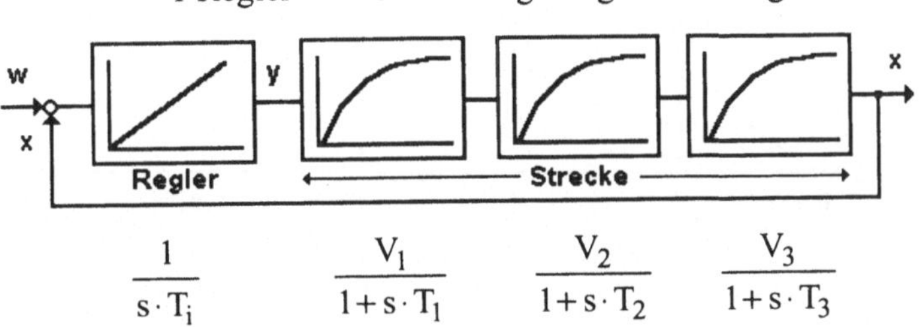

$$\frac{1}{s \cdot T_i} \qquad \frac{V_1}{1 + s \cdot T_1} \qquad \frac{V_2}{1 + s \cdot T_2} \qquad \frac{V_3}{1 + s \cdot T_3}$$

Die 3 Verzögerungsglieder lassen sich zusammenfassen:

$$\sigma = T_1 + T_2 + T_3 \qquad V_S = V_1 \cdot V_2 \cdot V_3$$

Beispiel:

$$V_S := 15 \qquad \sigma := 1.2 \cdot \text{sec} \qquad F_S(s) = \frac{V_S}{1 + s \cdot \sigma}$$

Übertragungsfunktion des offenen Kreises:

$$F_0(s) = \frac{V_S}{s \cdot T_i \cdot (1 + s \cdot \sigma)}$$

Übertragungsfunktion des geschlossenen Kreises:

$$F_w(s) = \frac{V_S}{V_S + s \cdot T_i + s^2 \cdot T_i \cdot \sigma}$$

Um den geschlossenen Kreis für das Betragsoptimum zu optimieren, muß folgende Bedingung erfüllt sein:

Integrationszeit:

$$T_i := 2 \cdot V_S \cdot \sigma \qquad T_i = 36 \cdot \text{sec}$$

Damit ergibt sich die vereinfachte Form der Übertragungsfunktion:

$$F_w(s) = \frac{1}{1 + s \cdot 2 \cdot \sigma + s^2 \cdot 2 \cdot \sigma^2}$$

Durch Rücktransformation in den Zeitbereich erhält man:

$$f(t) := 1 - \exp\left(-\frac{t}{2 \cdot \sigma}\right) \cdot \left(\cos\left(\frac{t}{2 \cdot \sigma}\right) + \sin\left(\frac{t}{2 \cdot \sigma}\right)\right)$$

$$t_{an} := 4.7 \cdot \sigma \qquad t_{aus} := 8.4 \cdot \sigma$$

Überschwingen:

$$ü := 4.3 \cdot \%$$

Betrachtung im Bereich:

$$t := 0 \cdot \text{sec}, 1.0 \cdot \sigma .. 12 \cdot \sigma$$

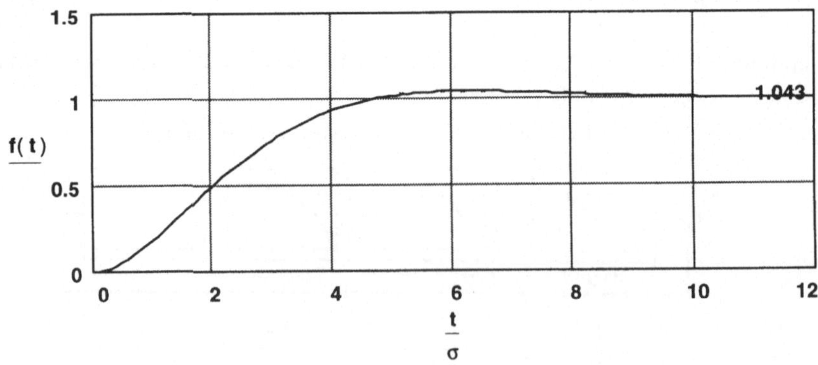

6.6 Symmetrisches Optimum

Anwendung: Befindet sich in der Strecke ein Integralglied und dazu eine Verzögerung, dann wird man den Regler mit PI-Verhalten ausstatten.

PI I Verzögerung 1.Ordnung

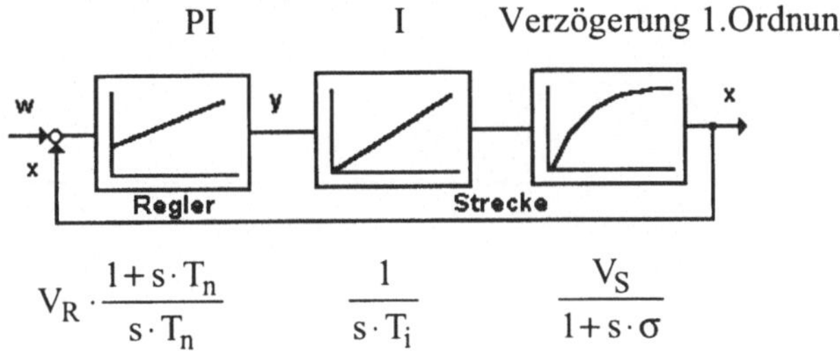

$$V_R \cdot \frac{1+s\cdot T_n}{s\cdot T_n} \qquad \frac{1}{s\cdot T_i} \qquad \frac{V_S}{1+s\cdot\sigma}$$

Übertragungsfunktion des offenen Kreises:

$$F_0(s) = V_R \cdot V_S \cdot \frac{1+s\cdot T_n}{s^2\cdot T_n\cdot T_i\cdot(1+\sigma\cdot s)}$$

Übertragungsfunktion des geschlossenen Kreises:

$$F_w(s) = V_R \cdot V_S \cdot \frac{1+s\cdot T_n}{V_R\cdot V_S + s\cdot V_R\cdot V_S\cdot T_n + s^2\cdot T_n\cdot T_i + s^3\cdot T_n\cdot T_i\cdot\sigma}$$

Beispiel:

$$\sigma := 0.7\cdot \text{sec} \qquad T_i := 15\cdot\text{sec} \qquad V_S := 8$$

Um den geschlossenen Regelkreis zu stabilisieren, sind folgende Bedingungen des symmetrischen Optimums zu erfüllen:

$$T_n := 4\cdot\sigma \qquad T_n := 2.8\cdot\text{sec} \qquad V_r := \frac{T_i}{2\cdot V_S\cdot\sigma} \qquad V_r = 1.34$$

Damit ergibt sich die vereinfachte Form der Übertragungsfunktion:

$$F_w(s) = \frac{1+s\cdot 4\cdot\sigma}{1+s\cdot 4\cdot\sigma + s^2\cdot 8\cdot\sigma^2 + s^3\cdot 8\cdot\sigma^3}$$

Durch Rücktransformation in den Zeitbereich erhält man:

$$f(t) := 1+\exp\left(-\frac{t}{2\cdot\sigma}\right) - 2\cdot\exp\left(-\frac{t}{4\cdot\sigma}\right)\cdot\cos\left(\frac{\sqrt{3}}{4\cdot\sigma}\cdot t\right)$$

$$t_{an} := 3.1\cdot\sigma \qquad t_{aus} := 16.5\cdot\sigma$$

Überschwingen:

$$ü := 43.4\cdot\%$$

Betrachtung im Bereich: $t := 0 \cdot sec, 0.2 \cdot \sigma .. 20 \cdot \sigma$

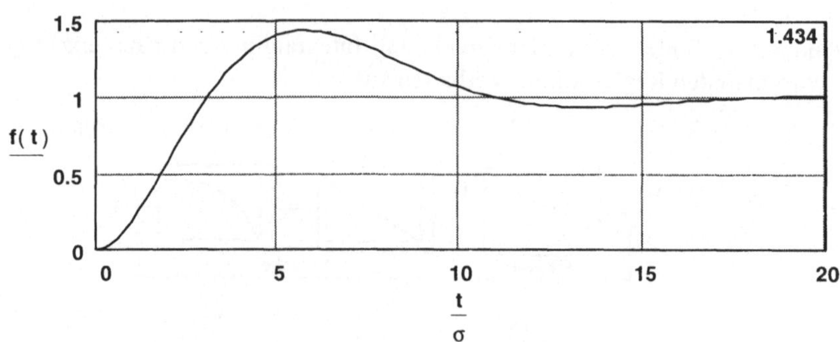

6.7 Wichtige Begriffe der Regeltechnik

Der Regelkreis

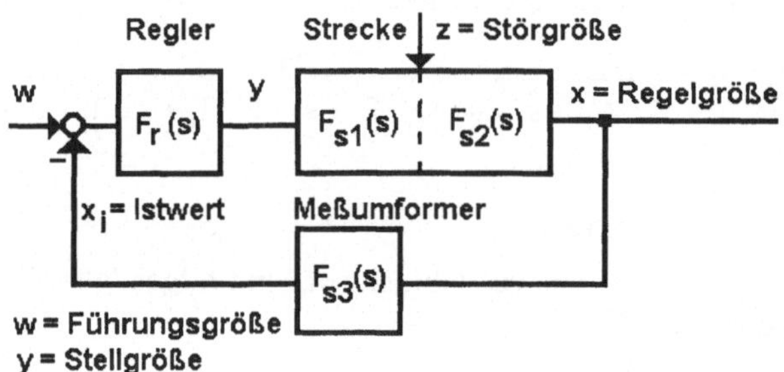

Frequenzgänge im Regelkreis

Regelstrecke:

$$F_s(s) = F_{s1}(s) \cdot F_{s2}(s)$$

Offener Regelkreis:

$$F_0(s) = F_r(s) \cdot F_s(s) = F_r(s) \cdot F_{s1}(s) \cdot F_{s2}(s)$$

Rückkopplung:

$$F_{s3}(s) = \frac{x_i(s)}{x(s)}$$

Geschlossener Regelkreis bezüglich

Führungsgröße w: $$F_w(s) = \frac{x(s)}{w(s)} = \frac{F_0(s)}{1 + F_0(s) \cdot F_{s3}(s)}$$

Störgröße z: $$F_z(s) = \frac{x(s)}{z(s)} = \frac{F_w(s)}{F_r(s) \cdot F_{s1}(s)} = \frac{F_{s2}(s)}{1 + F_0(s) \cdot F_{s3}(s)}$$

Zwischenrechnung

Die Übertragungsfunktion des offenen Reglers lautet:

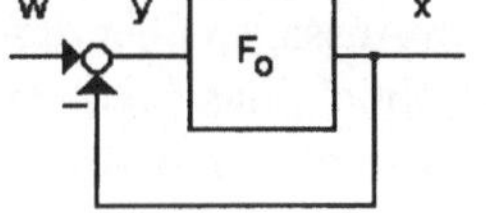

$$F_0 = \frac{x}{y}$$

Es ist: $y = w - x$.

Die Übertragungsfunktion des geschlossenen Reglers lautet:

$$F_g = \frac{x}{w} = \frac{x}{x+y} = \frac{y \cdot F_0}{y \cdot F_0 + y} = \frac{F_0}{F_0 + 1}$$

Beschaltung von Regelverstärkern

Regel – verhal – ten	Übergangsfunktion	Schaltplan	Frequenzgang	Proportional – verstärkung	Zeit – konstante
P	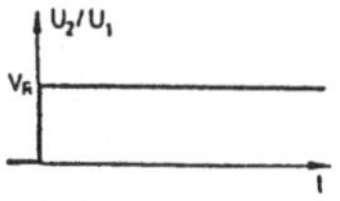	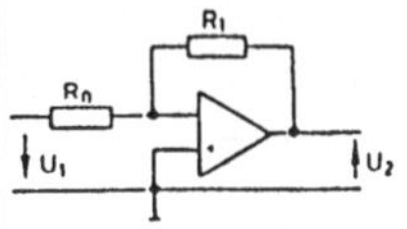	$F_R = V_R$	$V_R = \frac{R_1}{R_0}$	
I	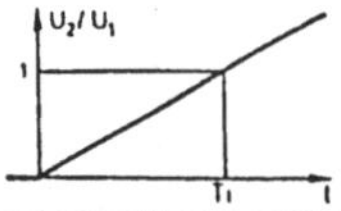	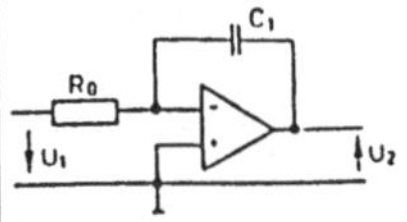	$F_R = \frac{1}{pT_i}$		$T_i = R_0 C_1$
PI	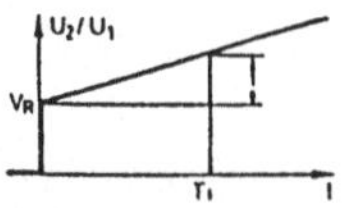	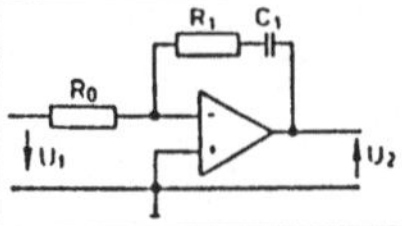	$F_R = V_R \frac{1 + pT_n}{pT_n}$	$V_R = \frac{R_1}{R_0}$	$T_n = R_1 C_1 = V_R T_i$ $T_i = R_0 C_1$
PD	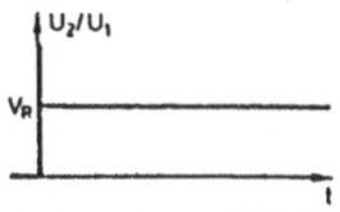	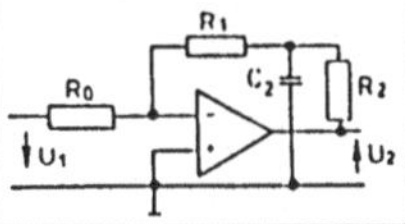	$F_R = V_R (1 + pT_n)$	$V_R = \frac{R_1 + R_2}{R_0}$	$T_v = \frac{R_1 \cdot R_2}{R_1 + R_2} C_2$
PID	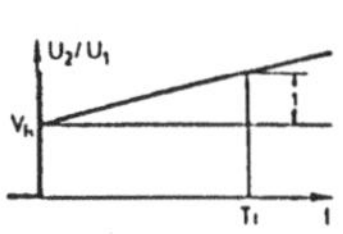	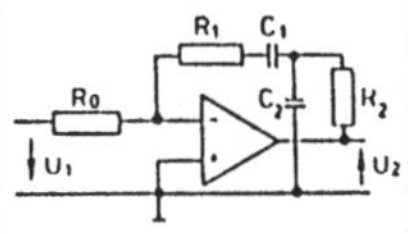	$F_R =$ $V_R \frac{(1 + pT_n)(1 + pT_v)}{pT_n}$	$V_R = \frac{R_1 + R_2}{R_0}$	$T_n = (R_1 + R_2) C_1$ $T_v = \frac{R_1 \cdot R_2}{R_1 + R_2} C_2$ $T_i = R_0 C_1$
aktiver Tiefpaß	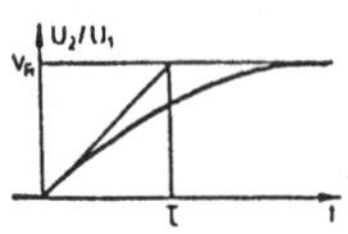	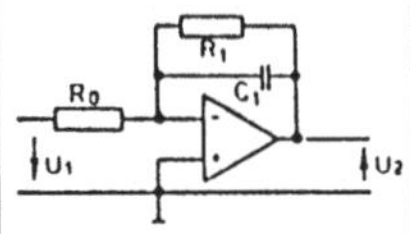	$F_R = \frac{V_R}{1 + p\tau}$	$V_R = \frac{R_1}{R_0}$	$\tau = R_1 C_1$

6.8 Bodediagramm

Um Aussagen über das Verhaltens des geschlossenen Regelkreises machen zu können, ist es üblich, das Frequenzverhalten des offenen Regelkreises bzw. das Frequenzverhalten von Regler und Regelstrecke zu untersuchen. Es wird eine logarithmische Skalierung gewählt, um Betrag und Phase in einem großen Frequenzbereich darstellen zu können. Bei der Serienschaltung von Regler und Strecke ergibt sich zusätzlich der Vorteil, daß die jeweiligen Werte addiert werden können.

Beispiel 1

Es soll die Übertragungsfunktion eines aktiven Tiefpasses 1. Ordnung dargestellt werden.

Daten: $R_0 := 1000 \cdot \text{ohm}$ $R_1 := 5000 \cdot \text{ohm}$ $C := 10^{-6} \cdot \text{farad}$

$V_r := \dfrac{R_1}{R_0}$ $T_1 := \dfrac{R_1 \cdot C}{\text{sec}}$

$V_r = 5$ $T_1 = 0.005$

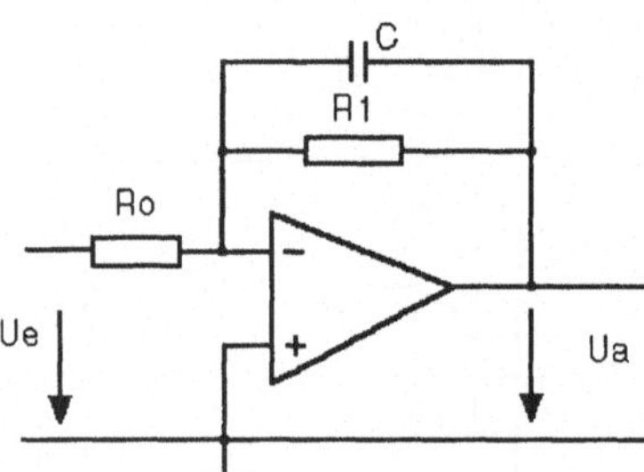

Übertragungsfunktion:

$$F(s) = \frac{-U_a}{U_e} = \frac{\dfrac{\dfrac{R_1}{s \cdot C}}{R_1 + \dfrac{1}{s \cdot C}}}{R_0} \qquad F(s) := \frac{V_r}{1 + s \cdot T_1}$$

Zuerst wird der Frequenzbereich in Zehnerpotenzen gewählt.

Niedrigste Frequenz: $S := 10$

Höchste Frequenz: $H := 10000$

Anzahl der Punkte: $N := 50$ $i := 0..N$

$$r := \log\left(\frac{H}{S}\right) \cdot \frac{1}{N} \qquad \omega_i := S \cdot 10^{i \cdot r}$$

Amplitudengang in dB:

$$dB(F,\omega) := 20 \cdot \log(|F(j \cdot \omega)|)$$

Darstellung des Amplitudengangs über der Frequenz:

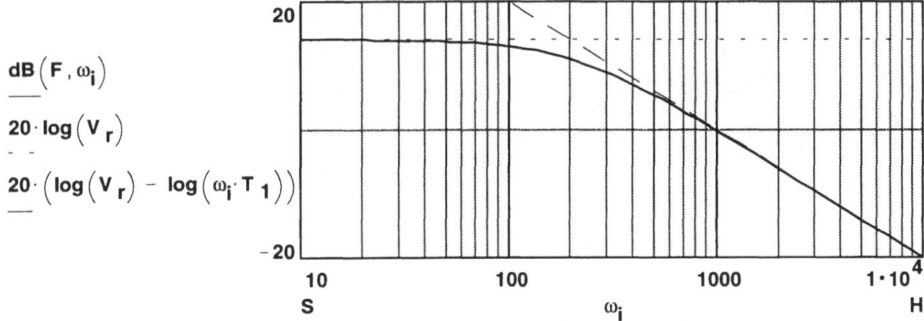

Wir untersuchen nun die Grenzwerte der Übertragungsfunktion:

$$F(s) := \frac{V_r}{1 + s \cdot T_1}$$

Hiervon bilden wir den Betrag:

$$|F(s)| = \left| \frac{V_r}{1 + j \cdot \omega \cdot T_1} \right| = \frac{V_r}{\sqrt{1 + (\omega \cdot T_1)^2}}$$

Logarithmisch dargestellt:

$$dB = 20 \cdot \log \left[V_r \cdot \left[1 + (\omega \cdot T_1)^2\right]^{-\frac{1}{2}} \right]$$

Wir untersuchen nun 2 Fälle für den Amplitudengang.

a) Tangente für $\omega \geq 0$:

$$dB = 20 \cdot \left[\log(V_r) - \log\left[1 + (\omega \cdot T_1)^2\right]^{\frac{1}{2}} \right]$$

$$dB := 20 \cdot \log(V_r) \qquad dB = 13.979$$

b) Tangente für $\omega \geq \infty$

$$dB = 20 \cdot (\log(V_r) - \log(\omega \cdot T_1))$$

Das entspricht einer Steigung von -20dB/Dekade. Die größte Abweichung des Amplitudengangs von den Asymptoten beträgt 3 dB.

Durchtrittsfrequenz ω_c

Die Durchtrittsfrequenz ω_c ist an der Stelle zu finden, wo der Betrag der Übertragungsfunktion $F(j\omega) = 0\,\text{dB}$ ist. Die Durchtrittsfrequenz ist ein Maß für die dynamische Güte eines Systems. Bei großen Durchtrittsfrequenzen ist die Anregelzeit klein! Zur genauen Berechnung der Durchtrittsfrequenz ist eine Näherungslösung erforderlich.

$$F(s) := \frac{V_r}{1 + s \cdot T_1}$$

Für große Frequenzen gilt, wenn $F(s) = 1$:

$$\log(V_r) = \log(\omega_c \cdot T_1)$$

$$\omega_c := \frac{V_r}{T_1} \qquad \omega_c = 1000$$

Genaue Lösung für die Durchtrittsfrequenz:

$$dB(F, \omega) := 20 \cdot \log(|F(j \cdot \omega)|)$$

$$\omega_c := \text{root}(dB(F, \omega_c), \omega_c) \qquad \omega_c = 979.798$$

Phasengang (Phase shift ps)

Darstellung des Phasenganges über der Frequenz:

$$F(j \cdot \omega) = \frac{V_r}{1 + j \cdot \omega \cdot T_1} \cdot \frac{1 - j \cdot \omega \cdot T_1}{1 - j \cdot \omega \cdot T_1} = \frac{V_r}{1 + \omega^2 \cdot T_1^2} \cdot (1 - j \cdot \omega \cdot T_1)$$

$$\text{Re}(F(j \cdot \omega)) = \frac{V_r}{1 + \omega^2 \cdot T_1^2} \qquad \text{Im}(F(j \cdot \omega)) = \frac{-\omega \cdot T_1 \cdot V_r}{1 + \omega^2 T_1^2}$$

$$ps(F, \omega) = \text{a}\tan\left(\frac{\text{Im}(F(j \cdot \omega))}{\text{Re}(F(j \cdot \omega))}\right) = -\text{a}\tan(\omega \cdot T_1) \quad \text{keine Abhängigkeit von } V_r\,!$$

$$ps(F, \omega) := \frac{180}{\pi} \cdot \arg(F(j \cdot \omega)) - 360 \cdot (\text{if}(\arg(F(j \cdot \omega)) \ge 0, 1, 0))$$

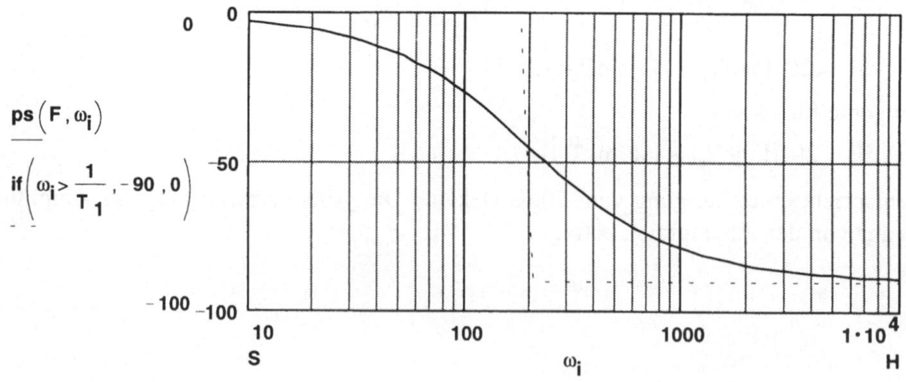

Beispiel 2

Am Beispiel einer Antennenpositionierung soll die Anwendung des Bode Diagramms vertieft werden.

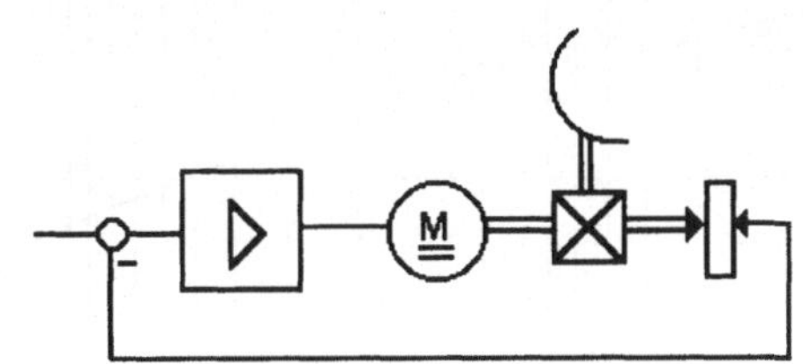

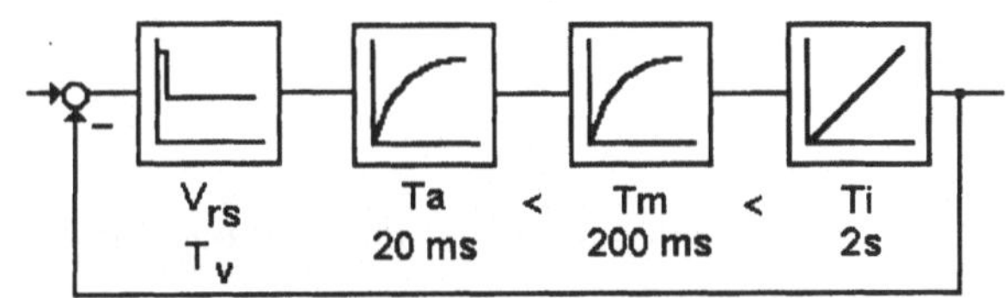

Daten:

$$V_{rs} := 150$$

$$T_a := 20 \cdot 10^{-3}$$

$$T_m := 200 \cdot 10^{-3}$$

$$T_i := 2$$

Niedrigste Frequenz: $S := 1$ Höchste Frequenz: $H := 1000$

$$r := \log\left(\frac{H}{S}\right) \cdot \frac{1}{N} \qquad \omega_i := S \cdot 10^{i \cdot r}$$

Übertragungsfunktion der Strecke:

$$F_s(s) = \frac{V_s}{(1 + s \cdot T_a) \cdot (1 + s \cdot T_m) \cdot s \cdot T_i}$$

Um eine Zeitkonstante zu kompensieren, wählen wir einen PD-Regler mit $T_v = T_m$.

$$F_r(s) = V_r \cdot (1 + T_v)$$

Damit ergibt sich die Übertragungsfunktion des offenen Regelkreises:

$$F(s) := \frac{V_{rs}}{(1 + s \cdot T_a) \cdot s \cdot T_i}$$

Darstellung des Amplitudengangs über der Frequenz:

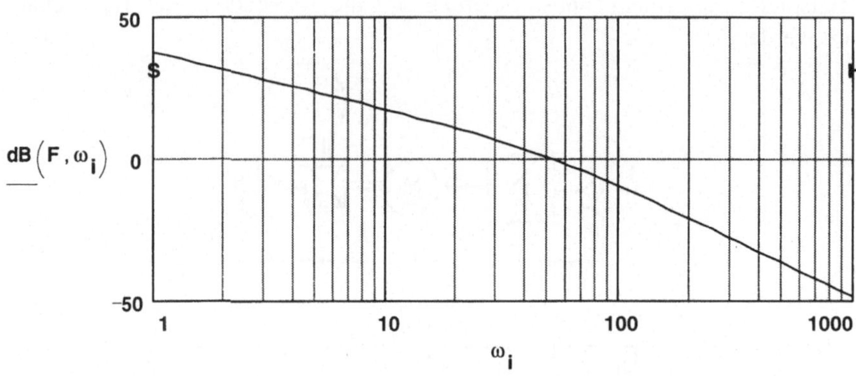

Durchtrittsfrequenz

Für große Frequenzen ergibt sich näherungsweise bei 0 dB die Durchtrittsfrequenz:

$\omega_c := \sqrt{\frac{V_{rs}}{T_a \cdot T_i}}$ $\omega_c = 61.237$

Genaue Rechnung:

$\omega_c := \text{root}(\text{dB}(F, \omega_c), \omega_c)$ $\omega_c = 51.989$

Phasengang

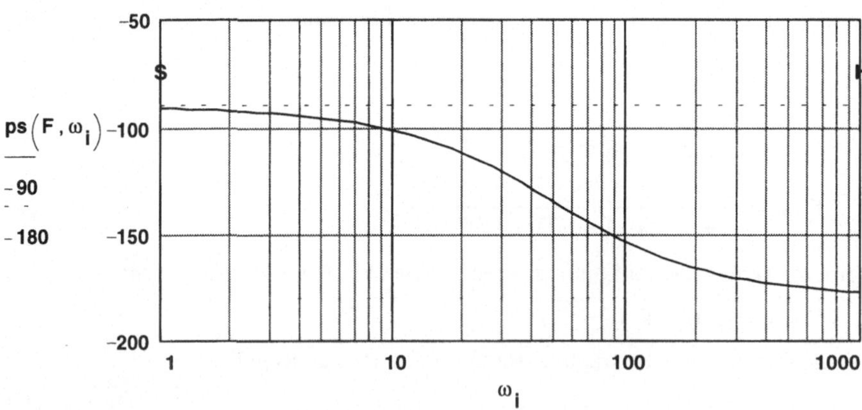

Wegen der großen Bedeutung der Phasenverschiebung von -180 Grad, werden einige Definitionen bezüglich dieser Grenze getroffen.

Phasenrand (*phase margin* pm)

Dies ist der Abstand des Phasenganges von der -180 Grad-Grenze, der beim Nulldurchgang der Betragsfunktion (0 dB) auftritt.

$pm := ps(F, \omega_c) + 180 \qquad pm = 43.883$

Amplitudenrand (*gain margin* gm)

Betrag des Amplitudengangs in dB beim Phasenwinkel von ps = -180 Grad. Abschätzung der Frequenz bei 0 dB:

$$\omega_0 := \frac{1}{T_a}$$

$\omega_0 := root(ps(F, \omega_0) + 180, \omega_0) \qquad \omega_0 = 3.162 \cdot 10^6$

Bei sehr hohen Frequenzen ist die Phasenverschiebung 180 Grad. Berechnung des Amplitudenrandes gm in dB:

$gm := -dB(F, \omega_0) \qquad gm = 188.518$

Resonanzfrequenz und Resonanzspitze

Zuerst ermitteln wir die Übertragungsfunktion des geschlossenen Kreises und stellen den Amplitudengang über der Frequenz dar.

$$G(s) := \frac{F(s)}{1 + F(s)}$$

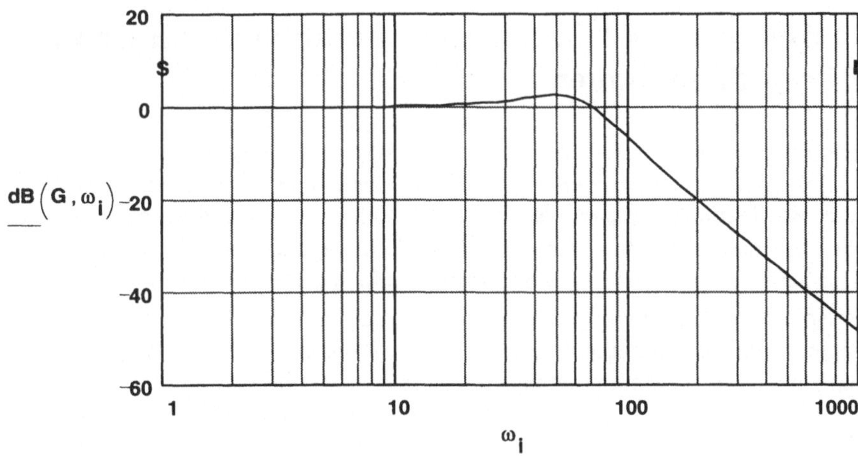

Aus der Graphik ermitteln wir näherungsweise die Resonanzfrequenz:

$$\omega_r := \frac{1}{T_a}$$

Genaue Lösung:

$$\omega_r := \mathrm{root}\left(\frac{d}{d\,\omega_r}|G(j\cdot\omega_r)|, \omega_r\right) \qquad \omega_r = 50$$

Berechnung der Resonanzspitze in dB:

$$M_p := dB(G, \omega_r) \qquad M_p = 2.553$$

Phasengang des geschlossenen Kreises

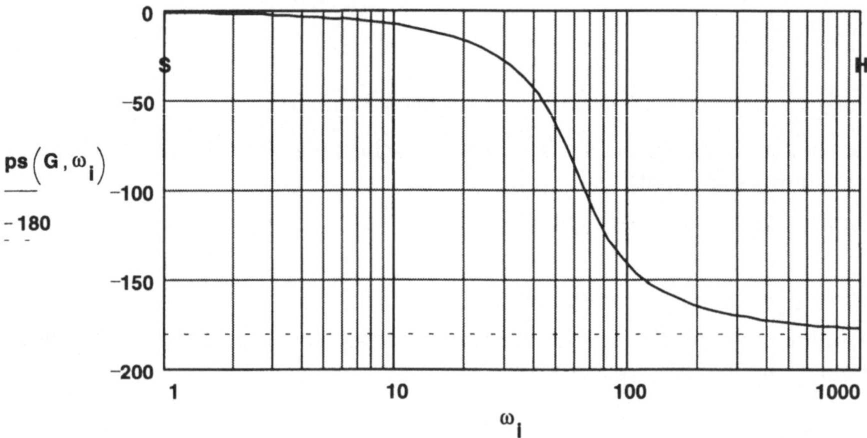

6.9 Lösungen von Übertragungsfunktionen mit Laplace-Transformationen

Laplace-Transformationen haben sich bei der Lösung regelungstechnischer Aufgaben bewährt. Bei quantitativer Auswertung ist dieses Handwerkszeug jedoch recht unhandlich und die Bearbeitung mühsam. Nachfolgend soll gezeigt werden, daß sich bei entsprechender mathematischer Vorbehandlung Übertragungsfunktionen mittels Laplace-Transformationen in allgemeiner Form relativ einfach darstellen lassen.

Am Beispiel einer Übertragungsfunktion 2. Ordnung soll das Verfahren erläutert werden. Wir regen wahlweise mit einem Rechteck- oder Rampensignal ein Übertragungsglied 2. Ordnung an und interessieren uns für die Antwort im Zeitbereich.

Beispieldaten

Anstiegszeit der Rampe:

$$T_1 := 2$$

Dauer des Rechtecks:

$$T_2 := 10$$

Gesamtdauer des Impulses:

$$T_3 := 13$$

Betrachtung der Systemantwort im Zeitbereich:

$$t := 0, 0.05..20$$

Die Übertragungsfunktion in der allgemeinen Form lautet:

$$F(s) = \frac{b_1 \cdot s + b_0}{s^2 + a_1 \cdot s + a_0}$$

Die Anregungsfunktion läßt sich durch den Verschiebungssatz in den Frequenzbereich übertragen. Dabei benutzen wir die Heaviside Step Funktion.

$$\Phi(t - T_1) = 0 \quad \text{wenn } t - T_1 < 0$$

$$\Phi(t - T_1) = 1 \quad \text{wenn } t - T_1 \geq 0$$

$u(t - \tau)$ im Zeitbereich ergibt $U(s) \cdot e^{s \cdot \tau}$ im Frequenzbereich. So läßt sich das Rechtecksignal im Zeitbereich wie folgt beschreiben:

$$w_1(t) := 1 - \Phi(t - T_2)$$

Der Rampenimpuls läßt sich durch vier Einzelgeraden darstellen.

$$w_2(t) := \frac{t}{T_1} - \frac{t - T_1}{T_1} \cdot \Phi(t - T_1) - \frac{t - T_2}{T_3 - T_2} \cdot \Phi(t - T_2) + \frac{t - T_3}{T_3 - T_2} \cdot \Phi(t - T_3)$$

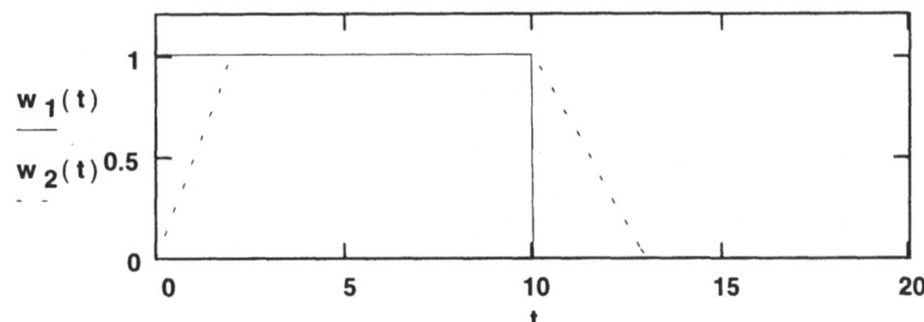

Nachdem die mathematische Vorarbeit abgeschlossen ist, gestaltet sich die Durchführung recht einfach. Es wird eine Anregungsfunktion, wahlweise Rechteck oder Rampe, bestimmt. Damit regen wir die Übertragungsfunktion an. Als Ergebnis erhalten wir die Wurzeln und die Koeffizienten der Systemantwort im Zeitbereich.

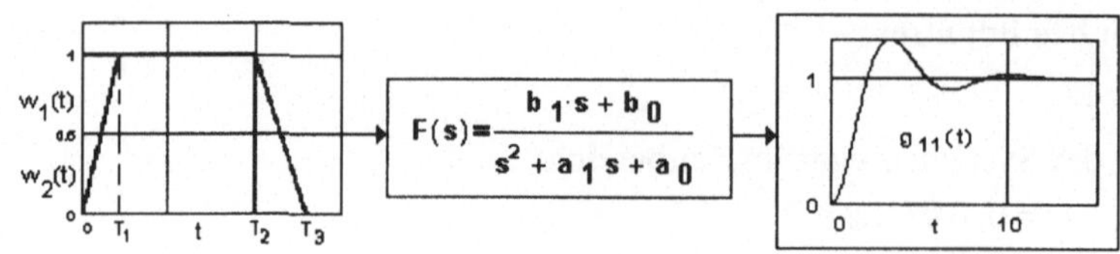

Beispieldaten

$$a_1 := \frac{1}{\sqrt{2}} \qquad a_0 := 1 \qquad b_1 := 0 \qquad b_0 := 1$$

In geschlossener Form ist die Rücktransformation in den Zeitbereich nicht möglich, wenn man alle Kombinationen der Nullstellen des Nennerpolynoms zuläßt. Es ist daher erforderlich, die einzelnen Arten der Nullstellen getrennt zu untersuchen.

Das Nennerpolynom lautet:

$$N(s) := s^2 + a_1 \cdot s + a_0$$

Die allgemeine Lösung lautet:

$$s_{12} = \frac{a_1}{2} \pm \sqrt{\frac{a_1^2}{4} - a_0} = c \pm \sqrt{d}$$

wobei $c := -\frac{a_1}{2}$ $\quad c = -0.354 \quad$ und $\quad d := \frac{a_1^2}{4} - a_0 \quad$ $d = -0.875$

Für das Nennerpolynom ergeben sich 3 Lösungen:

$$N(s) := s^2 + a_1 \cdot s + a_0$$

Fall 1: $d > 0$: 2 reelle Nullstellen $\quad (s-a)\cdot(s-b)$

Fall 2: $d = 0$: Doppelnullstelle $\quad (s-c)^2$

Fall 3: $d < 0$: konjugiert komplexe Nullstelle $\quad (s-c)^2 + q^2$

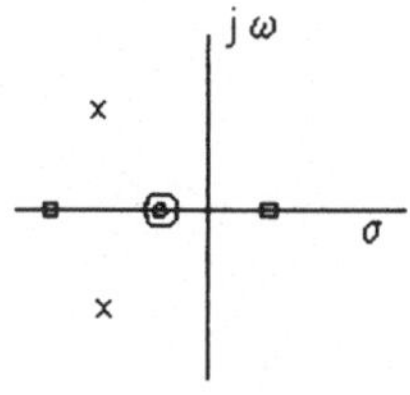

Pol-Nullstellenplan

Die Fallunterscheidung weisen wir dem ersten Index zu. Im zweiten Index wird der Hinweis auf Rechteck (1) oder Rampe (2) gegeben.

Zur weiteren Behandlung benötigt man die Partialbruchzerlegung und den Residuensatz. m ist der Grad der Ableitung. An der Stelle s = a gilt:

$$\mathrm{Res}(f(s)) = \frac{1}{(m-1)!} \cdot \frac{d^{m-1}}{d\,s^{m-1}} \cdot f(s) \cdot (s-a)^m$$

Für Pole 1. Ordnung ergibt sich hieraus an der Stelle s = a:

$$\mathrm{Res}(f(s)) = f(s) \cdot (s-a)$$

Für Pole 2. Ordnung ergibt sich hieraus an der Stelle s = a:

$$\mathrm{Res}(f(s)) = \frac{d}{d\,s} f(s) \cdot (s-a)^2$$

Fall 1: d > 0: 2 reelle Nullstellen

$$a := -\frac{a_1}{2} + \sqrt{\frac{a_1^2}{4} - a_0} \qquad b := -\frac{a_1}{2} - \sqrt{\frac{a_1^2}{4} - a_0}$$

$$a = -0.354 + 0.935i \qquad b = -0.354 - 0.935i$$

Rechteck:

$$G_{11}(s) = \frac{F(s)}{s} = \frac{A_{11}}{s-a} + \frac{B_{11}}{s-b} + \frac{C_{11}}{s}$$

$$A_{11} := \frac{b_1 \cdot a + b_0}{a \cdot (a-b)} \qquad A_{11} = -0.5 + 0.189i$$

$$B_{11} := \frac{b_1 \cdot b + b_0}{b \cdot (b-a)} \qquad B_{11} = -0.5 - 0.189i$$

$$C_{11} = -A_{11} - B_{11} \qquad C_{11} := \frac{b_0}{a \cdot b} \qquad C_{11} = 1$$

Nachfolgend soll hier auch eine andere, für Computer gut geeignete Methode zur Ermittlung der Koeffizienten gezeigt werden. Diese Methode kann jedoch nur angewendet werden, wenn es sich bei den Nennerpolynomen um Linearkombinationen handelt.

Ausgehend von der Übertragungsfunktion

$$F(s) = \frac{b_1 \cdot s + b_0}{s^2 + a_1 \cdot s + a_0}$$

ermitteln wir für das Zählerpolynom von G_{11}

$$b_1 \cdot s + b_0 = A_{11} \cdot (s-b) \cdot s + B_{11} \cdot (s-a) \cdot s + C_{11} \cdot (s-a) \cdot (s-b)$$

Ausmultipliziert ergibt dies:

$$b_1 \cdot s + b_0 = A_{11} \cdot s^2 - A_{11} \cdot s \cdot b + B_{11} \cdot s^2 - B_{11} \cdot s \cdot a + C_{11} \cdot s^2 - C_{11} \cdot s \cdot b - C_{11} \cdot a \cdot s + C_{11} \cdot a \cdot b$$

Hieraus erstellen wir die Lösungsmatrix

$$\begin{pmatrix} A_{11} \\ B_{11} \\ C_{11} \end{pmatrix} := \begin{pmatrix} 1 & 1 & 1 \\ -b & -a & -a-b \\ 0 & 0 & a \cdot b \end{pmatrix}^{-1} \cdot \begin{pmatrix} 0 \\ b_1 \\ b_1 \end{pmatrix} \qquad \begin{pmatrix} A_{11} \\ B_{11} \\ C_{11} \end{pmatrix} = \begin{pmatrix} -0.5 + 0.189i \\ -0.5 - 0.189i \\ 1 \end{pmatrix}$$

Wir sehen, das Ergebnis ist gleich!

$$g_{11}(t) := A_{11} \cdot (\exp(a \cdot t) - 1) + B_{11} \cdot (\exp(b \cdot t) - 1)$$

Rampe:

$$G_{12}(s) = \frac{F(s)}{s^2} = \frac{A_{12}}{s-a} + \frac{B_{12}}{s-b} + \frac{C_{12}}{s^2} + \frac{D_{12}}{s}$$

$$A_{12} := \frac{b_1 \cdot a + b_0}{a^2 \cdot (a-b)} \qquad A_{12} = 0.354 + 0.401i$$

$$B_{12} := \frac{b_1 \cdot b + b_0}{b^2 \cdot (b-a)} \qquad B_{12} = 0.354 - 0.401i$$

$$C_{12} = \frac{b_0}{a \cdot b} = -a \cdot A_{12} - b \cdot B_{12} \qquad C_{12} := -a \cdot A_{12} - b \cdot B_{12} \qquad C_{12} = 1$$

$$D_{12} = \frac{b_1 \cdot a_0 - b_0 \cdot a_1}{\beta^2} = -A_{12} - B_{12} \qquad D_{12} := -A_{12} - B_{12} \qquad D_{12} = -0.707$$

$$g_{12}(t) := A_{12} \cdot (\exp(a \cdot t) - a \cdot t - 1) + B_{12} \cdot (\exp(b \cdot t) - b \cdot t - 1)$$

Fall 2: d = 0: Doppelnullstelle

$$c := -\frac{a_1}{2} \qquad c = -0.354$$

Rechteck:

$$G_{21}(s) = \frac{F(s)}{s} = \frac{A_{21}}{(s-c)^2} + \frac{B_{21}}{s-c} + \frac{C_{21}}{s}$$

$$A_{21} := b_1 + \frac{b_0}{c} \qquad A_{21} = -2.828$$

$$B_{21} := -\frac{b_0}{c^2} \qquad B_{21} = -8$$

$$C_{21} := -B_{21} \qquad C_{21} = 8$$

$$g_{21}(t) := (A_{21} \cdot t + B_{21}) \cdot \exp(c \cdot t) - B_{21}$$

Rampe:

$$G_{22}(s) = \frac{F(s)}{s^2} = \frac{A_{22}}{(s-c)^2} + \frac{B_{22}}{s-c} + \frac{C_{22}}{s^2} + \frac{D_{12}}{s}$$

$$A_{22} := \frac{b_1 \cdot c + b_0}{c^2} \qquad A_{22} = 8$$

$$B_{22} := \frac{-b_1 \cdot c - 2 \cdot b_0}{c^3} \qquad B_{22} = 45.255$$

$$C_{22} := \frac{b_0}{c^2} \qquad C_{22} = 8$$

$D_{22} := -B_{22}$ $\qquad D_{22} = -45.255$

$g_{22}(t) := A_{22} \cdot t \cdot (\exp(c \cdot t) - 1) + B_{22} \cdot (\exp(c \cdot t) - c \cdot t - 1)$

Fall 3: d < 0: konjugiert komplexe Nullstelle

$c := -\frac{a_1}{2} \qquad c = -0.354 \qquad q := \sqrt{a_0 - c^2} \qquad q = 0.935$

Rechteck:

$$G_{31}(s) = \frac{F(s)}{s} = \frac{A_{31} \cdot s + B_{31}}{(s-c)^2 + q^2} + \frac{C_{31}}{s}$$

$A_{31} := -\frac{b_0}{a_0} \qquad A_{31} = -1$

$B_{31} := b_1 + \frac{2 \cdot c \cdot b_0}{a_0} \qquad B_{31} = -0.707$

$C_{31} := -A_{31} \qquad C_{31} = 1$

$K \cdot \sin(\varphi) = -\frac{b_0}{a_0} \qquad K \cdot \cos(\varphi) = \frac{1}{q} \cdot \left(\lambda + \frac{c \cdot b_0}{a_0} \right)$

$$\frac{-b_0}{a_0 \cdot \sin(\varphi)} \cdot \cos(\varphi) = \frac{1}{q} \cdot \left(b_1 + \frac{c \cdot b_0}{a_0} \right)$$

$\varphi := -\operatorname{atan}\left(b_0 \cdot \frac{q}{b_1 \cdot a_0 + c \cdot b_0} \right) \qquad \varphi = 1.209$

$K := \frac{-b_0}{a_0 \cdot \sin(\varphi)} \qquad K = -1.069$

$g_{31}(t) := K \cdot (\exp(c \cdot t) \cdot \sin(q \cdot t + \varphi) - \sin(\varphi))$

Rampe:

$$G_{32}(s) = \frac{F(s)}{s^2} = \frac{A_{32} \cdot s + B_{32}}{(s-c)^2 + q^2} + \frac{C_{32}}{s^2} + \frac{D_{32}}{s}$$

$A_{32} := \frac{-b_1 \cdot a_0 + b_0 \cdot a_1}{a_0^2} \qquad A_{32} = 0.707$

$C_{32} := \frac{b_0}{a_0} \qquad C_{32} = 1$

$B_{32} := -C_{32} + a_1 \cdot A_{32} \qquad B_{32} = -0.5$

$D_{32} := -A_{32} \qquad D_{32} = -0.707$

$$K \cdot \sin(\varphi) = A_{32} \qquad K \cdot \cos(\varphi) = -\frac{1}{q} \cdot (A_{32} \cdot c + C_{32})$$

$$\frac{A_{32}}{\sin(\varphi)} \cdot \cos(\varphi) = -\frac{1}{q} \cdot (A_{32} \cdot c + C_{32})$$

$$\varphi := -\mathrm{atan}\left(A_{32} \cdot \frac{q}{(A_{32} \cdot c + C_{32})} \right) \qquad \varphi = -0.723$$

$$K := \frac{A_{32}}{\sin(\varphi)} \qquad K = -1.069$$

$$g_{32}(t) := K \cdot (\exp(c \cdot t) \cdot \sin(\varphi + q \cdot t) - (c \cdot t + 1) \cdot \sin(\varphi) - q \cdot t \cdot \cos(\varphi))$$

Rechteck:

$$g_1(t) := \mathrm{if}(d < 0, g_{31}(t), \mathrm{if}(d > 0, g_{11}(t), g_{21}(t)))$$

$$r_1(t) := g_1(t) - \Phi(t - T_2) \cdot g_1(t - T_2)$$

$$w_1(t) := 1 - \Phi(t - T_2)$$

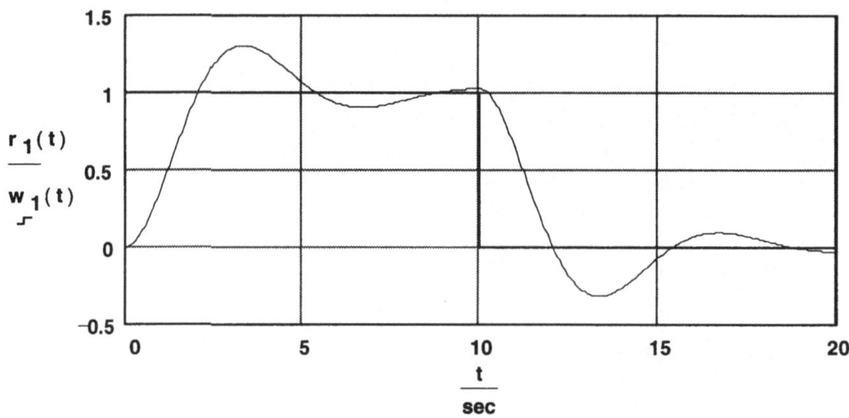

Rampe:

$$g_2(t) := \mathrm{if}(d < 0, g_{32}(t), \mathrm{if}(d > 0, g_{12}(t), g_{22}(t)))$$

$$r_2(t) := \frac{g_2(t)}{T_1} - \Phi(t - T_2) \cdot \frac{g_2(t - T_2)}{T_1} - \Phi(t - T_2) \cdot \frac{g_2(t - T_2)}{T_3 - T_2} \ldots$$

$$+\Phi(t - T_3) \cdot \frac{g_2(t - T_3)}{T_3 - T_2}$$

$$w_2(t) := \frac{t}{T_1} - \frac{t - T_1}{T_1} \cdot \Phi(t - T_1) - \frac{t - T_2}{T_3 - T_2} \cdot \Phi(t - T_2) + \frac{t - T_3}{T_3 - T_2} \cdot \Phi(t - T_3)$$

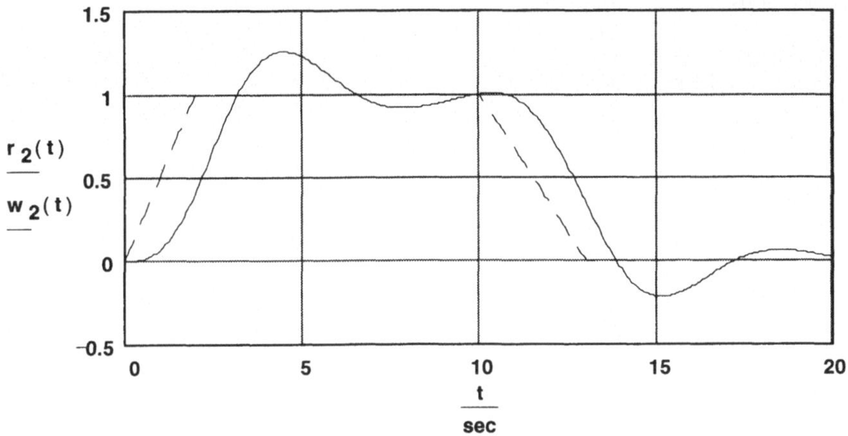

6.10 Regelkreis nach Betragsoptimum ausgelegt

Eine Regelstrecke mit zwei Verzögerungen 1. Ordnung soll mit einem Regler versehen werden, der nach dem Betragsoptimum ausgelegt wird. Unter der Voraussetzung, daß $T_1 > T_2$, kann die größte Zeitkonstante der Strecke durch den Vorhalt eines PI-Reglers kompensiert werden.

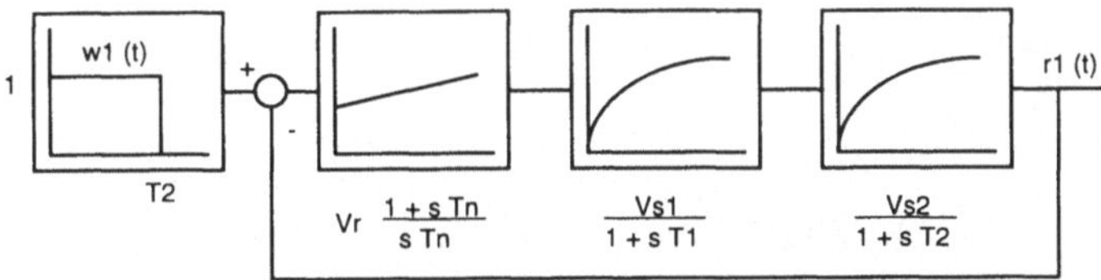

Mit der Dimensionierung $T_n = T_1$ und $V_s = V_{s1} \cdot V_{s2}$ ergibt sich:

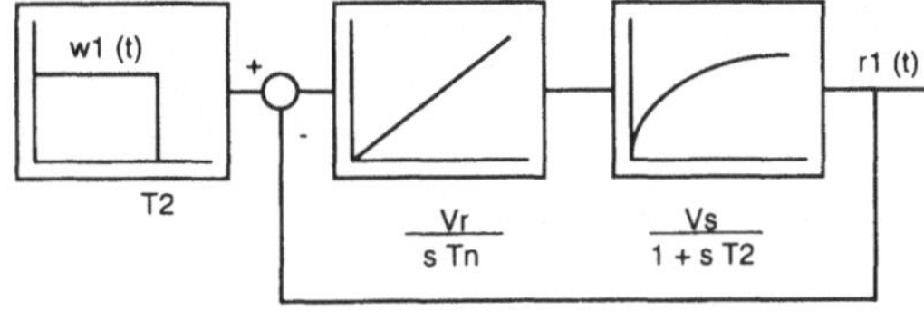

Die Kreisübertragungsfunktion lautet:

$$F_k(s) = \frac{V_r \cdot V_s}{s \cdot T_n \cdot (1 + s \cdot T_2)}$$

Die Übertragungsfunktion des geschlossenen Kreises lautet mit $V = V_r \cdot V_s$:

$$F_g(s) = \frac{F_k(s)}{1 + F_k(s)} = \frac{V}{V + s \cdot T_n + s^2 \cdot T_n \cdot T_2}$$

Betragsoptimum liegt vor, wenn

$$F_g(s) = \frac{1}{1 + s \cdot 2 \cdot T_2 + s^2 \cdot 2 \cdot T_2^2} = \frac{1}{1 + s \cdot \frac{T_n}{V} + s^2 \cdot \frac{T_n}{V} \cdot T_2}$$

Hieraus leitet sich ab:

$$2 \cdot T_2 = \frac{T_n}{V}$$

$$2 \cdot T_2^2 = \frac{T_n}{V} \cdot T_2$$

Für $T_2 := 0.2$ und $V := 10$ ergibt sich hieraus $T_n := 4$. Zur Ermittlung der Parameter formen wir die o.g. Gleichung um:

$$F_g(s) = \frac{\frac{1}{2 \cdot T_2^2}}{s^2 + \frac{s}{T_2} + \frac{1}{2 \cdot T_2^2}} = \frac{b_1 \cdot s + b_0}{s^2 + a_1 \cdot s + a_0}$$

Durch Koeffizientenvergleich:

$$a_1 := \frac{1}{T_2} \qquad a_1 = 5$$

$$a_0 := \frac{1}{2 \cdot T_2^2} \qquad a_0 = 12.5$$

$$b_1 := 0$$

$$b_0 := a_0 \qquad b_0 = 12.5$$

Das Betragsoptimum zeichnet sich dadurch aus, daß die maximale Überschwingweite nur 4,3% beträgt. Zum erstenmal schneidet die Sprungantwort den Betrag 1 nach

$$t_{an} = 4{,}7 \cdot T_2 = 0{,}94 \cdot \text{sec.}$$

Dauer des Rechtecks:

$$T_2 := 3$$

Betrachtung der Systemantwort im Zeitbereich:

$$t := 0, 0.05..6$$

Die Übertragungsfunktion in der allgemeinen Form lautet:

$$F(s) = \frac{b_1 \cdot s + b_0}{s^2 + a_1 \cdot s + a_0}$$

Das Nennerpolynom lautet:

$$N(s) := s^2 + a_1 \cdot s + a_0$$

Die allgemeine Lösung lautet:

$$s_{12} = \frac{a_1}{2} \pm \sqrt{\frac{a_1^2}{4} - a_0} = c \pm \sqrt{d}$$

Fall 1: d > 0: 2 reelle Nullstellen (stark unterkompensiert)

Beispieldaten:

$a_1 := 18 \qquad a_0 := 12.5 \qquad b_1 := 0 \qquad b_0 := 12.5$

$d := \frac{a_1^2}{4} - a_0 \qquad d = 68.5$

$a := -\frac{a_1}{2} + \sqrt{\frac{a_1^2}{4} - a_0} \qquad b := -\frac{a_1}{2} - \sqrt{\frac{a_1^2}{4} - a_0}$

$a = -0.72 \qquad b = -17.28$

$$G_{11}(s) = \frac{F(s)}{s} = \frac{A_{11}}{s-a} + \frac{B_{11}}{s-b} + \frac{C_{11}}{s}$$

$A_{11} := \frac{b_1 \cdot a + b_0}{a \cdot (a-b)} \qquad A_{11} = -1.04$

$B_{11} := \frac{b_1 \cdot b + b_0}{b \cdot (b-a)} \qquad B_{11} = 0.04$

$C_{11} = \frac{b_0}{a \cdot b} = -A_{11} - B_{11} \qquad C_{11} := \frac{b_0}{a \cdot b} \qquad C_{11} = 1$

$g_{11}(t) := A_{11} \cdot (\exp(a \cdot t) - 1) + B_{11} \cdot (\exp(b \cdot t) - 1)$

$r_1(t) := g_{11}(t) - \Phi(t - T_2) \cdot g_{11}(t - T_2)$

$w_1(t) := 1 - \Phi(t - T_2)$

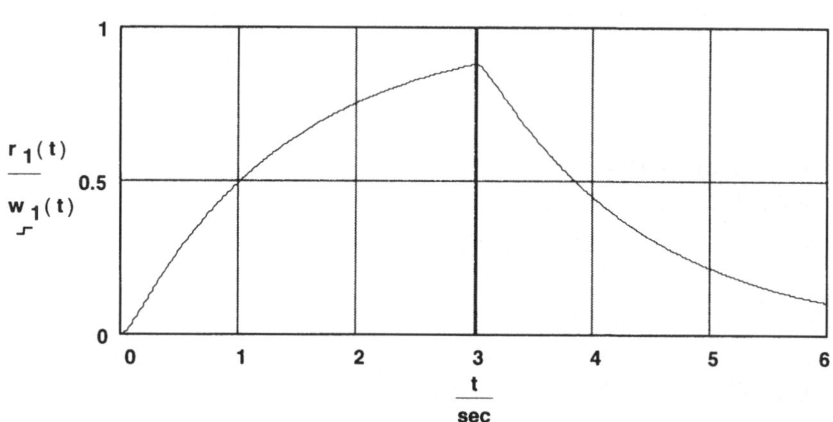

Fall 2: d = 0: Doppelnullstelle (unterkompensiert)

Beispieldaten:

$a_1 := 5 \qquad a_0 := 6.25 \qquad b_1 := 0 \qquad b_0 := 6.25$

$d := \frac{a_1^2}{4} - a_0 \qquad d = 0 \qquad c := -\frac{a_1}{2} \qquad c = -2.5$

$$G_{21}(s) = \frac{F(s)}{s} = \frac{A_{21}}{(s-c)^2} + \frac{B_{21}}{s-c} + \frac{C_{21}}{s}$$

$A_{21} := b_1 + \frac{b_0}{c} \qquad A_{21} = -2.5$

$B_{21} := -\frac{b_0}{c^2} \qquad B_{21} = -1$

$C_{21} := -B_{21} \qquad C_{21} = 1$

$g_{21}(t) := (A_{21} \cdot t + B_{21}) \cdot \exp(c \cdot t) - B_{21}$

$r_1(t) := g_{21}(t) - \Phi(t - T_2) \cdot g_{21}(t - T_2)$

$w_1(t) := 1 - \Phi(t - T_2)$

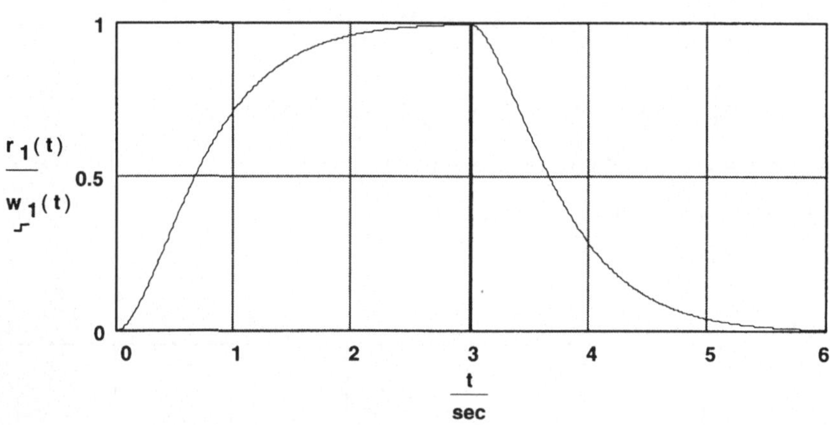

Fall 3: d < 0 konjugiert komplexe Nullstelle

Daten für den Fall Betragsoptimum:

$a_1 := 5 \qquad a_0 := 12.5 \qquad b_1 := 0 \qquad b_0 := 12.5$

$d := \frac{a_1^2}{4} - a_0 \qquad d = -6.25$

$c := -\frac{a_1}{2} \qquad c = -2.5 \qquad q := \sqrt{a_0 - c^2} \qquad q = 2.5$

$$G_{31}(s) = \frac{F(s)}{s} = \frac{A_{31} \cdot s + B_{31}}{(s-c)^2 + q^2} + \frac{C_{31}}{s}$$

$$A_{31} := -\frac{b_0}{a_0} \qquad A_{31} = -1$$

$$B_{31} := b_1 + \frac{2 \cdot c \cdot b_0}{a_0} \qquad B_{31} = -5$$

$$C_{31} := -A_{31} \qquad C_{31} = 1$$

$$K \cdot \sin(\varphi) = -\frac{b_0}{a_0} \qquad K \cdot \cos(\varphi) = \frac{1}{q} \cdot \left(b_1 + \frac{c \cdot b_0}{a_0} \right)$$

$$\frac{-b_0}{a_0 \cdot \sin(\varphi)} \cdot \cos(\varphi) = \frac{1}{q} \cdot \left(b_1 + \frac{c \cdot b_0}{a_0} \right)$$

$$\varphi := -\operatorname{atan}\left(b_0 \cdot \frac{q}{b_1 \cdot a_0 + c \cdot b_0} \right) \qquad \varphi = 0.79$$

$$K := \frac{-b_0}{a_0 \cdot \sin(\varphi)} \qquad K = -1.41$$

$$g_{31}(t) := K \cdot (\exp(c \cdot t) \cdot \sin(q \cdot t + \varphi) - \sin(\varphi))$$

$$r_1(t) := g_{31}(t) - \Phi(t - T_2) \cdot g_{31}(t - T_2)$$

$$w_1(t) := 1 - \Phi(t - T_2)$$

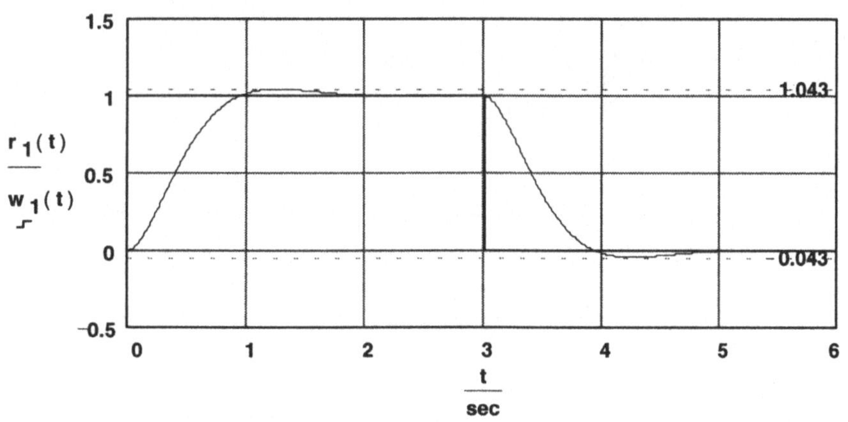

Daten für den Fall der starken Überkompensation:

$$a_1 := 2 \qquad a_0 := 30 \qquad b_1 := 0 \qquad b_0 := 30 \qquad d := \frac{a_1^2}{4} - a_0 \quad d = -29$$

$$c := -\frac{a_1}{2} \qquad c = -1 \qquad q := \sqrt{a_0 - c^2} \qquad q = 5.39$$

$$G_{31}(s) = \frac{F(s)}{s} = \frac{A_{31} \cdot s + B_{31}}{(s-c)^2 + q^2} + \frac{C_{31}}{s}$$

$$A_{31} := -\frac{b_0}{a_0} \qquad A_{31} = -1$$

$$B_{31} := b_1 + \frac{2 \cdot c \cdot b_0}{a_0} \qquad B_{31} = -2$$

$$C_{31} := -A_{31} \qquad C_{31} = 1$$

$$K \cdot \sin(\varphi) = -\frac{b_0}{a_0} \qquad K \cdot \cos(\varphi) = \frac{1}{q} \cdot \left(b_1 + \frac{c \cdot b_0}{a_0} \right)$$

$$\frac{-b_0}{a_0 \cdot \sin(\varphi)} \cdot \cos(\varphi) = \frac{1}{q} \cdot \left(b_1 + \frac{c \cdot b_0}{a_0} \right)$$

$$\varphi := -\operatorname{atan}\left(b_0 \cdot \frac{q}{b_1 \cdot a_0 + c \cdot b_0} \right) \qquad \varphi = 1.39$$

$$K := \frac{-b_0}{a_0 \cdot \sin(\varphi)} \qquad K = -1.02$$

$$g_{31}(t) := K \cdot (\exp(c \cdot t) \cdot \sin(q \cdot t + \varphi) - \sin(\varphi))$$

$$r_1(t) := g_{31}(t) - \Phi(t - T_2) \cdot g_{31}(t - T_2)$$

$$w_1(t) := 1 - \Phi(t - T_2)$$

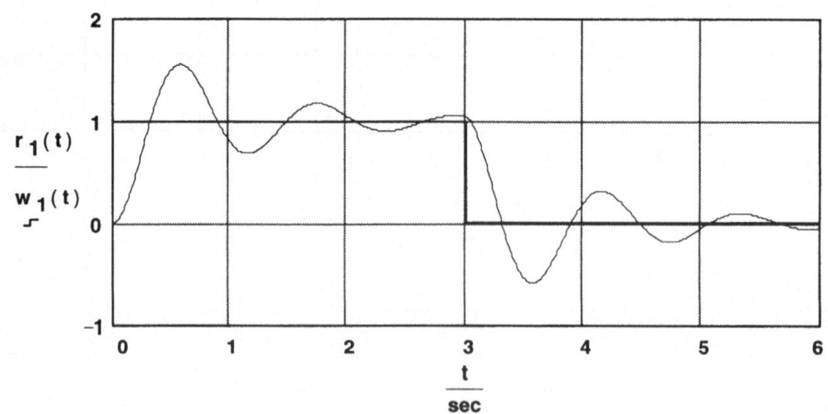

6.11 Z-Transformation

Neben den bisher betrachteten zeitkontinuierlichen Systemen, bei denen die interessierenden Größen stetige Größen darstellen, spielen in der Elektronik und Antriebstechnik durch die Digitalisierung zeitdiskrete Systeme zunehmend eine Rolle. In diesem Kapitel soll die Z-Transformation nicht theoretisch abgeleitet werden. Hierzu wird auf die Literatur verwiesen. Es werden jedoch praktische, rechnerorientierte Hinweise gegeben, wie mit der Z-Transformation gerechnet wird.

Die Folge s, die transformiert werden soll, kann bei Verwendung von MATHCAD über einen PRN-File eingelesen werden. Hier wird sie explizit definiert.

$$n := 0..15 \qquad s_n := 2^{-n}$$

Die Z-Transformation einer Reihe s ist die Funktion F(z), die wie folgt definiert wird:

$$F(z) := \sum_{n} \frac{s_n}{z_n}$$

Zieht man einen Kreis mit dem Radius r in der komplexen Ebene, in dem alle Pole von F(z) enthalten sind, dann läßt sich die Rücktransformation wie folgt definieren:

$$r := 2$$

$$f(n, F) := \frac{r^n}{2 \cdot \pi} \cdot \int_0^{2 \cdot \pi} F(r \cdot \exp(j \cdot \theta)) \cdot \exp(n \cdot \theta \cdot j)\, d\theta$$

Die Rücktransformation stellt die Originalfunktion wieder her.

n	s_n	f(n, F)
0	1	1
1	0.5	0.5
2	0.25	0.25
3	0.125	0.125
4	0.0625	0.0625
5	0.0313	0.0312
6	0.0156	0.0156
7	0.0078	0.0078
8	0.0039	0.0039
9	0.002	0.002
10	0.001	0.001
11	0.0005	$0.005 - 3.3098i \cdot 10^{-13}$
12	0.0002	0.0002
13	0.0001	$0.0001 - 1.9869i \cdot 10^{-12}$
14	0.0001	$0.0001 - 2.5945i \cdot 10^{-12}$
15	0	$0 - 2.0987i \cdot 10^{-11}$

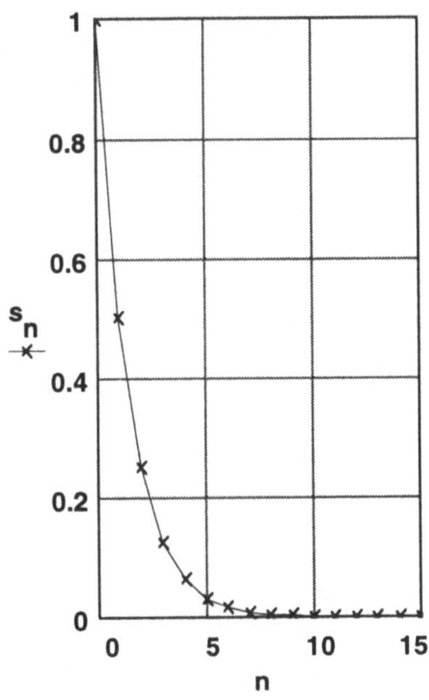

Wenn die Transformation explizit gegeben ist, so kann man diese Umkehrformel benutzen, um sich die ersten wenigen Terme der Originalfolge anzusehen. Wenn man weiß, daß die Folge real ist, so kann man vereinfachend die komplexe Toleranzschwelle auf 5 oder 6 Stellen setzen, um den kleinen Imaginärteil, der durch das Abschneiden des Integrals entstanden ist, zu vermeiden.

Beispiel 1

Für eine Strecke gelte die folgende diskrete Übertragungsfunktion $H_s(z)$:

$$H_s(z) := \frac{z+.6}{z^2 - z+.6}$$

Diese Funktion wird mit einem Einheitssprung $H_w(z)$ angeregt:

$$H_w(z) := \frac{z}{z-1}$$

Resultierend ergibt sich daraus:

$$H(z) := \frac{z+.6}{z^2 - z+.6} \cdot \frac{z}{z-1}$$

Die ersten 16 Terme der Sprungantwort dieser Übertragungsfunktion zeigt der folgende Graph:

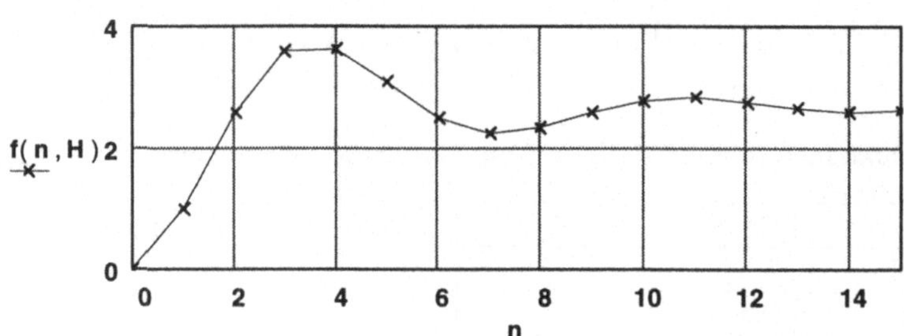

Beispiel 2

Das folgende Beispiel zeigt, wie man die Rücktransformation der Funktion H(z) aus Beispiel 1 durch Partialbruchzerlegung findet. Auf die Einzelbrüche wendet man dann die bekannten Transformationen an.

Eine der Wurzel der o.g. Funktion H(z) ist

$$r1 := 1$$

Die anderen Wurzeln können mit der root-Funktion von MATHCAD gefunden werden. Da diese Wurzeln komplex sein werden, starten wir mit einem entsprechenden Vorschlag:

$$z := 1 \cdot j$$

$$r2 := \text{root}(z^2 - z+.6, z) \qquad r2 = 0.5006 + 0.5916i$$

$$r3 := \overline{r2} \qquad r3 = 0.5006 - 0.5916i$$

Die o.g. Funktion H(z) kann nun geschrieben werden als:

$$H(z) := \frac{c}{z - r1} + \frac{d}{z - r2} + \frac{e}{z - r3}$$

Multipliziert man die Zähler beider Gleichungen aus, so erhält man:

$$c \cdot (z - r2) \cdot (z - r3) + d(z - r1) \cdot (z - r3) + e \cdot (z - r1)(z - r2) = z^2 + 0.6 \cdot z + 0$$

Vergleicht man die Koeffizienten, dann genügen c, d und e den folgenden drei Gleichungen:

$$c + d + e = 1$$

$$c \cdot (r2 + r3) + d \cdot (r1 + r3) + e \cdot (r1 + r2) = -.6$$

$$c \cdot (r2 \cdot r3) + d \cdot (r1 \cdot r3) + e \cdot (r1 \cdot r2) = 0$$

Das Gleichungssystem kann nach c, d, und e durch Invertierung der Koeffizientenmatrix gelöst werden. Die Koeffizienten schreiben sich dann wie folgt:

$$\begin{pmatrix} c \\ d \\ e \end{pmatrix} := \begin{pmatrix} 1 & 1 & 1 \\ r2 + r3 & r1 + r3 & r1 + r2 \\ r2 \cdot r3 & r1 \cdot r3 & r1 \cdot r2 \end{pmatrix}^{-1} \cdot \begin{pmatrix} 1 \\ -.6 \\ 0 \end{pmatrix} \qquad \begin{pmatrix} c \\ d \\ e \end{pmatrix} = \begin{pmatrix} 2.6695 \\ -0.8348 - 0.6486i \\ -0.8348 + 0.6486i \end{pmatrix}$$

Für $n > 0$ ist die Rücktransformation von

$$f(z) = \frac{\alpha}{z - \beta}$$

die Folge

$$x_0 := 0 \qquad x_n := \alpha \cdot \beta^{n-1}$$

Nun ergibt sich die Rücktransformation von H(z) als

$$x_n := c \cdot r1^{n-1} + d \cdot r2^{n-1} + e \cdot r3^{n-1}$$

Die ersten 16 Terme dieser Funktion sind im folgenden Graphen dargestellt:

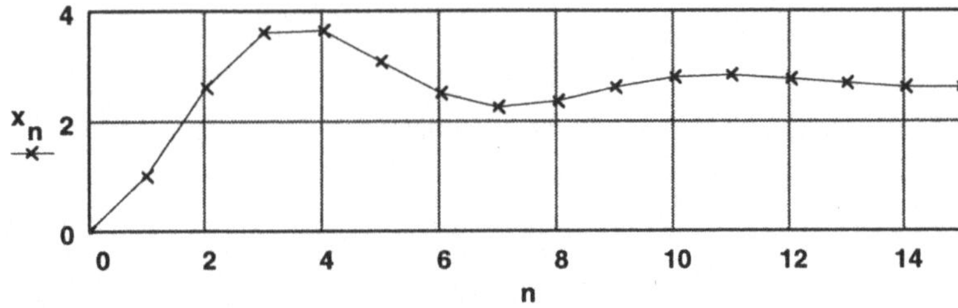

Beide Lösungswege führen zum gleichen Ergebnis!

Beispiel 3:

Gegeben sei eine Übertragungsfunktion 2. Ordnung:

$$H_s(z) := \frac{2 \cdot z}{z^2 - 0.3 \cdot z - 0.4}$$

Zuerst ermitteln wir die Impulsantwort für diese Übertragungsfunktion $f(n, H_s)$.

n	$f(n, H_s)$
0	$1.5655 \cdot 10^{-9}$
1	2
2	0.6
3	0.98
4	0.534
5	0.5522
6	0.3793
7	0.3347
8	0.2521
9	0.2095
10	0.1637
11	0.1329
12	0.1053
13	0.085
14	0.0678
15	0.0543

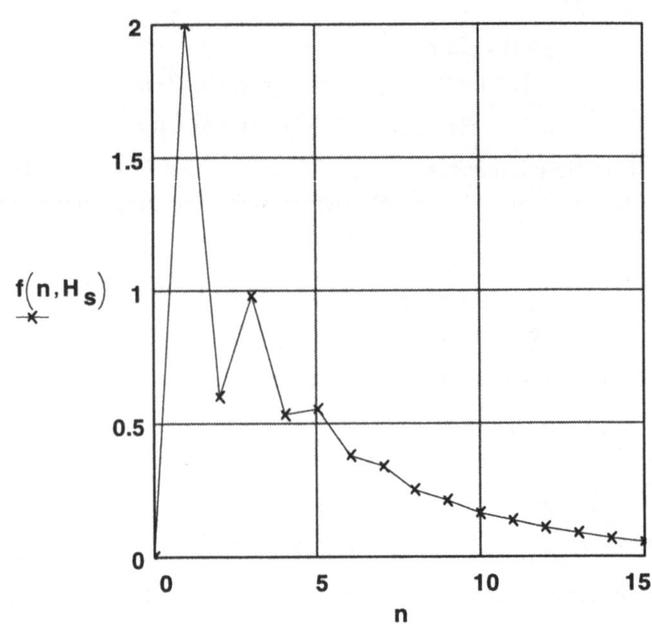

Diese Funktion wird mit einem Einheitssprung $H_w(z)$ angeregt:

$$H_w(z) := \frac{z}{z-1}$$

Resultierend ergibt sich daraus die Sprungantwort:

$$H(z) := H_s(z) \cdot H_w(z)$$

n	f(n, H)
0	$1.5496 \cdot 10^{-10} + 1.1i \cdot 10^{-16}$
1	2
2	2.6
3	3.58
4	4.114
5	4.6662
6	5.0455
7	5.3801
8	5.6322
9	5.8417
10	6.0054
11	6.1383
12	6.2437
13	6.3284
14	6.396
15	6.4502

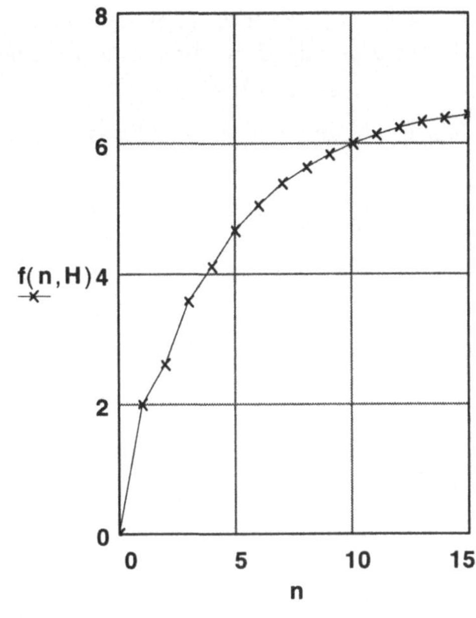

Beispiel 4:

Bei Gleichungen mit konstanten Koeffizienten kann man die Lösung in geschlossener Form durch Transformation der Funktion finden.

Es sei eine allgemeine Differentialgleichung 2. Ordnung in rekursiver Form gegeben:

$$s_{n+2} = a \cdot s_n + b \cdot s_{n+1}$$

Für gegebene Werte a und b sowie die Anfangswerte s_0 und s_1 kann MATHCAD die Lösung durch Iteration berechnen.

Laufvariable $m := 2..100$ $i := 0..100$

Koeffizienten $a := -1.05$ $b := 1.8$

Anfangswerte $s_0 := 1$ $s_1 := -.1$

Wir schreiben die Rekursionsformel in eine geeignete Form um

$$s_m := b \cdot s_{m-1} + a \cdot s_{m-2}$$

und können die Lösung sofort zeichnen:

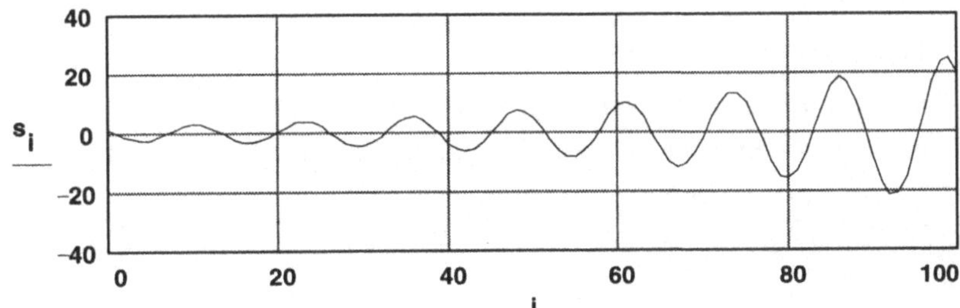

Man kann auch einen anderen Weg gehen, um eine Lösung in geschlossener Form zu erhalten. Aus der o.g. Rekursionsformel einer Differentialgleichung 2. Ordnung

$$s_{n+2} = a \cdot s_n + b \cdot s_{n+1}$$

können wir direkt in eine Z-Transformation umformen (siehe hierzu die angegebene Literatur).

Mit den Anfangswerten s_0 und s_1 ergibt sich:

$$T(z) := \frac{s_0 \cdot z^2 + (s_1 - b \cdot s_0) \cdot z}{z^2 - b \cdot z - a}$$

Doe Lösung ergibt sich durch die Rücktransformation von T(z). Die ersten 16 Terme sind in folgendem Graphen dargestellt:

n	f(n, T)
0	1
1	−0.1
2	−1.23
3	−2.109
4	−2.5047
5	−2.294
6	−1.4993
7	−0.29
8	1.0522
9	2.1985
10	2.8525
11	2.8261
12	2.0918
13	0.7978
14	−0.7603
15	−2.2064

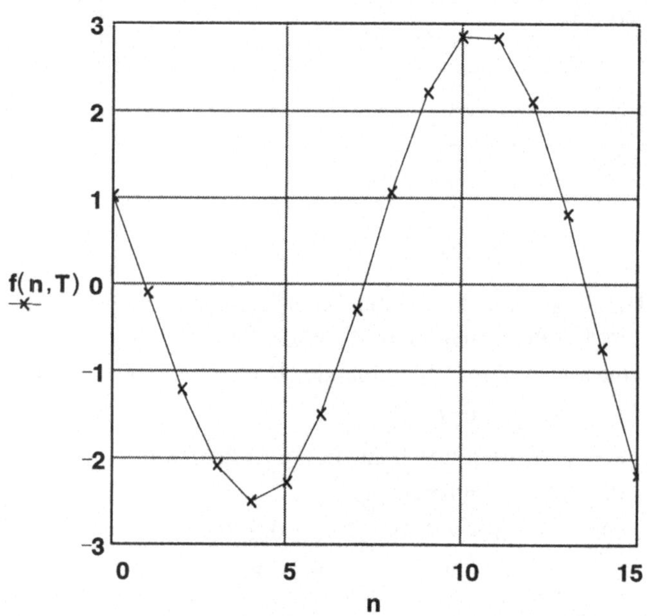

Um die Lösung in geschlossener Form darzustellen, muß die Partialbruchzerlegung angewandt werden.

Wenn die Diskriminante

$$D := b^2 + 4 \cdot a \qquad D = -0.96$$

nicht Null ist, dann hat der Nenner von T(z) zwei Wurzeln r1 und r2.

T(z) kann dann auf einfache Weise in Partialbruch geschrieben werden:

$$T(z) := \frac{c \cdot z}{z - r1} + \frac{d \cdot z}{z - r2}$$

Die Wurzeln r1 und r2 errechnen sich zu

$$r1 := 0.5 \cdot \left(b + \mathrm{if}\left(b > 0.\sqrt{D}, -\sqrt{D}\right)\right) \qquad r1 = 0.9 + 0.4899i$$

$$r2 := \frac{-a}{r1} \qquad r2 = 0.9 - 0.4899i$$

Die Zähler-Koeffizienten c und d sind gegeben durch:

$$\begin{pmatrix} c \\ d \end{pmatrix} := \begin{pmatrix} 1 & 1 \\ r2 & r1 \end{pmatrix}^{-1} \cdot \begin{pmatrix} s_0 \\ -s_1 + b \cdot s_0 \end{pmatrix}$$

$c = 0.5 + 1.0206i \qquad d = 0.5 - 1.0206i$

Lösung der Funktion S(n): $S(n) := c \cdot r1^n + d \cdot r2^n$

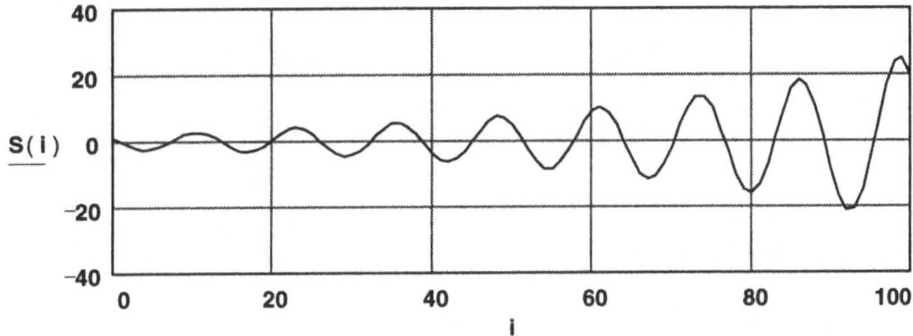

Im Vergleich sind die ersten 16 Terme dargestellt:

n	S(n)
0	1
1	−0.1
2	−1.23
3	−2.109
4	−2.5047
5	−2.294
6	−1.4993
7	−0.29
8	1.0522
9	2.1985
10	2.8525
11	2.8261
12	2.0918
13	0.7978
14	−0.7603
15	−2.2064

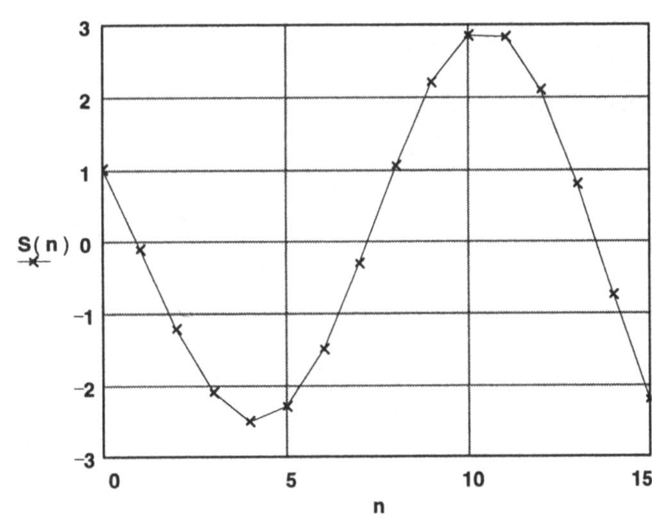

Beide Lösungsverfahren führen zum gleichen Ergebnis!

Beispiel 5

In diesem Beispiel sind die Koeffizienten und Anfangswerte der Differenzen-Gleichung so gewählt, daß eine Doppelnullstelle des Nennerpolynoms der Funktion T(z) vorliegt.

$$b := 1.8 \qquad a := -\frac{b^2}{4} \qquad a := -0.81$$

$$s_1 := 1 \qquad s_0 := .5$$

1. Lösung durch Differenzen-Gleichung in rekursiver Form:

$$s_m := b \cdot s_{m-1} + a \cdot s_{m-2}$$

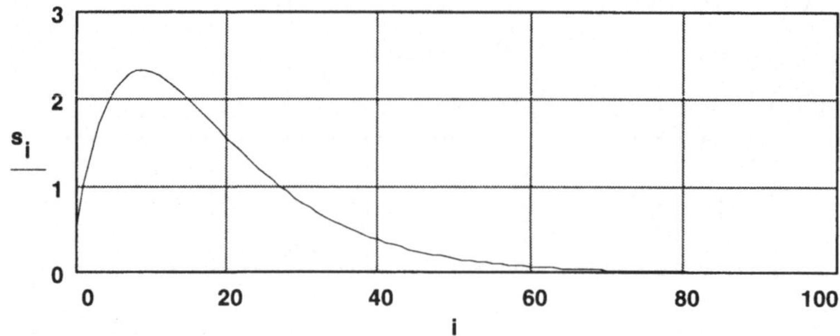

2. Lösung durch Partialbruchzerlegung:

$$T(z) := \frac{c \cdot z}{z - r} + \frac{d \cdot z}{(z - r)^2}$$

Die Wurzel r ergibt sich zu

$$r := \frac{b}{2} \qquad r = 0.9$$

Die Koeffizienten c und d errechnen sich als

$$c := s_0 \qquad c = 0.5 \qquad d := s_1 - \frac{b \cdot s_0}{2} \qquad d = 0.55$$

Hieraus ergibt sich die Lösung $\quad S(n) := \left(c + \frac{d}{r} \cdot n\right) \cdot r^n$

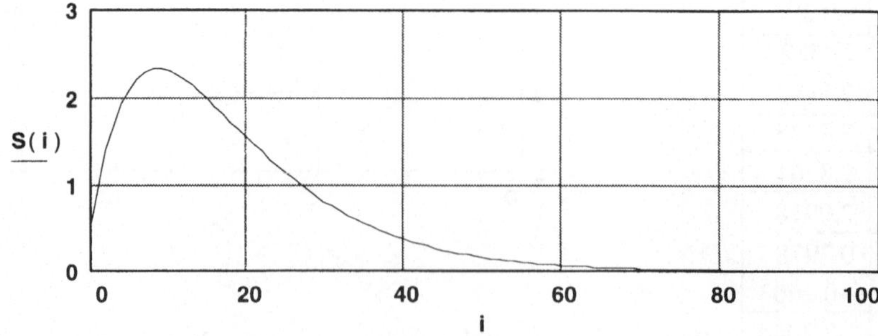

Beide Lösungsverfahren führen zum gleichen Ergebnis!

Sprungantworten häufig auftretender Regelglieder:

Integrator

$$H(z) := \frac{1}{z-1} \cdot \frac{z}{z-1}$$

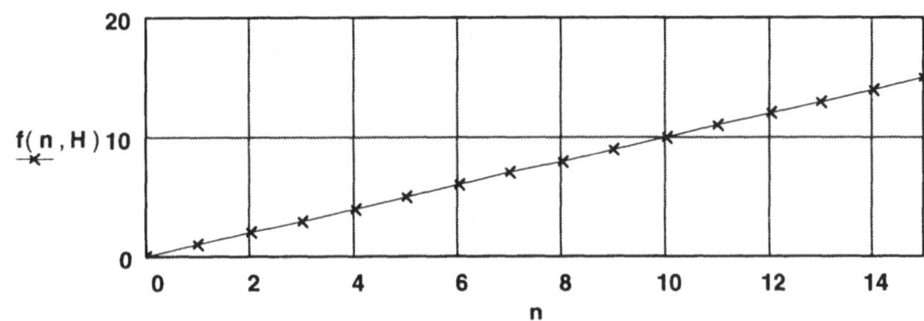

Trapezintegrator

$$H(z) := \frac{z+1}{2 \cdot z-2} \cdot \frac{z}{z-1}$$

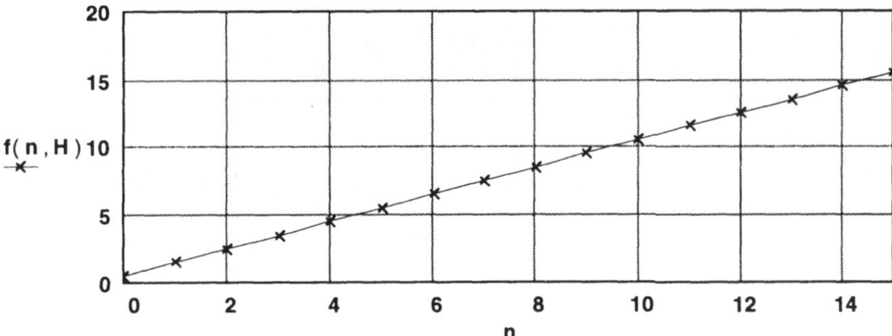

Verzögerung 1. Ordnung

$$H(z) := \frac{0.2}{z-0.8} \cdot \frac{z}{z-1}$$

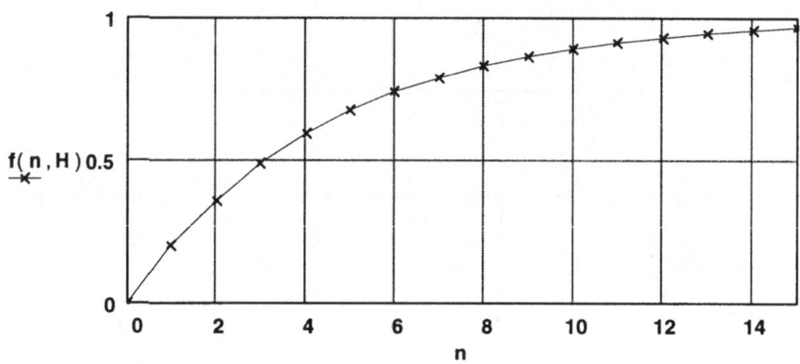

Verzögerung 2. Ordnung

$$H(z) := \frac{0.3}{z^2 - 1.4 \cdot z + 0.7} \cdot \frac{z}{z-1}$$

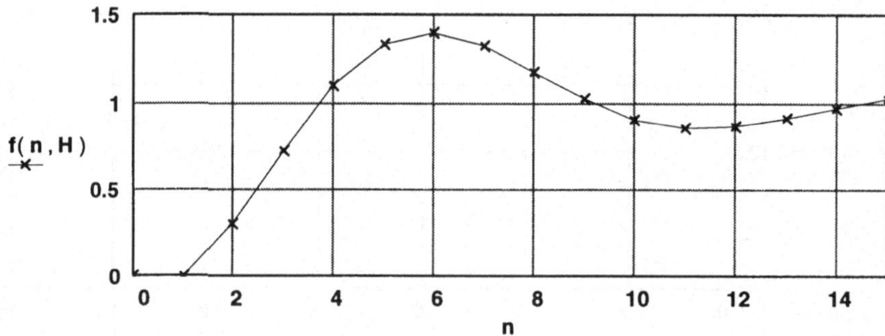

Differenzierer

$$H(z) := \frac{z-1}{z} \cdot \frac{z}{z-1}$$

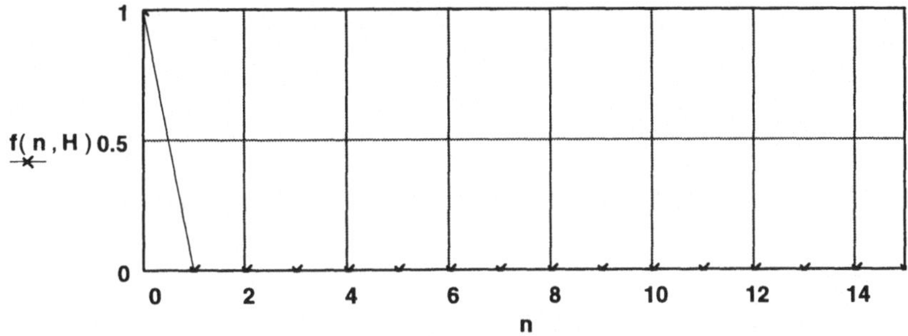

Anhang

A.1 Rechenregeln der Laplace-Transformation

Linearitätssatz

$$L[a \cdot x_1(t) + b \cdot x_2(t)] = a \cdot L[x_1(t)] + b \cdot L[x_2(t)]$$

Dämpfungssatz

$$L\left[e^{-at} \cdot x(t)\right] = X(s+a), \quad \text{mit} \quad X(s) = L[x(t)]$$

Differentiationssatz

$$L\left[\frac{d^n\, x(t)}{d\, t^n}\right] = s^n \cdot L[x(t)] - s^{n-1} \cdot \dot{x}(0) - \ldots - s \cdot x^{(n-2)}(0) - x^{(n-1)}(0)$$

Integrationssatz

$$L\left[\int_0^t x(\tau) \cdot d\,\tau\right] = \frac{1}{s} \cdot L[x(t)]$$

Verschiebungssatz

$$L[x(t-\tau)] = e^{-s\tau} \cdot L[x(t)] \qquad \tau \geq 0$$

Anfangswertsatz

$$\lim_{t \to 0} x(t) = \lim_{s \to \infty} s \cdot X(s)$$

Endwertsatz

$$\lim_{t \to \infty} x(t) = \lim_{s \to 0} s \cdot X(s)$$

Faltungssatz

$$L[x_1(t)] \cdot L[x_2(t)] = \int_0^t x_1(\tau) \cdot x_2(t-\tau) \cdot d\tau = \int_0^t x_1(t-\tau) \cdot x_2(\tau) \cdot d\tau$$

Definition

$$L[x(t)] = X(s) = \int_0^\infty x(t) \cdot e^{-st} \cdot dt$$

Residuensatz für eine n-fache Polstelle in $s = a$

$$\text{Res}\left[F(s)e^{st}\right]_{s=a} = \frac{1}{(n-1)!} \lim_{s \to a} \frac{d^{n-1}}{ds^{n-1}}\left[(s-a)^n \cdot F(s)e^{st}\right]$$

A.2 Korrespondenztabelle

Nr.	**f(s)**	**f(t) (für $t < 0$ ist $f(t) = 0$)**
1	1	...
2	$\frac{1}{s}$	1
3	$\frac{1}{s^n}$	$\frac{t^{n-1}}{(n-1)!}$
4	$\frac{1}{s+\alpha}$	$e^{-\alpha t}$
5	$\frac{1}{s(s+\alpha)}$	$\frac{1}{\alpha}\left(1-e^{-\alpha t}\right)$
6	$\frac{s}{s^2+\omega^2}$	$\cos \omega t$
7	$\frac{\omega}{s^2+\omega^2}$	$\sin \omega t$
8	$\frac{1}{(s+\alpha)(s+\beta)}$	$\frac{e^{-\beta t}-e^{-\alpha t}}{\alpha-\beta}$
9	$\frac{1}{(s+\alpha)^n};\ n>0$	$\frac{t^{n-1}}{(n-1)!} \cdot e^{-\alpha t}$
10	$\frac{1}{s(s+\alpha)^n}$	$\frac{1}{\alpha^n}\left[1-\left(\sum_{\nu=0}^{n-1} \frac{(\alpha t)^\nu}{\nu!}\right) e^{-\alpha t}\right]$

Nr.	f(s)	f(t) (für $t<0$ ist $f(t)=0$)
11	$\frac{1}{s^2+s2\alpha+\beta^2}$	$\frac{1}{2w}\left[e^{s_1 t}-e^{s_2 t}\right] \quad D=\frac{\alpha}{\beta}>1$ $\frac{1}{\omega}e^{-\alpha t}\cdot\sin\omega t \quad D<1$
12	$\frac{s}{s^2+s2\alpha+\beta^2}$	$\frac{1}{2w}\left[s_1 e^{s_1 t}-s_2 e^{s_2 t}\right] \quad D=\frac{\alpha}{\beta}>1$ $e^{-\alpha t}\left[\cos\omega t-\frac{\alpha}{\omega}\cdot\sin\omega t\right] \quad D<1$
13	$\frac{1}{s\left(s^2+s2\alpha+\beta^2\right)}$	$\frac{1}{\beta^2}\left[1+\frac{s_2}{2w}e^{s_1 t}-\frac{s_1}{2w}e^{s_2 t}\right] \quad D=\frac{\alpha}{\beta}>1$ $\frac{1}{\beta^2}\left[1-\left(\cos\omega t+\frac{\alpha}{\omega}\cdot\sin\omega t\right)e^{-\alpha t}\right] \quad D<1$

A.3 Tabelle der Laplace- und z-Transformation

Für $t<0$ ist $f(t)=0$

Nr.	f(t)	F(s)	F(z)
1	1	$\frac{1}{s}$	$\frac{z}{z-1}$
2	t	$\frac{1}{s^2}$	$\frac{T_z}{(z-1)^2}$
3	t^2	$\frac{2}{s^3}$	$\frac{T^2 z(z+1)}{(z-1)^3}$
4	t^3	$\frac{6}{s^4}$	$\frac{T^3 z(z^2+4z+1)}{(z-1)^4}$
5	t^n	$\frac{n!}{s^{n+1}}$	$\lim_{s_1\to 0}\frac{\partial^n}{\partial s_1^n}\left(\frac{z}{z-e^{s_1 T}}\right)$ bzw. $-zT\cdot\frac{\partial}{\partial z}\left\{Z\left[(kT)^{n-1}\right]\right\}$
6	e^{-at}	$\frac{1}{s+a}$	$\frac{z}{z-e^{-aT}}$
7	$t\cdot e^{-at}$	$\frac{1}{(s+a)^2}$	$\frac{Tze^{-aT}}{\left(z-e^{-aT}\right)^2}$
8	$t^2\cdot e^{s_1 t}$	$\frac{2}{(s+a)^3}$	$\frac{T^2 ze^{-aT}\left(z+e^{-aT}\right)}{\left(z-e^{-aT}\right)^3}$

Nr.	f(t)	F(s)	F(z)
9	$t^n \cdot e^{s_1 t}$	$\frac{n!}{\left(s-s_1\right)^{n+1}}$	$\frac{\partial^n}{\partial s_1^n}\left(\frac{z}{z-e^{s_1 T}}\right)$
10	$1-e^{-at}$	$\frac{a}{s(s+a)}$	$\frac{\left(1-e^{-aT}\right)z}{(z-1)\left(z-e^{-aT}\right)}$
11	$at-1+e^{-at}$	$\frac{a^2}{s^2(s+a)}$	$\frac{\left(aT-1+e^{-aT}\right)z^2+\left(1-aTe^{-aT}-e^{-aT}\right)z}{(z-1)^2\left(z-e^{-aT}\right)}$
12	$e^{-at}-e^{-bt}$	$\frac{b-a}{(s+a)(s+b)}$	$\frac{z\left(e^{-aT}-e^{-bT}\right)}{\left(z-e^{-aT}\right)\left(z-e^{-bT}\right)}$
13	$(a-b)+b\cdot e^{-at}$ $-a\cdot e^{-bt}$	$\frac{ab(a-b)}{s(s+a)(s+b)}$	$\frac{z}{(z-1)\left(z-e^{-aT}\right)\left(z-e^{-bT}\right)}$ $\cdot\left\{\left(a-b-a\cdot e^{-bT}+b\cdot e^{-aT}\right)z\right.$ $\left.+\left[(a-b)\cdot e^{-(a+b)T}-ae^{-aT}+be^{-bT}\right]\right\}$
14	$ab(a-b)\cdot t+\left(b^2-a^2\right)$ $-b^2e^{-at}+a^2\cdot e^{-bt}$	$\frac{a^2b^2(a-b)}{s^2(s+a)(s+b)}$	$\frac{ab(a-b)Tz}{(z-1)^2}+\frac{\left(b^2-a^2\right)z}{z-1}$ $-\frac{b^2z}{z-e^{-aT}}+\frac{a^2z}{z-e^{-bT}}$
15	$\sin\omega t$	$\frac{\omega}{s^2+\omega^2}$	$\frac{z\cdot\sin\omega T}{z^2-2z\cos\omega T+1}$
16	$\cos\omega t$ Spezialfall $\omega T=\pi$: $\cos\omega kT=(-1)^k$	$\frac{s}{s^2+\omega^2}$	$\frac{z(z-\cos\omega T)}{z^2-2z\cos\omega T+1}$ $\frac{z}{z+1}$
17	$e^{-at}\cdot\sin\omega t$	$\frac{\omega}{(s+a)^2+\omega^2}$	$\frac{z\cdot e^{-aT}\sin\omega T}{z^2-2z\cdot e^{-aT}\cos\omega T+e^{-2aT}}$
18	$e^{-at}\cdot\cos\omega t$	$\frac{s+a}{(s+a)^2+\omega^2}$	$\frac{z^2-z\cdot e^{-aT}\cos\omega T}{z^2-2z\cdot e^{-aT}\cos\omega T+e^{-2aT}}$

Spezialfall $\omega T=\pi$:

$e^{-akT}\cdot\cos\omega kT=\left(-e^{-aT}\right)^k$ $\qquad\frac{z}{z+e^{-aT}}$

Literaturverzeichnis

AEG: Netzthyristoren

Bederke, Ptassek, Rothenbach, Vaske: *Elektrische Antriebe und Steuerungen,*
Bergtold, Fritz: *Schaltungen mit Operationsverstärkern,*
Borrie: *Modern Control Systems,*
Brosch, Peter F.: *Moderne Stromrichterantriebe,*
Buri, H.: *Leistungshalbleiter,*
Bystron, Borgmeyer: *Grundlagen der technischen Elektronik,*
Bystron, Klaus: *Leistungselektronik;*

Clausert, H.; Wiesemann: *Grundgebiete der Elektrotechnik*, Band 2,
Cremer, Michael: *Regelungstechnik,*

Danfoss: *Wissenswertes über Frequenzumrichter,*
DiStephano, Stubberud, Williams: *Theory and Problems of Feedback and Control Systems,*
Doetsch, Gustav: *Anleitung zum praktischen Gebrauch der Laplace-Transformation und der Z-Transformation,*
Dzieia, Werner; Künstler, Hans-Arno; Rabens, Jürgen: *Elektronik IVA Leistungselektronik,*

Electro-Craft Corp.: *DC Motors Speed Controls Servo Systems,*
eupec (AEG & Siemens): *Prospekte und Applikationsberichte über Leistungselektronik,*

Föllinger, Otto: *Laplace- und Fourier-Transformationen,*
Föllinger, Otto: *Lineare Abtastsysteme,*
Föllinger, Otto: *Nichtlineare Regelungen Band 1, Grundbegriffe,*
Föllinger, Otto: *Nichtlineare Regelungen Band 2, Harmonische Balance,*
Föllinger, Otto: *Optimierung dynamischer Systeme,*

Föllinger, Otto: *Regelungstechnik. Einführung in ihre Methoden und Anwendung,*
Fröhr; Orttenburger: *Einführung in die elektronische Regelungstechnik,*
Fuji: *Datenblätter*
Fuji: *IGBT Module, Application Manual,*

Heumann, Stumpe: *Thyristoren,*
Heumann, K.: *Grundlagen der Leistungselektronik,*

Jäger, Rainer: *Leistungselektronik, Grundlagen und Anwendungen,*

Karl, H.D., Tinebor M.: *Umrichter-Antriebskonzept für Drehstromnormmotoren,* in: Antriebstechnik 84/4+5
Kottke, Ernst: *Schrittmotoren und ihre Anwendung,*
Kümmel, Fritz: *Elektrische Antriebstechnik,*
Kirchenmayer, Georg: *Beitrag zur Mechanik von Seil-Aufzügen mit polumschaltbarem ASM*

Lenze: *Applikationsberichte und technische Unterlagen,*
Lenze: *Formelsammlung,*
Leonhard, Schnieder: *Aufgabensammlung zur Regeltechnik,*
Leonhard, A.: *Die selbsttätige Regelung, Grundlagen und Beispiele,*
Leonhard, W.: *Diskrete Regelsysteme,*
Leonhard, W.: *Einführung in die Regelungstechnik,*
Leonhard, W.: *Regelungen in der elektrischen Antriebstechnik,*
Leonhard, W.: *Wechselströme und Netzwerke,*

Mann, Schiffelgen: *Einführung in die Regelungstechnik,*
Moeller, Franz: *Grundlagen der Elektrotechnik,*
Möltgen, Gottried: *Netzgeführte Stromrichter*

Oppelt, W.: *Kleines Handbuch technischer Regelvorgänge,*

PIV-Eldutronik: *Applikationsberichte und technische Unterlagen,*

Reuter, Manfred: *Regelungstechnik für Ingenieure,*

Schönfeld, Rolf: *Digitale Regelung elektrischer Antriebe,*
Semikron: *Leistungshalbleiter,*
SEW: *Handbuch der Antriebstechnik,*

SEW: *Praxis der Antriebstechnik Band 1,*

SGS-Thomson: *MOSFET und IGBT, Halbleiter Seminar,* 1990

Siebert: *Circuits, Signals and Systems,*

Stöckl, Melchior: *Elektrische Meßtechnik,*

Tietze, U., Schenk, Ch.: *Halbleiterschaltungstechnik,*

Unger, H.G., Schulz, W.: *Elektronische Bauelemente und Netzwerke I und II,*

Weber, K.H., Lenze: *Grundlagen Drehstromantriebe,*

Wehrmann, Claus: *Dreipunktregler für stufenlos verstellbare Getriebe,* in: Antriebstechnik 71/10

Wehrmann, Claus: *Neue Generation von Reglern für Gleichstrom-Nebenschlußmotoren,* in: Antriebstechnik 74/9

Wehrmann, Claus: *Prozessorsteuerung für Teilapparate,* in: Antriebstechnik 75/5

Wehrmann, Claus: *Die genaue Auslegung eines Schrittmotorantriebs,* in: asr 73/6

Wehrmann, Claus: *Der Einfluß der Elektronik auf die Antriebstechnik,* in: asr 76/4

Wehrmann, Claus; Schmidt, Benno: *Wickelantriebe Teil 1,* in: asr 78/4

Wehrmann, Claus; Schmidt, Benno: *Wickelantriebe Teil2,* in: asr 78/5

Wehrmann, Claus: *Schrittmotorantriebe richtig ausgelegt,* in: Elektrotechnik 73/8

Wehrmann, Claus: *Zusatzfunktionen schon eingebaut,* in: Elektrotechnik 77/4

Wehrmann, Claus: *Auslegung von geregelten Gleichstromantrieben,* in: Industrie-Elektrik + Elektronik 74/15+16

Wehrmann, Claus: *Regelung von Drehstrommotoren mit Frequenzumrichtern,* in: Industrie-Elektrik + Elektronik 81/15+16

Wehrmann, Claus: *Regelung von Drehstrommotoren nach dem Spannungssteller- und Umrichterverfahren,* in: KEM 78/5

Wehrmann, Claus, Lenze: *Kleine Formelsammlung,*

Wehrmann, Claus: *Neue Generation von Reglern für Gleichstrom-Nebenschlußmotoren,* in: Maschinen Report International (A)1975

Wehrmann, Claus: *Regelung von Drehstrommotoren mit Frequenzumrichter,* in: Maschinenwelt Elektrotechnik (A) 81/9

Wehrmann, Claus: *Ein neues Konzept zum Steuern von Gleichstrommotoren,* in: Maschinenwelt Elektrotechnik 77/6

Wehrmann, Claus: *Regelung von Drehstrommotoren nach dem Spannungssteller- und Umrichterverfahren,* in: Maschinenwelt Elektrotechnik 77/6

Wehrmann, Claus: *Regelung von Gleichstrommotoren mit 1- und 4-Quadrantenantrieben,* in: Maschinenwelt Elektrotechnik 78/9

Wehrmann, Claus: *Drehstrommotoren regeln; Spannungssteller und Frequenzumrichter,* in: Technische Rundschau (CH) 78/6

Wehrmann, Claus: *Gleichstrommotoren regeln, Ein- und Vierquadrantenantriebe* in: Technische Rundschau (CH) 78/6

Wehrmann, Claus: *Digitaltacho Anwendungen,* in Technische Rundschau (CH) 79/4

Wehrmann, Claus: *Der Einfluß der Elektronik auf die Antriebstechnik,* in: Technische Umschau (A) 1976

Wehrmann, Claus: *Anwenderspezifische Lösungen,* in: VDI Nachrichten 78/5

Wehrmann, Claus: *Regelung von Drehstrommotoren,* in: VDI Nachrichten 78/9

Xander, Karl, Enders, Hans Hermann: *Regelungstechnik mit elektronischen Bauelementen,*

Zach, Franz: *Leistungselektronik,*

Ziehl-Abegg: *Technische Unterlagen über Lüfter- und Aufzugsantriebe*

Sachwortverzeichnis